忍经

[元] 吴亮　[元] 许名奎 ◎ 著
陈书凯 ◎ 编译

江苏凤凰科学技术出版社 · 南京

图书在版编目（CIP）数据

忍经 /（元）吴亮，（元）许名奎著；陈书凯编译
. — 南京：江苏凤凰科学技术出版社，2018.9（2022.5 重印）

ISBN 978-7-5537-8309-3

Ⅰ.①忍… Ⅱ.①吴… ②许… ③陈… Ⅲ.①个人－道德修养－中国－元代 Ⅳ.① B825

中国版本图书馆 CIP 数据核字 (2017) 第 122683 号

忍经

著　　者　【元】吴　亮　【元】许名奎
编　　译　陈书凯
责任编辑　祝　萍
责任监制　方　晨

出版发行　江苏凤凰科学技术出版社
出版社地址　南京市湖南路 1 号 A 楼，邮编：210009
出版社网址　http://www.pspress.cn
印　　刷　天津旭丰源印刷有限公司

开　　本　718 mm × 1 000 mm　1/16
印　　张　17.5
插　　页　1
字　　数　314 000
版　　次　2018 年 9 月第 1 版
印　　次　2022 年 5 月第 2 次印刷

标准书号　ISBN 978-7-5537-8309-3
定　　价　42.80 元

导言

“忍一时风平浪静，退一步海阔天空。”有所忍才能有所成，有所不为才能有所为，内圣才能外王，守柔才能刚强，慈悲才能超度。隐忍谦让自古以来就是中华民族的一大美德，儒家的内圣、道家的守柔、佛家的慈悲，无一不体现了“忍”字。

周成王告诫君陈说：“必有忍，其乃有济；有容，德乃大。”孔子有“小不忍则乱大谋”“君子无所争”的警戒流传于世；孟子有“养浩然之气”的言论警示后人；老子留给我们“上善若水，水善利万物而不争”“天道不争而善胜，不言而善应”“大直若屈，大巧若拙，大辩若讷”的名言警句；佛家有“六度万行，忍为第一”的信条；谚语中也说“凡事得忍且忍，饶人不是痴汉，痴汉不会饶人”。这些都是中国忍文化的表现。

然而，此处所说的“忍”并不是无原则的退缩、让步和放弃，而是一种为人处世的行动策略。《说文解字》中释“忍”为“能也”。能，即一种属于熊类的像鹿一样的野兽，它的皮毛之下有强壮坚硬的筋骨。而“忍”字的结构从刃从心，心上有刃，意味着内心坚毅而决绝，能够忍人所不能忍。此处的“忍”是一种能力，一种修养，一种韬略。它是胸怀大志之人识大体、顾大局的忍辱负重、韬光养晦，它是聪慧明智之人的大智若愚、大辩若讷，它是才华横溢之人的不事张扬、超脱恬淡，它更是古今中外成大事者取得成功的必备品质。

纵观历史，凡功成名就、流芳百世的人物，莫不看重并实践着“忍”。重耳流亡在外，忍受了无数的屈辱和苦难，最终成为一代霸主；勾践在夫差手下忍受了常人所不能忍受的屈辱，卧薪尝胆，最终打败夫差，成就霸业；原宪生活贫苦，蓬屋漏雨，门窗不全，但他仍能端坐鼓琴；胡宿的“不忍心在极细微的事上欺骗君主，以免玷污我的气节”成为流传千古的箴言；晋人陶渊明不愿为了五斗米的俸禄而向无德无识的人卑躬屈膝，表现出高尚的气节；西汉人疏广、疏受在功成名就之时，毅然向皇帝提交辞呈，请求回老家安度晚年，他们的行为成为一时美谈；孙膑装疯蒙蔽庞涓、韩信忍受胯下之辱、荆轲舍生取义、张良圯下拾履……这些事例都很好地诠释了“君子之所以取远者，则必有所持。所就者大，则必有所忍”这句古语的精髓和主旨，也正是“忍”成就了这些英雄人物辉煌的人生。

“凡事忍耐，多想自己缺点，增益其所不能；照顾大局，只要不妨大的原则，多多原谅人家。忍耐最难，但作为一个政治家，必须练习忍耐。”这是毛泽东在1944年对“忍耐”所做的一段精辟剖析。而邓小平一生三起三落，在遭受挫折之时能够“东山再起”的秘密又何尝不是“忍耐”二字？

如今，“忍”仍然无时无刻不存在于我们的身边。在生活中遇到困难，事业上遇到挫折，受到不公正待遇，受到别人的诽谤、误会等，都需要做到“忍”。在日常生活中，我们要掌握人际交往的忍耐艺术；在为人处世的过程中，我们要有放弃不合理要求、宽容对方的忍耐智慧；在商业活动中，我们要有静待时机、退一步海阔天空的忍耐策略。只有那些不为一时的成败所困扰、不为毫无意义的小事斤斤计较的人，才能够奋发图强、艰苦奋斗，成为一个有所作为的人。

忍是一种心法，一种涵养，一种美德，是大智、大勇、大福，是修身、立命、成事、生财的津梁。它是强者的胸襟，是智者的风度。唯忍才能积蓄力量，反败为胜；唯忍才能修身养性，完善自我；唯忍才能顾全大局，促进发展；唯忍才能与人为善，化解矛盾。因此，若想有所为，必须能“忍”。“大忍者，大智也”，忍耐是有智慧、有能力的表现。学习并掌握忍耐的真谛，是我们完善自我、成就伟大事业的现实需要。

元成宗大德十年（公元1306年），杭州人吴亮搜集以往历代名人有关“忍”的言论以及历史上隐忍谦让、忠厚宽恕的人物、事例，汇编成《忍经》一书，共计一百五十六条。而四年后，元武宗至大三年（公元1310年），许名奎与吴亮不谋而合，著成了《劝忍百箴》四卷，共计一百条，成为忍学集大成者。其内容涉及多个方面，包括忠孝仁义、喜怒好恶、名誉权势等，既有关于忍的理论、方法、功用、要诀，又有关于忍的故事、实践、历史，从而形成了一个以“忍”为核心的理论及实践，而且书中故事繁多，大大增强了该书的可读性和趣味性。

本书首先是继承了以往各版本中的长处，如将《忍经》与《劝忍百箴》二者合一，在吴亮和许名奎原著的基础上加入了详尽的译文，且在《忍经》的译文后加入了有针对性的事例点评、在《劝忍百箴》中加入了经典的古代事例，从而增强了本书的实用性和可读性，使读者能从更深、更广的角度体味“忍”的内涵。

如果你正面临学业的巨大压力，正遭受情感的煎熬，正被命运之神轻视……那么，请走进“忍学”的智慧殿堂吧！在这里你可以沉静心思、远离浮躁，通过明辨是非、权衡利弊学会正确做事，使自己的人生少些懊悔、多些快乐！我相信，本书一定能让你掌握“忍”的原则，提高处事能力，走向事业高峰。

目录

忍经

劝忍百箴

忍经

[元]吴亮　著

原序

忍乃胸中博闳之器局，为仁者事也，唯宽恕二字能行之。颜子云：“犯而不校。”《书》云：“有容德乃大。”皆忍之谓也。韩信忍于胯下，卒受登坛之拜；张良忍于取履，终有封侯之荣。忍之为义，大矣。唯其能忍则有涵养定力，触来无竞，事过而化，一以宽恕行之。当官以暴怒为戒，居家以谦和自持。暴慢不萌其心，是非不形于人。好善忘势，方便存心，行之纯熟，可日践于无过之地，去圣贤又何远哉！苟或不然，任喜怒，分爱憎，捃拾人非，动峻乱色。干以非意者，未必能以理遣；遇于仓卒者，未必不入气胜。不失之褊浅，则失之躁急，自处不暇，何暇治事？将恐众怨丛生，咎莫大焉！其视吕蒙正之不问姓名，张公艺九世同居，宁不愧耶？愚因暇类集经史语句，名曰《忍经》。凡我同志一寓目间，有能由宽恕而充此忍，由忍而至于仁，岂小补哉！

大德十年丙午闰月朔古杭

蟾心吴亮序

※ 原文

《易·损卦》云："君子以惩忿窒欲。"

《书》周公戒周王曰："小人怨汝詈汝，则皇自敬德。"又曰："不啻不敢含怒。"又曰："宽绰其心。"

成王告君陈曰："必有忍，其乃有济；有容，德乃大。"

《左传·宣公十五年》："谚曰：'高下在心，川泽纳污，山薮藏疾，瑾瑜匿瑕，国君含垢，天之道也。'"

《昭公元年》："鲁以相忍为国也。"

《哀公二十七年》："知伯入南里门，谓赵孟入之。对曰：'主在此。'知伯曰：'恶而无勇，何以为子？'对曰：'以能忍。耻庶无害赵宗乎？'"

楚庄王伐郑，郑伯肉袒牵羊以迎。庄王曰："其君能下人，必能信用其民矣。"

《左传》："一惭不忍，而终身惭乎？"

《论语》："孔子曰：'小不忍，则乱大谋。'"

又曰："一朝之忿，忘其身以及其亲，非惑欤？"

又曰："君子无所争。"

又曰："君子矜而不争。"

曾子犯而不校。

戒子路曰："齿刚则折，舌柔则存。柔必胜刚，弱必胜强。好斗必伤，好勇必亡。百行之本，忍之为上。"

《老子》曰："知其雄，守其雌；知其白，守其黑。"

又曰："大直若屈，大智若拙，大辩若讷。"

又曰："上善若水，水善利万物而不争。"

又曰："天道不争而善胜，不言而善应。"

荀子曰："伤人之言，深于矛戟。"

蔺相如曰："两虎共斗，势不俱生。"

晋王玠尝云："人有不及，可以情恕。"

又曰："非意相干，可以理遣，终身无喜愠之色。"

※ 译文

《易经·损卦》说："有德行的人用受打击所引起的警戒来抑制愤怒和欲望。"

《尚书》记载，周公告诫周成王说："坏人怨恨你，责骂你，那么你自己应该严肃你的德行。"又说："不仅仅是不敢动怒。"又说："还要放宽你自己的心胸。"

周成王告诫君陈说："必须有忍耐之心，这样才能办成事情；有宽容之心，道德才能高尚。”

《左传·宣公十五年》记载：“民谚说：‘所谓高低之分，在于心中，河流和沼泽容纳着污泥，群山和草丛隐藏着祸患，质地美好的玉石藏匿着瑕疵，国家君主有些缺点，这是大自然的规律。’”

《左传·昭公元年》记载：“鲁国人是靠相互忍让来治理国家的。”

《左传·哀公二十七年》记载：“知伯进入南里门，叫赵孟也进来。赵孟对他说：‘君主在这里。’知伯说：‘厌恶你没有勇气，凭什么被尊称为子呢？’赵孟回答道：‘凭我能够忍耐。你耻笑我，这对我赵孟有什么损害呢？’”

楚庄王攻打郑国，郑伯裸露胸脯，牵着羊来迎接楚军。楚庄王说：“郑国的君主能够甘居人下，忍受侮辱，一定能够对郑国老百姓讲信用。”

《左传》记载：“一次羞辱都不愿忍受，难道要一辈子羞愧吗？”

《论语》记载：“孔子说：‘小事不能忍让，就会损害到大事。’”

《论语》还记载孔子的话说：“因为一时的愤怒而忘记自己以及亲人，这岂不是太糊涂了吗？”

《论语》还记载孔子的话说：“君子没有什么可跟别人相争的。”

《论语》还记载孔子的话说：“君子为人处世矜持谨慎，不跟别人相争。”

《论语》记载，曾子被别人欺侮了，也不跟人计较。

孔子告诫子路，说：“牙齿因为刚硬，所以容易折断；舌头因为柔软，所以容易保存。柔软必定胜过刚硬，弱小的事物必定胜过强大的事物。爱好争斗必定受到损伤，一味逞强必定导致灭亡。做各种事情的根本态度，忍让是最好的。”

《老子》说：“知道它是雄性的，就可以用雌性的来对付它；知道它是白色的，就可以用黑色的来对付它。”

《老子》又说：“世界上最直的东西看起来就像是弯曲的，最聪明的人看起来好像很笨拙，最善变的人看起来好像很木讷。”

《老子》又说：“至高无上的美好品德就像水一样，而像水一样善良就有利于万物而不会发生争斗。”

《老子》又说：“符合自然规律的事物不与别的事物相争，却容易战胜对方；不说话，却善于应对对方。”

荀子说：“伤害别人的话语，其伤害程度比用矛戟刺入身体所造成的伤害更大。”

蔺相如说：“两只老虎争斗，必定都不能保全性命。”

晋代的王玠曾经说过：“别人有达不到要求的地方，可以从情谊上原谅他。”

王玠又说：“不要意气用事，冒犯别人，可以通过讲道理来责备他，一生都不要有欢喜或忧郁不安的神色。”

※ 评析

古人早已认识到一味地生别人的气、与别人相争所带来的害处，因此，古之君子都是那些能够忍受别人的责骂、宽容他人、严格要求自己的人。他们不仅能够做到宽容别人，更可贵的是，他们懂得通过别人对自己的责骂发现自己的不足，进而改正自己身上的缺点，不断完善自我。

“若以恕己之心恕人，是谓大公；以责人之心责己，是谓大勇。”从人际交往的角度来看，严厉指责对方只能恶化双方的关系，看不到自己身上存在的缺点，从而导致自己一意孤行，最终铸下大错。

“水至清则无鱼，人至察则无徒。”我们应该懂得物极必反的道理，什么事情都应该有个度，超过这个限度就会走向事情的反面。我们对待每一件事、每一个人都应该采取认真的态度，但是如果太过认真，就会成为苛求，这样会使我们陷入细枝末节的计较中，从而失去了对事情实际效果的基本评判。只有我们心胸开阔，包容一切，才能避免走向苛求，赢得他人的认可和尊重。

在治理国家的问题上，国君要有忍耐之心，与民休养生息，使老百姓能够安然度日，不能对臣民太严厉。如果采用严刑峻法来治理国家，且苛捐杂税繁多，就会使百姓不堪忍受，最终导致百姓流离失所、生灵涂炭，这个国家也会走向灭亡。

通常，能够忍受侮辱的人，才能成就一番伟业。因为他们能够甘居人下，发现自己的失误，会采取正确的行动策略来完善自己，最终获得成功。

人生在世，每个人都应该培养自己的气量，这样才能使自己不因小事而与人争执，拥有容人的雅量，将自己的时间、精力都用于更加有意义的事情上，为了实现自己的理想和抱负而努力。如果只因一时的愤怒没有忍住，最终导致家破人亡的悲惨结局，那就太不值得了。

柔软的东西很随意，能够进行各种变化，从而有效地保护自己。为人处世也是这样，仅仅靠率直、刚毅的性格是很难在这个社会上生存下去的。现实生活中有些人就是因为自己直来直去，说话、办事不善于顾及对方的想法和颜面而引起别人的反感，他们在为人处世方面是失败的。如果能够更委婉一些、更含蓄一些，那么，自己的社交范围将更大，处事将更通达。

“木秀于林，风必摧之”，懂得了这个道理，就应该善于隐忍自己的才智和技艺，不要过于招摇和炫耀。否则，自己身上所具有的光环往往会招致别人的嫉妒，甚至愤怒、憎恨，最终给自己带来不必要的麻烦。

日常生活中，如果别人冒犯了自己，不要发怒，也无须跟别人理论，只要静下心来，心平气和地给对方摆事例、讲道理，动之以情，晓之以理，就能妥善地化解双方的冲突。这种方法还可以让对方感觉到你的宽宏大量、明白事理，并对自己的行为感到惭愧。

细过掩匿

※ 原文

曹参为国相，舍后园近吏舍。日夜饮呼，吏患之，引参游园，幸国相召，按之。乃反，独帐坐饮，亦歌呼相应。见人细过，则掩匿盖覆。

※ 译文

曹参担任宰相时，他家后园与一些官吏的官邸距离很近。官吏们日夜饮酒高呼，所以很担心曹参会恼怒，于是带着曹参去后园游玩，以试探曹参的态度。恰好此时朝廷有事召见曹参，所以没有试探成。曹参从朝廷归来后，独自坐在帐中饮酒、唱歌，与后园的官吏们遥相呼应。曹参看见别人有小的过错，就为他掩饰。

※ 评析

曹参身为宰相，有容人之量。后园的官吏们日夜饮酒高呼，即使对他的生活造成了一定的影响，但他并没有怪罪于别人，反而自己也坐在帐中饮酒、唱歌，以此来为别人掩饰过错。

在我们的日常生活中，他人的所作所为经常会与我们自己所想象和预期的情况发生冲突。面对这样的情况，要容忍彼此的差异，而不是过于斤斤计较，这样才能使彼此和睦相处，维持双方之间的良好关系。过于苛求别人的过错，势必会使自己变成一个心胸狭窄的人。

我们从小就在不断地接受与人为善的教育，并对外部世界抱有美好的幻想和想象。但是，我们经常会高估现实世界的情形，遇到令人失望的情况便常常陷入悲观绝望的状态，失去了斗志和前进的动力，或是开始苛责令自己感到不满的一切。这是值得我们警惕的事情。

醉饱之过，不过吐呕

※ 原文

丙吉为相，驭史频罪，西曹罪之。吉曰：“以醉饱之过斥人，欲令安归乎？不过吐呕丞相车茵。”西曹第忍之。

※ 译文

丙吉担任宰相的时候，他的车夫经常喝醉酒，于是西曹就要惩罚车夫。丙吉说：“仅仅因为喝醉酒就要斥责人，你想让人怎样待下去呢？只不过是喝醉后呕吐，弄脏了丞相车子里的坐垫而已。”西曹忍住不再说了。

※ 评析

身为宰相，丙吉具有容人的雅量。他不因车夫醉酒弄脏车子里的坐垫而生气。而且，当西曹要惩罚车夫的时候，他还为车夫开脱罪责，劝阻西曹。

“海纳百川，有容乃大”，大海之所以广博浩瀚，是因为接纳了百川。同样，一个人唯有学会宽容，容纳他人的优点和缺点，才会变得心胸开阔，才能成为那位“大肚能容天下难容之事”的笑口常开的弥勒佛。

往事如烟俱忘却，心底无私天地宽。气量狭小的人往往对别人的一言一行都斤斤计较，为一些细小的意见和得失而感到烦恼不堪，耿耿于怀，不能自解。这样的人，只专注于一些琐碎的细节，而不把注意力放在更加宏伟远大的目标上，怎么能成就大的事业呢？襟怀宽广的人是不会把有限的时间和精力浪费在一些无关紧要的小事上。

圯上取履

※ 原文

张良亡匿，尝从容游下邳。圯上有一老父，衣褐。至良所，直坠其履圯上。顾谓良曰：“孺子，下取履。”良愕然，强忍，下取履，因跪进。父以足受之，曰：“孺子可教矣。”

※ 译文

张良在因为犯法而逃亡期间，曾经从容不迫地在邳下游玩。桥上有一位穿着布衣的老人，老人走到张良面前，故意将鞋扔到桥下。然后看着张良说：“小伙子，下去把鞋捡起来。”张良惊愕不已，强忍着怒气，走到桥下，把鞋捡上来，跪着递给老人。

老人伸出脚来，让张良替他穿上鞋，并对张良说：“小伙子，你值得培养啊！”

※ 评析

张良到桥下趴着身子给老人拾鞋，并跪着给老人把鞋穿上，可谓是受到了奇耻大辱。但是，张良将这次的耻辱忍了下来，后来成了刘邦的军师。

通常情况下，懂得耻辱的人能够发现自己的失误，所以会采取正确的策略及行动来进行改正，从而为自己日后的成功奠定坚实的基础。所以遭受耻辱并不可怕，重要的是我们该以怎样的态度来应对。在遭受耻辱之后，毫无羞耻感可言，那么，这是拒绝忍受耻辱的表现，是不会有大作为的；如果遭受了耻辱，能够意识到羞耻并采取忍耐的态度，然后对自己的行为加以检讨和改正，那么，这是正确的选择，终会走向成功。

“知耻者必胜”。懂得羞耻是人们自我提升的重要手段。犯了错误、成绩下滑等都表明我们的前景不妙。这时，只有有了羞耻之心才会主动寻找问题的症结，并且努力加以改正，向着更高的目标迈进。经受了耻辱，并在忍耐的过程中采取对策，付诸行动，这是一种心灵成长有价值的历程。

出胯下

※ 原文

韩信好带长剑，市中有一少年辱之，曰：“君带长剑，能杀人乎？若能杀人，可杀我也；若不能杀人，从我胯下过。”韩信遂屈身，从胯下过。汉高祖任为大将军，信召市中少年，语之曰：“汝昔年欺我，今日可欺我乎？”少年乞命，信免其罪，与一校官也。

※ 译文

韩信从小就爱好佩带长剑，有一次他身佩长剑逛集市，一位少年侮辱他说：“你身佩长剑，但是你敢杀人吗？如果你敢杀人，可以把我杀了；如果不敢杀人，那么就从我的胯下钻过去。”于是韩信弯曲身体，从这位少年的两腿之间钻了过去。后来，汉高祖刘邦将韩信封为大将军，韩信把当年那位侮辱他的少年召到身边，对他说：“你当年欺侮过我，如今还敢欺侮我吗？”少年向韩信乞求饶命，韩信原谅了他的罪过，并封了一个官职给他。

※ 评析

少年时的韩信曾经被市井小人讥笑和侮辱，并从他的胯下钻了过去。这种奇耻大辱岂是常人所能容忍？但是，韩信忍耐了下来。事实上，他胸中是怀有王侯将相的气量啊！若干年后，韩信终于成为汉高祖刘邦的大将军。本来此时位高权重的韩信可以狠狠地惩治一下当年讥笑和侮辱自己的少年，但他没有这样做，而是原谅了那个人的过错，还给那个人封了一个官。

在社会生活中，遭受欺侮是难以避免的事情，因此，我们要以坦然的心态来面对所遭受的欺侮。生活的艰辛和挑战超出了我们的想象，并非所有人都能在顺境中成长。世界本有它自己的一套独特的运行规律，弱肉强食是自然界的一项法则。在这种情况下，力量弱小的一方就要学会忍耐，这样才能逐步发展壮大。

邓小平坚忍的性格令人称道。他在特殊岁月中看惯了人间冷暖、世事沧桑，饱受生活的辛酸，从而磨砺出了顽强的个性。正是这种遭受屈辱的经历使他最终能够宠辱不惊，成为一代伟人。因此，面对种种外在的非难，我们也应该忍耐一时，笑对人生。

尿寒灰

※ 原文

韩安国为梁内史，坐法在狱中，被狱吏田甲辱之。安国曰："寒灰亦有燃否？"田甲曰："寒灰倘燃，我即尿其上。"于后，安国得释放，任凉州刺史，田甲惊走。安国曰："若走，九族诛之；若不走，赦其罪。"田甲遂见安国，安国曰："寒灰今日燃，汝何不尿其上？"田甲惶惧，安国赦其罪，又与田甲亭尉之官。

※ 译文

韩安国担任梁国内史时，因犯法而入狱，被看守监狱的官吏田甲侮辱。韩安国问田甲说："已经冷却了的灰还能重新燃烧起来吗？"田甲说："已经冷却了的灰如果还能重新燃烧起来，那么我就在它上面尿尿，把它浇灭。"后来，韩安国释放出狱，出任凉州刺史，田甲吓得逃走了。于是，韩安国放出话来，说："如果田甲逃走了，那么就诛杀他家九族；如果他没有逃走，那么就赦免他的罪过。”田甲于是来拜见韩安国。韩安国问他：“已经冷却了的灰如今又复燃了，你为什么不在它上面尿尿，把它浇灭呢？”田甲非常害怕。韩安国赦免了他的罪过，并且给了他一个亭尉的官职。

※ 评析

韩安国曾经被一个小小的狱卒所侮辱，说他是不可复燃的死灰。但是，韩安国最终被释放出狱，并且担任凉州刺史一职。他的度量之大之所以为人所钦佩，在于他在担任凉州刺史后，不仅没有追问当初那个侮辱过他的狱卒的罪，反而还给了那个狱卒一个亭尉的官职。

《说苑·众谈篇》中曾经提到：“能够忍受耻辱的人会很安全，而能够忍受羞辱的人才能生存下来。”只有能忍耐所受的耻辱，并且从中吸取教训、完善自己、卧薪尝胆、奋力拼搏，才能成为人上之人。

勾践卧薪尝胆报了灭国之仇，公子重耳流亡二十载终成一代枭雄，司马迁忍辱偷生写成《史记》得以名垂千古、流芳百世。一个想要谋大事、成大业的人，从来都是能够忍受耻辱并能从所受耻辱中得到前进动力的人。忍辱负重是做人的至高境界，成功路上必然面对不可预知的挫折和失败，能忍耐到最后的人，才是最终的胜利者。

诬金

※ 原文

直不疑为郎同舍，有告归者，误持同舍郎金去，金主意不疑。不疑谢，为之买金，偿之。后告归者至，而归亡金，郎大惭。以此称为长者。

※ 译文

直不疑与别人同住在一个宿舍中，其中有一位舍友回家，误将同宿舍另一位舍友的金子拿走了，因此金子的主人便怀疑是直不疑所为。直不疑向金子的主人认错道歉，并为他买了金子还给他。后来，回家的那个舍友回来了，把误拿的金子还给了失主，那个丢失金子的人感到非常惭愧。直不疑因此被别人称赞为忠厚的人。

※ 评析

盗金之事本非直不疑所为，但他却在受到失主的污蔑诽谤后，向失主道歉并且重新买了金子归还了失主。直不疑的这种气度如今有几个人能够达到？当失主怀疑是他偷走金子的时候，其实他完全可以想办法澄清事实，为自己洗刷罪名，但他没有这样做，而是忍耐了这种诽谤，主动认错道歉。更可贵的是，他还买了金子来归还失主。难怪最后金子失而复得的时候，他被别人称赞为“长者”！

每个人都在追求公平和公正，然而，现实生活带给人们的却是种种不同的境遇，充满了艰辛和挑战，以及不公正的待遇。当这种情况发生时，抱怨、愤慨、攻击等都是徒劳无益的，这只会加重自己内心的焦虑和烦躁；而暂时忍受当前的不公平，心平气和地寻找化解难题的方法，找到走出困境的通道，才可以帮助我们得到“山重水复疑无路，柳暗花明又一村”的境界。

遭遇困境要懂得变通，受到不公正的待遇时要采取忍耐的态度，转移自己的注意力，这样可以使我们从愤愤不平中抽出身来，获得更大的幸福感和满意度。人生不如意的事情十之八九，做到善于忍耐应该成为我们的一种人生哲学和生活态度。

诬裤

※ 原文

陈重同舍郎有告归宁者，误持邻舍郎裤去。主疑重所取，重不自申说，市裤以还。

※ 译文

与陈重同宿舍的一个人回家，误拿了隔壁宿舍人的一条裤子。裤子的主人怀疑是陈重拿走了，陈重也不为自己申辩，就买了一条裤子还给了他。

※ 评析

陈重被怀疑偷盗别人的裤子，面对别人的怀疑和诬陷，他没有抱怨，没有争辩，更没有与对方大打出手，而是自己去买一条新裤子，还给了失主。被别人诬陷为盗贼，自尊心受到了极大的伤害，但陈重仍然能够忍下这口气。虽然最终陈重受到了损失，但避免了发生大的纠纷，妥善解决了与失主之间的矛盾。

儒家学说主张“和为贵”，并形成了“中庸之道”这一重要的哲学思想。它主张我们在处理事情的时候不要极端，必须顾及各方利益，采取均衡的策略。事实上，它是一种调解理论，给我们提供了化解麻烦、解决问题的有效途径。掌握这一为人处世的哲学才可以帮助我们与他人建立和谐的人际关系，避免不必要的纠纷。

在化解工作、生活中的各种难题的时候，不但需要做事的技巧，更需要我们具备一种宽厚的心态。在无关紧要的较量中让一步，采取“大事化小”的策略，是每个人都应该培养的一种意识。其实我们平常遇到的一些麻烦往往都是可以避免的，但是双方都因受自尊心、好胜心的驱使，为了追求一时的胜负而浪费了大量的时间和精力，最终得不偿失。如果我们主动采取退让的态度和行动来化解尴尬，那么相信对方也会主动撤身，一场更大的误会便会避免。

羹污朝衣

※ 原文

刘宽仁恕，虽仓卒未尝疾言剧色。夫人欲试之，趁朝装毕，使婢捧肉羹翻污朝衣。宽神色不变，徐问婢曰：“羹烂汝手耶？”

※ 译文

刘宽仁慈宽厚，即使在仓促之中也不曾疾言厉色。他的妻子想试试他，在他刚穿好上朝的衣服的时候，派奴婢送来一碗肉汤给他，并且故意泼洒在刘宽的身上，弄脏朝服。刘宽神色不变，慢条斯理地问奴婢说：“汤烫坏你的手了吗？”

※ 评析

在穿好朝服准备上朝的关键时刻，却被奴婢以汤泼身，这势必会耽误上朝的时间。但是刘宽却并没有为这突如其来的“小插曲”而大发雷霆，并没有因为朝服被弄脏而怪罪于奴婢，而是神色不变，反而关心奴婢的手是否被肉汤烫坏了。刘宽仁慈宽厚的品格，由此可见一斑。

“仁者，爱人”，这是儒家学说的核心思想。我们在日常的工作、学习和生活中，以“仁”的精神对待他人，这样或许会使自己的利益受到一定的损失，在心理上会感到有些不舒服，但是当我们忍受种种不悦，身体力行实践“仁”时，最终将会发现，“仁”使我们进入了一种和谐发展的人生境界。

"仁"其实是一种爱心的培养和表达，采取一种宽厚的态度来对待他人，而不是横眉冷对。建立和谐友善的人际关系，培养出色的做事技巧，需要我们增加自己的亲和力，培养自己"和为贵"的心态。即使与不友善的人打交道，我们也需要忍耐，以微笑示人，以宽容待人。只有这样，才有可能打开尴尬的局面，推动事情顺利发展。

认马

※ 原文

卓茂，性宽仁恭，爱乡里故旧，虽行与茂不同，而皆爱慕欣欣焉。尝出，有人认其马。茂心知其谬，嘿解与之。他日，马主别得亡者，乃送马，谢之。茂性不好争如此。

※ 译文

卓茂这个人，性情仁慈宽厚，恭敬有礼，对家乡人很友好，所以乡亲们即使与卓茂不是一个行业，也都跟他相处得非常友好融洽。有一次卓茂出门，有个人指认卓茂所骑的马是他的。卓茂心中明明知道是那个人弄错了，但还是将自己的马给了那个人。后来，这个人从另外的地方找到了自己丢失的马，于是将卓茂的马送还给了他，并表示道歉。卓茂就是这样不愿与人争执。

※ 评析

也许那个认领卓茂所骑之马的人并不是故意的，而是当时真的弄错了，但是不管到底是怎么回事，卓茂都没有与那个人发生争执，而是将自己的马给了那个人。卓茂宽宏的气度确实令人钦佩。

人生最大的感慨莫过于对得失的感悟，特别是失去自己往日所珍爱的东西时，更会产生那种曾经沧海难为水的深切体会。其实，得到或失去只是整个世界发展变化的一部分，就如同每个人都会从出生走向死亡、天下没有不散的筵席一样，这些都是人类社会的自然规律。忍耐失去的不悦，才能以积极乐观的心态迎接明天的新生活。

为人处世，最重要的是与对方实现良好的合作，建立融洽的关系。因此，无论是与人交往，还是说话办事，都要懂得“吃亏是福”的道理，隐忍自己暂时的失去，将会最大限度地调动别人的积极性，从而使我们收获更多。如今，许多商家通过“让利”的方式实现大量销售，从而保证了大量的现金流；一些人在与合作伙伴分红的时候，总是少拿一部分，却由此赢得了更多的客户及合作机会。忍耐一时的“失”，是为了获得更多的价值。

鸡肋不足以当尊拳

※ 原文

刘伶尝醉，与俗人相忤。其人攘袂奋拳而往，伶曰：“鸡肋不足以当尊拳。”其人笑而止。

※ 译文

一次，刘伶喝醉了酒，和一个粗俗的人发生了冲突。那人挽起衣袖，紧握拳头向刘伶冲过来，刘伶说：“我这副像鸡肋一样瘦弱的身子实在抵挡不住老兄的拳头。”那人听后不禁大笑，收起了拳头。

※ 评析

醉酒的刘伶在与别人发生冲突的时候，没有与人大打出手，而是采用自嘲的话语，妥善地平息了一场争斗。虽然刘伶说自己是一副像鸡肋一样瘦弱的身子，好像有损于自己的人格尊严，但是能以此话阻止一场即将发生的争斗，难道不值得吗？

通常情况下，我们必须要有足够的勇气，才能开拓新局面，进入一种新境界。但是有的时候，勇气越大，反而越不利于事情的发展。这个时候，更加需要的是智谋。勇气只有与智谋联系在一起，共同发挥各自的作用时，才会产生巨大的价值。因为“有勇无谋”的人只能鲁莽行事，把事情搞砸，使事情的结果与最初的意愿大相径庭。所以，一定要克制自己的冲动，忍耐自己的“勇”，运用智谋取胜，达到目的。

如今就有一些人在做事的过程中不善于进行周密的分析，只会逞匹夫之勇，结果总是把事情弄得一团糟。做事是有学问的，需要我们揣摩对方的心理诉求、利益所在，针对自己的目标，权衡利弊，做出正确决策。所以，容易鲁莽行动的人要善于忍耐一时的“勇”，学会静心思考。

唾面自干

※ 原文

娄师德深沉有度量，其弟除代州刺史，将行，师德曰："吾辅位宰相，汝复为州牧，荣宠过盛，人所嫉也，将何求以自免？"弟长跪曰："自今虽有人唾某面，某拭之而已。庶不为兄忧。"师德愀然曰："此所以为吾忧也。人唾汝面，怒汝也，汝拭之，乃逆其意，所以重其怒。不拭自干，当笑而受之。"

※ 译文

娄师德为人处世深沉且有度量，他的弟弟就任代州刺史，即将上任的时候，娄师德对他弟弟说："我担任宰相辅佐皇上，你又成为一州刺史，我们从皇上那里得到的恩宠太多了，人们会妒忌我们的，你计划如何处理此事？"娄师德的弟弟跪在他的面前说："今后，即使有人朝着我的脸上吐唾沫，我也只能自己擦掉。我肯定不会让兄长您为我担忧。"娄师德严肃地对他的弟弟说："这正是我所担心的。别人之所以在你的脸上吐唾沫，是因为恨你，如果你将唾沫擦去，正违反了对方的意愿，这样只会加重他对你的恨意。所以不要去擦它，让它自己干，应当笑着接受它。"

※ 评析

娄师德教育他的弟弟被别人以唾沫唾面的时候，不但要忍气吞声，忍受这种耻辱，还要让唾沫自己干掉，而不要自己用手拭去。他的这番话不免让人感觉有点窝囊，但是，这正体现了娄师德为人处世的宽宏与气度。

"三寸气在千般用，一朝无常万事休。"每个人活在世上都要有一定的气量，包括积极进取的斗志、对万事万物的热情。合理使用我们内心的这种力量，可以帮助我们在学习、工作和生活中增强积极行动的力量，拓展更广阔的发展天地。但是，我们也要注意避免意气用事，否则会带来严重的后果，造成难以挽回的损失。所以，注意忍耐自己心中的怨气、怒气，是我们需要认真培养的个人修养。

我国传统文化注重"和"的精神，表现在为人处世上，就是要求大家能和睦相处，通过沟通来化解误会，而不能把怒气和怨气转化为对他人的打击报复。人生中有太多不如意，但是如果我们善于换一个角度看问题，隐忍自己心中的不满之"气"，就会获得一种全新的世界观，我们的工作、交际、生活等各方面都会有很大改观。

五世同居

※ 原文

张全翁言，潞州有一农夫，五世同居。太宗讨并州，过其舍，召其长，讯之曰：“若何道而至此？”对曰：“臣无他，唯能忍尔。”太宗以为然。

※ 译文

张全翁说，潞州有一个农民，他家五代人住在一起。唐太宗讨伐并州，路过他家时，召见他家的长辈，问道：“你有什么办法能使五代人和睦地住在一起呢？”那个农民回答说：“我没有其他什么办法，只不过是能互相忍让罢了。”唐太宗认为他说得很对。

※ 评析

一家五代人生活在一起，这引起了唐太宗的兴趣，于是亲自登门造访。唐太宗也许怎么也不会想到，维系这一家五代人关系，使他们能够和睦地生活在一起的，竟是一个“忍”字。这里面其实就包括了夫妻之间、兄弟姐妹之间，以及父母与子女之间的互相忍让。

家，是所有人的避风港湾。整天在外打拼，需要面对形形色色的人、形形色色的事，难免会让人感到倦怠、委屈。当那颗紧绷着的心回到家里的时候，才能得到真正的休息与放松。因此，所有的家庭成员，特别是夫妻之间，就应该做到相互体谅、相互尊重。所谓夫妻，就应该不离不弃，执子之手，与子偕老。

兄弟姐妹之间也要相互包容谅解，这样才能气息相通，就如同树枝相连。哥哥姐姐要对弟弟妹妹肩负责任，弟弟妹妹也要对哥哥姐姐态度恭谨。一家之中，兄弟姐妹之间应互敬互爱，关系融洽。

父母和子女之间的关系是孩子最早接触的人际关系，父母的形象对子女的思维方式和人格的形成会产生持续而深远的影响。父亲的爱是权威的爱，母亲的爱是慈祥的爱。父亲适度保持自己严厉的形象，有利于孩子个性的和谐；母亲给孩子慈祥的关爱，能使孩子感受到家庭的温暖，有利于孩子健康成长。

九世同居

※ 原文

张公艺九世同居，唐高宗临幸其家。问本末，书“忍”字以对。天子流涕，遂赐缣帛。

※ 译文

张公艺一家九代人共同居住在一起，唐高宗亲自来到了他家。唐高宗问张公艺他家九代人能共同生活在一起的原因，张公艺只是写了个“忍”字来回答唐高宗的问话。唐高宗被这个回答感动得流下了眼泪，于是赏赐给张公艺家绫罗绸缎。

※ 评析

唐高宗所造访的这户人家比唐太宗所造访的那户人家还要庞大，因为这户人家是九代人共同生活在一起。但是，不管是五代人还是九代人，他们能世世代代生活在一起，建立起一个这么庞大的家庭，其原因始终是一个字—忍。

夫妻之间相互信任，兄弟姐妹之间互相承担起各自应尽的责任，父母和子女之间相互关心和尊重，这样，即使再庞大的家庭也能以和谐的纽带联结在一起。

置怨结欢

※ 原文

李泌、窦参器李吉甫之才，厚遇之。陆贽疑有党，出为明州刺史。贽之贬忠州，宰相欲害之，起吉甫为忠州刺史，使甘心焉。既至，置怨与结欢，人器重其量。

※ 译文

李泌、窦参都看重李吉甫的才能，所以都厚待他。陆贽怀疑他们结帮拉派，将李吉甫调出了京城，出任明州刺史。后来陆贽被贬到忠州，宰相想加害于他，便任命李吉甫为忠州刺史，以使他能有机会报复陆贽。可李吉甫到了忠州，便将往日的怨恨统统抛弃，与陆贽结为好友。人们都认为李吉甫很有度量。

※ 评析

李吉甫当年只因受到了陆贽的怀疑，便被调出京城，到地方上为官，从而也失去了很多在朝廷做事的好机会。在常人看来，李吉甫应该会因此事而记恨陆贽一辈子。时来运转，李吉甫终于有机会报复陆贽当年调自己出京的仇恨了，但是出乎所有人意料的是，李吉甫不但没有向陆贽报复，反而与陆贽结为好友。常人怎能有李吉甫这样大的度量啊！

从古至今，人们都是为了各种利益而进行争斗，从而引发了各种仇恨。仇恨不但会使各方频繁发生冲突，各自的利益没有安全保障，而且还会引发更大的利益损失，真可谓是得不偿失。人与人之间在各个方面都存在着很大差异，承认差异的存在，并且通过协商沟通来化解矛盾，而不是彼此仇恨，才能使我们心胸坦荡地生活在这个世界上，过上怡然自得的生活。

“渡尽劫波兄弟在，相逢一笑泯恩仇。”人们在这个世界上存在各种恩怨，无论是对方故意与我们为敌，还是由于相互之间的误会而造成尴尬的局面，我们都要善于以宽广的视野重新界定彼此之间的关系。因为随着时间的更替、环境的变化，原来的“仇恨”已经失去了存在的条件，我们不能被它所束缚，而要善于化解仇恨，从而开启一种全新的人生局面。

在商业世界中流传着这样一句话：多个朋友多条路，多个仇人多堵墙。经商赚钱是一个广交朋友、扩大财路的过程。利润的获得是通过认同、合作实现的，如果我们处处与人为敌，那么业务关系就很难开展，产品也就很难打开销路了。

鞍坏不加罪

※ 原文

裴行俭尝赐马及珍鞍，令吏私驰马。马蹶鞍坏，惧而逃。行俭招还，云：“不加罪。”

※ 译文

裴行俭曾经得到皇帝赏赐的良马一匹以及珍贵的马鞍，他手下的一个小官偷偷骑了他的马。马跌倒了，马鞍被毁坏了，小官惧怕不已，所以逃跑了。后来，裴行俭派人将他找回来，并说：“不惩罚你。”

※ 评析

顾全大局的人通常不会计较一些小节，做大事的人通常也不会追究一些琐碎的事情。由于自己手下小官的失误，裴行俭失去了皇上赏赐的宝鞍。但是，裴行俭是顾大局、做大事的人，不会为了这些不重要的小节而斤斤计较。因此，当那个犯了错误的小官因惧怕而逃走后，裴行俭派人将他找了回来，并没有怪罪于他。

“成大事者不拘小节。”越王勾践卧薪尝胆，苦身焦思，忍辱负重，终灭强吴，北观兵中国，以尊周室，号称霸王。这千古佳话，无人不知，无人不晓。要想成就大事就不要在小事情上斤斤计较，从勾践身上我们可以看到成大事者不拘小节的那种大丈夫的气概，从裴行俭身上我们也可以看到顾大局者不拘小节的那种容人雅量。

现实存在的事物包含各种矛盾，人不可能全面顾及，因此，只有善于把握事物的主要矛盾和矛盾的主要方面，明确“大事”的重要地位，不拘泥于小节，将大部分精力投入到解决主要矛盾及矛盾的主要方面的过程中，才能减少细枝末节的阻碍，才能更快地获得成功。

智伯因为厨子拿走一碗面而发怒，却不能预见到自己的死亡；邯郸子因为园中丢失了一个桃子就横眉立目，而对王国的厄运却一无所知。这都是普通人的小气量。下至个人，上至国家，想成大事，想要进步，都要从大局着眼，不拘小节。这样，个人才能达到目标，企业才能领先于市，国家才能飞速发展。

万事之中，忍字为上

※ 原文

唐光禄卿王守和，未尝与人有争。尝于案几间大书忍字，至于帏幌之属，以绣画为之。明皇知其姓字非时，引对曰：“卿名守和，已知不争。好书忍字，尤见用心。”奏曰：“臣闻坚而必断，刚则必折，万事之中，忍字为上。”帝曰：“善。”赐帛以旌之。

※ 译文

唐代光禄卿王守和，没有与别人发生过争执。他曾在桌子上写下了一个很大的“忍”字，在帏帐之类的地方也都绣上了“忍”字。唐明皇觉得王守和这个名字含有诽谤当世的意味，于是将王守和叫到身边来，问道：“你的名字叫作王守和，足以看出你不喜欢争斗了。现在又爱写‘忍’字，别人更能看出你的用心了。”王守和回答说：“我听说坚硬的东西容易被折断，万事之中，忍让是最好的。”唐明皇称赞道：“好。”于是赏赐他锦帛以示表彰。

※ 评析

“王守和”这个名字就表示喜欢和平，不喜欢争斗。人如其名，王守和确实是一个不愿与人争斗、宁静淡泊之人。他将“忍”字作为自己的座右铭，刻在桌子上，绣在帏帐上，时刻警醒自己。

其实，积极主动地追求自己所向往的生活，实现自己的人生目标，这就是我们人生的主题。在现代市场经济的环境下，竞争似乎已经成为一种常态，人们视之为很正常的事，每个人都在各自的行业中进行着各种各样的争夺。但是，在激烈的追逐和争斗背后，许多人似乎也丧失了自我反思的机会以及平静的心态。在貌似有理想和发展目标的人生道路上，有些人已经迷失了自我。因此，在匆忙的旅途中，我们何不暂时忍耐争斗，停下来给自己片刻的休息，以矫正自己的人生航向呢?

在任何事上都斤斤计较、争斗不已的人，其实过得并不快乐。在睚眦必报的争斗心理的驱使下，人们很容易陷入“你死我活”的逻辑推理中，结果导致了我们为人处世上的错误决策。在获取成功的道路上，我们要善于把握大的方向和原则，善于做正确的事。要在学习、人格塑造等方面投入更多的精力，而在个人利益等方面采取隐忍的态度，不为一时的得失荣辱而争斗，明白有的东西要争，有的东西不争。

商业领域中的利益争斗是非常惨烈的，咄咄逼人的进攻策略可以使我们获取主动权，但是它仅仅是一种斗争形式；许多时候，善于退却、避免正面交锋也是一种有效的策略。

盘碎，色不少吝

※ 原文

裴行俭初平都支遮匐，获瓌宝，不赀。番酋将士观焉。行俭因宴，遍出示坐者。有玛瑙盘二尺，文彩粲然。军吏趋跌，盘碎，惶惧，叩头流血。行俭笑曰：“尔非故也。”色不少吝。

※ 译文

裴行俭当初平定都支遮匐时，从敌人那里缴获的玉石宝物不计其数。少数民族的将领和士兵都前去观赏。裴行俭设宴，并在宴会上将这些宝物都出示给他们观赏。其中有一件玛瑙盘，二尺长，花纹和色彩绚丽灿烂，非常漂亮。有个士兵捧着它不小心跌倒，盘子被摔破了。这个士兵非常害怕，跪在地上连连磕头，头都流血了。裴行俭笑着说："你并不是故意的呀！"脸上并没有流露出一丝吝惜玛瑙盘的表情。

※ 评析

裴行俭的度量之大真是令人钦佩。漂亮的玛瑙盘被自己的部下摔到地上摔碎了，如果是别人遇到这样的情况，肯定会大发雷霆，因为那个玛瑙盘非常珍贵。但是，裴行俭却能够笑对此事，还安慰那位部下。这样，不仅没有让那位部下感到内疚，而且还活跃了宴会的气氛，否则，整个宴会的欢快气氛肯定要被这件事情破坏了。由此，更能看出裴行俭其人通达的处世方式。

事实上，每个人的一生都会遇到各种艰难险阻。想要灵活自如地应对这些复杂的局面，需要我们具有通达的智慧。只有我们能够明事理，能够在遇到混乱的局面时抓住具有全局意义的关键点，不被其他的细枝末节所干扰，不计较一时的得与失，才能采取坚定有效的行动，圆满地解决问题。

"不以物喜，不以己悲。"如果我们能以这样的心态来处世，

那么就可以使我们远离忧愁的困扰，更能使我们获得睿智的处世哲学。"塞翁失马"的故事尽人皆知。老翁的马丢失后，他没有忧愁不已，反而认为"这件事未必不是福气"！当走失的马带了一匹胡人的骏马回家时，老翁又认为"这未必不是祸"！这种"不以物喜，不以己悲"的思维方式是我们解除人生烦恼的良方，拥有这种生活信念可以使我们实现人生突围和超越。

不忍按

※ 原文

许围师为相州刺史，以宽治部。有受贿者，围师不忍按，其人自愧，后修饬，更为廉士。

※ 译文

许围师担任相州刺史的时候，以宽厚仁慈的态度对待自己的部下。有一个官员收受了贿赂，许围师不忍心将他治罪，但是这个官员觉得羞愧难当，于是之后就修身养性，成为一个廉洁奉公的官员。

※ 评析

当自己的手下官员受贿，犯了错误的时候，作为上级完全有权力对他进行相应的惩罚。这是上级管理下级的手段之一。许围师没有对犯了错误的手下官员进行惩罚，但是，却取得了跟进行惩罚相同的效果。因为许围师以宽宏大量感化了那个犯错误的官员，使他真正地从内心深处感到羞愧，他之后便严格要求自己，最终成为一名廉洁奉公的官员。

对待身边的人和事固然需要认真负责的态度，但是凡事过犹不及，如果对别人过于苛求，就会使我们陷入对细枝末节的计较中，而对事情失去了基本的评判。所以，对待关键的环节要坚持原则，在处理事务时懂得退让和模糊处理，才能达到理想的结果。

我们现在强调要“依法治国”。按照那些成文的规定，对各种犯罪都可以给予相应的惩罚，从而使犯了罪的人认识到自己的错误并改正。但是，我们也同样强调要“以德治国”。“德”有时候虽然不像“法”那样有明文规定，一是一，二是二，可以遵照执行，但在我们这个有着悠久历史的国家中，儒家“仁”的思想早已深入人心。我们在“依法治国”的同时，辅之以“德”，将会收到更好的效果。

逊以自免

※ 原文

唐娄师德，深沉有度量，人有忤己，逊以自免，不见容色。尝与李昭德偕行，师德素丰硕，不能剧步，昭德迟之，恚曰：“为田舍子所留。”师德笑曰：“吾不田舍，复在何人？”

※ 译文

唐代娄师德性情稳重，宽容大度，有人触犯到了他，他就采取退让的态度，进行自我检讨和批评，而不显现出发怒的神色。他曾与李昭德一起出门。因为娄师德向来就身体肥胖，所以走路时走不快，李昭德嫌师德走得太慢，生气地说："我被耕田的汉子给耽搁了。"师德笑着对李昭德说："如果我不做耕田的汉子，那么让谁做呢？"

※ 评析

在别人说了不利于自己的话时，有的人会"起而攻之"，以牙还牙，试图为自己争回脸面，挽回名誉，即使与对方大动干戈、伤了和气也在所不惜；有的人却会笑对别人对自己的不恭，稍稍退让一下，主动从自身找不足，进行自我批评、自我嘲笑，从而在笑声中化解一场可能会发生的矛盾。

唐代宰相娄师德就是这种善于自我批评的人。当急性子的李昭德把他说成是"耕田的汉子"的时候，他并没有生气，而是以自嘲的口吻来应对李昭德对自己的不满。一句"如果我不做耕田的汉子，那么让谁做呢？"不仅没有引起不必要的纠纷，而且还缓和了当时的气氛，融洽了两人的关系。

在社会生活中，人们往往能够把他人的缺点看得一清二楚，而常常对自己的过错视而不见。我们在成长的过程中必须掌握"修身"的技巧，其中重要的一点就是学会自省、自责，宽以待人，严于律己。

盛德所容

※ 原文

狄仁杰未辅政，娄师德荐之。后曰："朕用卿，师德荐也，诚知人矣。"出其奏。仁杰惭，已而叹曰："娄公盛德，我为所容，吾所不逮远矣。"

※ 译文

狄仁杰还没有担任宰相的时候，娄师德向武则天推荐了狄仁杰。武则天对狄仁杰说："我启用你，是因为娄师德向我推荐了你，他的确是了解人啊。"然后将娄师德当初的推荐书拿出来给狄仁杰看。狄仁杰看后很惭愧，感叹道："娄师德的道德非常高尚，我是被他推荐的，我明白我和娄师德的差距还远着呢。"

※ 评析

娄师德作为宰相，不嫉贤妒能，向武则天推荐了狄仁杰。而狄仁杰在得知自己是被娄师德所推荐之后，充分认识到了娄师德的大量，以及自己与娄师德之间存在的差距。这二人，一个不嫉贤妒能，一个有自知之明，同在朝廷共事，为国效力，实为国家的一大幸事。

无论是为人，还是处理各种事情，我们都要和不同的人打交道，因此就会遇到“识人”“任人”的问题。领导者识别和使用人才是基本的管理主题之一，普通人只有有效识别身边的人才能交到知心的朋友、寻找到得力的助手……

自古以来，有才华的人很容易遭受到同行的嫉恨，美貌的女子也很容易遭到他人的嫉妒。而由妒生恨，乃至采取报复措施的情形并不少见。能像娄师德那样善于发现人才，而且能抛开以往狄仁杰对自己的一切不恭，勇敢地推荐狄仁杰之人，实在是难能可贵。

含垢匿瑕

※ 原文

晋陈骞，沉厚有智谋，少有度量，含垢匿瑕，所在存绩。

※ 译文

晋代的陈骞，沉稳厚道，而且很有智谋，年少的时候就很有度量，能容忍别人的过失和缺点，他在所工作过的地方都能取得好成绩。

※ 评析

陈骞之所以能在自己工作过的地方都取得好成绩，是因为他为人有度量，能够容忍别人的过失和缺点。但是，最根本的一点，在于他能做到以德服人。他用自己的宽容和体谅来感化别人，因此能够受到百姓的爱戴，从而取得良好的政绩。

古人把道德修养看作是一个人立身的根本、个人事业发展的基础。纵观历史，所有成功的君王及臣子，除了自身拥有特殊的才能以外，其文治武功则都有赖于他们本人的谦虚、宽容等良好的品德。一个领导者如果缺乏必要的德行，就无法赢得下属的尊敬，就不能在关键时刻聚合人心，开创事业发展的新局面。

道德修养是一个人的标签，人们都喜欢与道德高尚的人交往，并常常被对方的人格魅力所折服。所以，在为人处世的过程中注意以德服人，可以使我们游刃有余地与对方的合作，从而提升自己的生存空间。刘备正是实践了“卑让，德之甚”的哲学，通过“三顾茅庐”请诸葛亮出山，在最大程度上弥补了自己人力资源不足的窘境，所以最终获得了三分天下有其一的历史地位。

未尝见喜怒

※ 原文

唐贾耽，自朝归第，接对宾客，终日无倦。家人近习，未尝见其喜怒之色，古之淳德君子，何以加焉？

※ 译文

唐朝的贾耽，从朝廷退朝回到官邸后，仍不停地接待宾客，终日都不显疲倦。家人了解他的生活情况，从未见过他有欢喜和愤怒的表情。古代道德纯洁之人，有谁比他更好呢？

※ 评析

贾耽为官可谓兢兢业业，处理事情可谓认真负责。在朝廷忙完一天的工作后，回到家里仍然要继续接待宾客，处理事情。就算每天很忙，也没见他有丝毫的不快或是其他情绪的流露。官员唯有像他这样，才能称得上是真正的敬业。

一个人确立自己的价值和信誉，需要付出艰辛的努力。在为人处世的过程中，依靠心计只能取得一时的成功，而不能从根本上实现长久的发展目标，而一旦被他人识破，只会失去别人的信任，导致失败。所以，忍受辛劳、踏实做事，才能经营好自己的人生。

“天下没有免费的午餐”，依靠投机取巧只能是“守株待兔”，只有苦心经营才能打造百年名企。尤其是今天在全球化的舞台上，面对日趋激烈的竞争，认真的市场考察、长远的发展规划、周密的商业计划是制胜的关键，一劳永逸的成功已经成为天方夜谭。

语侵不恨

※ 原文

杜衍曰："今之在位者，多是责人小节，是诚不恕也。"衍历知州，提转安抚，未尝坏一官员。其不职者，委之以事，使不暇惰；不谨者，谕以祸福，不必绳之以法也。范仲淹尝与衍论事异同，至以语侵杜衍，衍不为恨。

※ 译文

杜衍说："如今的当权者，大多都喜欢斥责别人的小小过失，这实在是不够宽容啊。"杜衍从担任知州，一直到后来被提拔为转安抚，从来都没有责骂过任何一位官员。对于不称职的官员，杜衍就将一些事情托付给他们去处理，从而使他们没有可以偷懒的时间；对于做事不谨慎的官员，杜衍就告诉他们不谨慎会引起的祸害，并不一定要将他们绳之以法。范仲淹曾经与杜衍一起讨论一些事情的是非曲直，以至于范仲淹出口伤害到杜衍，但他并不记恨。

※ 评析

杜衍其实自有他的一套为官哲学。他奉行的是宽以待人的处世信条，一直不打骂责罚自己手下任何一位犯了过错的官员，而是动之以情、晓之以理，使那些犯了错误的官员自己认识并改正错误。另外，他的宽以待人还体现在他不记恨别人对自己的不恭。因此，他能够与自己的同事和睦相处。

同事就是与自己一起工作、一起交流的伙伴。与同事关系相处得如何，直接关系到工作、事业的发展和进步。融洽和谐的同事关系，会让人感觉身心愉快，从而有利于工作的顺利进行，进而促进事业的发展。反之，紧张而不和谐的同事关系，则会影响正常的工作与交流，阻碍正常工作的进行和事业的发展。

同事之间的关系不同于亲友关系，亲友之间出现分歧矛盾，可以用亲情来化解，但是同事之间是以工作为纽带建立起来的关系，一旦出现裂痕，其创伤是很难愈合的。因此，要处理好同事之间的关系，最重要的是尊重对方。

释盗遗布

※ 原文

陈寔，字仲弓，为太丘长。有人伏梁上，寔见，呼其子训之曰："夫不喜之人，未必本恶，习以性成，梁上君子是矣。"俄闻自投地，伏罪。寔曰："观君形状非恶人，应由贫困。"乃遗布二端，令改过之，后更无盗。

※ 译文

陈寔，字仲弓，为太丘县令。一天，有个小偷趴在他家房梁上准备行窃，陈寔看见后，把自己的儿子喊过来，教训说："不受欢迎的人，并非本性就不好，而是习惯造成的，房梁上的那一位就是这样的人。"房梁上的小偷听到后，主动跳了下来，跪在地上认罪。陈寔说："从你的相貌上看，不像坏人，你之所以走到这步应该是由贫困造成的。"于是，陈寔送给他两匹布，并且叫他一定要改过自新。此后，这个人再没有行窃。

※ 评析

陈寔发现房梁上有小偷的时候，并没有大喊捉贼，而是故意以此来教育自己的儿子，使得小偷羞愧难当，主动认错。但是当他发现这个小偷本来并非坏人，只是由于贫穷才不得不出来偷盗时，不仅没有惩罚小偷，还送给了小偷两匹布。如果他只做到这一步的话，那么他还算不上是一个行为举止妥当的人。他的行为之所以被人认可，最关键的一点是他还教育了那个小偷，让他改过自新。

拥有一颗爱心，给予对方帮助是非常必要的，但是施与财物的时候，我们一定要谨慎行事，因为仅仅施与财物往往不能使对方在个人命运上有根本的转机。这就是所谓的"输血"和"造血"的比喻。尽可能使对方在思想上成熟起来，具备养活自己的技能，将单纯的"输血"变为对方自己"造血"，这才能从根本上解决问题。

悯寒架桥

※ 原文

淮南孔旻，隐居笃行，终身不仕，美节甚高。尝有窃其园中竹，旻悯其涉水冰寒，为架一小桥渡之。推此则其爱人可知。

※ 译文

淮南的孔旻，隐居在乡下，修身养性，终身都不做官，有非常高尚的气节。曾经有人盗窃了他家园子中的竹子，孔旻考虑到这个偷竹子的人涉水过河非常寒冷，觉得他很可怜，就架设了一座小桥让偷竹人从桥上通过。由此就可以看出孔旻对别人的友善及仁爱。

※ 评析

为富不仁的人，让我们痛恨。但是孔旻在自己生活比较富足的情况下，也能做到体恤穷苦人的苦难，关心他们的身体健康。当有人偷窃了他家园子中的竹子，他并没有追究那个盗贼的过失，反而想到偷竹人涉水过河的时候肯定非常寒冷，有可能冻坏腿，因此，特意架设了一座小桥。

“朱门酒肉臭，路有冻死骨。”杜甫的这句诗非常深刻地揭示了社会上两极分化的现象，也从另一个侧面反映了有很多富人的为富不仁，否则，也不会出现富人的酒肉多得吃不完，而外面却是饿殍遍野的情况了。那些富人们如果能像孔旻那样多关心一下穷人的生活情况，在自己力所能及的范围内给予穷人一定的帮助，那么，我们的社会将会更加和谐。

射牛无怪

※ 原文

隋吏部尚书牛弘，弟弼好酒而酗，尝醉射弘驾车牛。弘还宅，其妻迎曰：“叔射杀牛。”弘闻无所怪，直答曰：“作脯。”坐定，其妻又曰：“叔忽射杀牛，大是异事。”弘曰：“已知。”颜色自若，读书不辍。

※ 译文

隋代吏部尚书牛弘的弟弟牛弼非常喜欢酗酒。有一次，牛弼在喝醉酒之后，射死了给牛弘拉车的牛。牛弘回到家后，他的妻子迎上前去对他说："小叔杀死了牛。"牛弘听后，并不表示奇怪，只是说："那就将死牛的肉做肉脯吃吧！"等到牛弘坐定以后，他的妻子又说："小叔忽然射死了牛，真不知道到底是怎么回事。"牛弘回答说："我已经知道了。"他神色自若，继续读书。

※ 评析

牛弘不因弟弟醉酒射杀了自己的牛而动怒，依然保持平静，神色自若，他已经达到"不以物喜，不以己悲"的境界。对于妻子几次三番的相告，他只是以最简短的语言来做回应，从中也可以看出他的镇定。

在日常生活中，我们的情绪经常会随着外界环境的变化而发生改变，快乐、悲伤、喜悦、忧愁，这些本来都是很自然的现象。但是，如果我们过于情绪化，被外界事物的变化所主宰，就会使自己的生活产生强烈的波动，无法完成正常的学习和工作。

我们常常口口声声说要做一个理性的人，但是，如果做不到"不以物喜，不以己悲"，又怎能成为理性之人呢？要成为理性之人，就要求我们面对外部世界的种种干扰时，能够做到岿然不动，保持内心的宁静，就像牛弘那样，神色自若，继续读书。

代钱不言

※ 原文

陈重，字景公，举孝廉，在郎署。有同郎署负息钱数十万，债主日至，请求无已，重乃密以钱代还。郎后觉知而厚辞谢之。重曰："非我之为，当有同姓名者。"终不言惠。

※ 译文

陈重，字景公，被推举为孝廉，在官府中任职。同一个官府中，有个人欠了别人数十万钱的债务，债主每天都来催债，结果那个人还是没有钱来还债，陈重便在暗地里帮那个人把债务还清了。后来那个人知道了陈重帮他还债的事，万分感谢陈重。

陈重说："这件事不是我所为，估计是与我同名同姓的人做的吧。"始终不提自己帮人还债的恩惠。

※ 评析

当别人遇到困难的时候，陈重非常慷慨地帮了对方一把，使对方得以摆脱困境。但是，他是在暗中帮助那个人，当对方要感谢他的时候，他却推辞，说并非自己所为。陈重真可谓是一个有道德、有修养的君子。

在现代社会中，像陈重这样的人，就是我们这个时代的"活雷锋"—乐于助人，而又隐姓埋名，做了好事不图回报。当别人得到自己的帮助走出困境的时候，获益的不仅仅是对方，自己内心也会感到快乐无比。

认猪不争

※ 原文

曹节，素仁厚。邻人有失猪者，与节猪相似，诣门认之，节不与争。后所失猪自还，邻人大惭，送所认猪，并谢。节笑而受之。

※ 译文

曹节，向来仁义厚道。邻居家丢失了一头猪，而丢失的猪与曹节家的猪很相似，邻居便到曹节家中认领，曹节没有和他争执。后来，邻居丢失了的猪自己跑回来了，邻居深感惭愧，归还了曹节家的猪并向曹节道歉。曹节笑着接受了。

※ 评析

曹节的邻居误把曹节家的猪当成自己家丢失的猪而领走，曹节却没有与邻居争辩。因为他相信，事情终会有水落石出的一天。这只不过是一件小事，如果因此而与邻居闹翻，伤了和气，那就真是得不偿失了。

"小不忍则乱大谋。"我们在细节上千万不要牵扯过多的精力，否则，"一着不慎，满盘皆输"。诸葛亮一生兢兢业业，做出每一项决定都十分谨慎，都要进行周密的考察和计算，因此他很少有失误，更被后人尊奉为智慧的化身。在实际生活中，只要我们在小事上粗中有细，就能规避许多错误，提早获得成功。

要把握大局，就要对细节和小事采取忍让、宽容的态度，只要他们不引起根本的利害冲突，我们就可以睁一只眼闭一只眼。为人处世，要谦恭勤谨，严于律己，宽以待人，处理好与各方的关系，从而在矛盾重重的事务处理过程中稳步推进。采取“大事清楚，小事糊涂”的策略始终是一种智者的风范。

鼓琴不问

※ 原文

赵阅道为成都转运使，出行，部内唯携一琴一龟，坐则看龟鼓琴。尝过青城山，遇雪，舍于逆旅，逆旅之人不知其使者也，或慢狎之，公颓然鼓琴不问。

※ 译文

赵阅道担任成都转运使的时候，有一次出门巡察，只随身携带了一把琴以及一只乌龟，当他停下来休息的时候，就一边看乌龟，一边弹琴。当他路过青城山的时候，正好遇上下雪，于是就住在旅馆中。旅馆中的人不知道赵阅道的身份，有人就轻慢地侮辱他，但是赵阅道却只顾弹自己的琴，对于那些侮辱他的话，他都置之不理。

※ 评析

“非淡泊无以明志，非宁静无以致远。”赵阅道显然是深谙这句话的道理。因此，他在出门巡察的时候，随身携带之物只是一把琴和一只乌龟。当旅馆中的人欺侮他的时候，他仍然能保持平静，继续抚琴，而对那些人的话充耳不闻。

人生在世，要有远大的志向，因为它是我们前进的明灯，能够给我们希望和力量。如今，有些人所追逐的都是荣誉、地位、面子，一旦拥有，则倍感自豪、骄傲和幸福。但是，如果我们被这些欲望所牵引，就很难做到保持良好的心境。在儒家哲学里，修身占据了首要的位置，成为“齐家、治国、平天下”的基础。在这里，就是要倡导建立一种淡泊和宁静的人生态度，从而使我们具备长远的目光，在有限的生命岁月中可以走得更远。

唯得忠恕

※ 原文

范纯仁尝曰：“我平生所学，唯得忠恕二字，一生用不尽，以至立朝事君，接待僚友，亲睦宗族，未尝须臾离此也。”又戒子弟曰：“人虽至愚，责人则明；虽有聪明，恕己则昏。尔曹但常以责人之心责己，恕己之心恕人。不患不到圣贤地位也。”

※ 译文

范纯仁曾经说：“我一生所学到的，只是‘忠’‘恕’这两个字，这两个字让我一辈子都受用不尽，以至于在朝廷侍奉君主，接待同事以及朋友，跟一个家族的人和睦相处，没有一刻离开过这两个字。”然后，他又告诫自己的儿子以及弟子说：“即使是最愚笨的人，当他责怪别人的时候也是非常清醒的；即使是非常聪明的人，宽恕自己的过错就是糊涂的。你们应该经常用责怪别人的心态来责怪自己，用宽恕自己的心态来宽恕别人。这样，不愁达不到圣贤的地位。”

※ 评析

范纯仁总结出让自己受用一生的两个字是“忠”“恕”，并且以此来教育自己的子弟，让他们也学会忠心待人，并且尽量宽恕别人的过错，同时严格要求自己。他的这一席话，非常有道理。

“忠诚”，自古以来就被视作一种美德而受到人们的褒扬。无论对国家、企业，还是对爱情、自己，每个人都应该有一份忠诚。有忠诚之人，才会有坚定的信仰，面对各种困难和挑战的时候，才不会左右摇摆。当自己受到外界的诱惑和威胁时，我们要坚守自己的理想和信念，忍受忠诚的代价。

“水至清则无鱼，人至察则无徒。”为人处世的另外一个基本原则就是学会宽容，原谅他人的失误，体谅他人的难处。只有我们心胸开阔，具有广博的包容性，才能赢得他人的支持和信任。如果处处苛求别人，就会给人一种小气、心胸狭窄的印象，从而使彼此的距离越来越远。

益见忠直

※ 原文

王太尉旦荐寇莱公为相，莱公数短太尉于上前，而太尉专称其长。上一日谓太尉曰："卿虽称其美，彼谈卿恶。"太尉曰："理固当然。臣在相位久，政事阙失必多。准对陛下无所隐，益见其忠。臣所以重准也。"上由是益贤太尉。

※ 译文

宋朝的太尉王旦向皇上推荐寇准，让其担任宰相，寇准屡次在皇上面前说王旦的过失和缺点，但是王旦总是在皇上面前夸赞寇准的优点。有一天，皇上对王旦说："你虽然总是夸赞寇准的优点，但是寇准总是揭发你的过失和缺点。"王旦对皇上说："这是理所当然的事情。我担任宰相的职务已经有很长时间了，难免会在处理政务上有所失误。寇准在您面前没有什么隐瞒，这更能显示出他的忠诚。这就是我器重寇准的原因。"皇帝因此更加称赞王旦贤明。

※ 评析

寇准是一位贤臣，他能在皇上面前无所隐瞒，指出宰相王旦工作中的失误和缺点，完全是对国家负责的表现。对当事人王旦来说，似乎是受到了寇准的诽谤。但是，王旦也非常贤明。他并没有站在自己的立场上看问题，没有将之视为诽谤，而是认为这正是寇准的忠诚之处，并为此感到欣慰。

当然，寇准的所作所为算不上是对王旦的诽谤，而是对国家的忠诚。但是，现实生活中，我们也一定要忍耐自己诽谤别人之心。因为无论是心理层面的不满，还是口头上的诽谤，都会使双方的关系恶化。诽谤不但会给对方造成伤害，还会使自己陷入不良情绪中。所以，我们要学会隐忍心中的不满，避免用诽谤来攻击对方。

诽谤他人是一种恶语中伤的行为，与我们希望达到圆满的目的是相背离的。所以当自己内心产生愤恨和不满的时候，我们要注意忍耐胸中的火气，不对他人恶语相向。诽谤作为一种越礼行为是不应该成为我们的行动方案的。

酒流满路

※ 原文

王文正公母弟，傲不可训。一日过冬至，祠家庙列百壶于堂前，弟皆击破之，家人惧骇。文正忽自外入，见酒流，又满路，不可行，俱无一言，但摄衣步入堂。其后弟忽感悟，复为善。终亦不言。

※ 译文

王安石的舅舅，性格桀骜不驯，难以教导。一年过冬至，王家在自家祠堂前摆了上百壶酒来祭祀祖先，王安石的舅舅却将这些酒壶全部打碎，因而家人都十分害怕。突然王安石从外面进来，见酒流得满地都是，路都没法走了，但是他没说一句话，只是提起衣服走进了堂屋。后来，他舅舅忽然醒悟过来，变好了。王安石也始终不再谈起击壶的事。

※ 评析

王安石的舅舅真是一个令人讨厌的人，居然将王家用来祭祀祖先的上百壶酒都打碎。面对这种顽劣之徒，王安石没有冲他舅舅大发雷霆，而是让他舅舅自己去悔悟，最终收到了满意的效果。

相信没有人会喜欢像王安石的舅舅这样的人吧？这种喜欢做不义之事的恶人，通常被人们称为“凶人”。面对这样的“凶人”，我们用不着和他们斗智斗力，而应当把他们看作“禽兽”，让他们自取灭亡，不为他们的行为计较和忧虑。

社会的正常运行需要确立一定的规则和契约，这主要表现为道德和法律约束。在这些制约下，人们才能讲求信誉、正义，维持正常的社会运行。很显然，一个作恶多端、不行仁义的人是为人痛恨的，会失去别人基本的理解和信任。因此，我们要注意维护自己的信誉，不做一个顽劣嚣张的人。

不形于言

※ 原文

韩魏公器重闳博，无所不容，自在馆阁，已有重望于天下。与同馆王拱辰、御史叶定基，同发解开封府举人，拱辰、定基时有喧争，公安坐幕中阅试卷，如不闻。拱辰愤不助己，诣公室谓公曰："此中习器度耶？"公和颜谢之。公为陕西招讨，时师鲁与英公不相与，师鲁于公处即论英公事，英公于公处亦论师鲁，皆纳之，不形于言，遂无事。不然不静矣。

※ 译文

韩魏公韩琦为人沉稳大度，没有什么不能容忍，早在学堂读书的时候，他的名望就已经传遍了天下。他与同学堂的王拱辰、御史叶定基，一同被派到开封府掌管科举考试。王拱辰和叶定基经常发生争吵，而韩琦坐在幕室批阅试卷，好像什么都没听见一样。拱辰埋怨韩琦不帮助自己，到韩琦的幕室，对韩琦说："你是在幕室中锻炼气度吧？"韩琦脸色平和地向拱辰道歉。韩琦在陕西征讨叛军时，颜师鲁与英公李勣不和，颜师鲁在韩琦那里说李勣的坏话，而李勣在韩琦那里也说颜师鲁的坏话。韩琦听后，从不将这些话说出去，所以颜师鲁和李勣才没有闹起来，否则就不得安宁了。

※ 评析

韩琦在王拱辰和叶定基发生争吵的时候，将自己置身事外，所以才能平心静气地在幕室里批阅试卷；在颜师鲁和英公向自己说对方坏话的时候，也将自己置身事外，所以才能阻止颜师鲁和英公之间的吵闹。在这里，韩琦的"置身事外"起了很大的作用。

我们每个人每天都要和外部的人和事打交道，因此，就存在一个基本态度的问题。外部世界纷繁复杂，仅仅凭借个人的经历是无法彻底认识清楚这个世界的，同时自己也没有足够的时间和精力把方方面面的事情都处理得井井有条。因此，我们就要尝试摆脱外界事物对我们的羁绊，保持一种释然的态度。

在处理外部各种事情、与人相处的时候，要注意收敛自己的智慧，不要张狂和骄傲，而应该表现出一副混沌的样子，让他人忽略自己的存在，从而在保全自己的同时，始终掌握行动的主动权。

未尝峻折

※ 原文

欧阳永叔在政府时，每有人不中理者，辄峻折之，故人多怨；韩魏公则不然，从容谕之，以不可之理而已，未尝峻折之也。

※ 译文

欧阳修在官府当官的时候，每当遇到有人不讲道理，他就会很严厉地惩罚这个不讲道理的人，因此很多人都对他的这种做法有意见；韩魏公韩琦却不是这样，他总是从容不迫地教育那个不讲道理的人，告诉那个人为什么不能那样做，从来都没有严厉地惩罚过别人。

※ 评析

欧阳修对待不讲道理的人，采取惩罚的方式，其实这同样是一种“不讲道理”的方式；韩琦则不然，他是用“讲道理”的方式来对待不讲道理的人，而不对其进行严厉的惩罚。最终，还是韩琦的这种做法深得人心，受到老百姓的支持。

由此，我们应该看出“维护事理”的重要性。做任何事情都要遵循基本的原则，这就是我们所说的“事理”。与人相处是我们一生都要学习的一门功课，而做事的道理更需要我们自己去体会。比如，我们要懂得谦让是种美德。在道路狭窄的地方，我们要学会主动停下来，给别人先行一步的机会，从而为自己创造更大的发展空间。

一旦超越了“事理”所约束的范围，我们就有可能玩火自焚，走向不可收拾的地步。周幽王为了博得美人一笑，在烽火台上点火，让千里之外的诸侯快马加鞭赶到城下，结果却什么事情都没有发生，几十万大军劳而无功，白跑一趟。就这样，军士们被戏弄多次之后，便不再相信周幽王了。后来真有敌人杀来的时候，根本没有军队赶来营救。这个可悲的周幽王便成了亡国之君。他就是破坏了最基本的做事原则，结果自取灭亡。

非毁反己

※ 原文

韩魏公谓：“小人不可求远，三家村中亦有一家。当求处之之理。知其为小人，以小人处之，更不可接，如接之，则自小人矣。人有非毁，但当反己是，不是己是，则是在我而罪在彼，乌用计其如何。”

※ 译文

韩琦说：“小人不一定非要去远处才能找到，三户人家当中就会有一家。应当寻找与小人相处的方法。知道他是小人，就用对待小人的方法来与他相处，绝不能与他交往，如果与他交往，那么你自己也成了小人。如果有人诋毁你，推翻自己的理由就是了，不要坚持自己是正确的，这样，我有理，他没理，用不着跟他计较。”

※ 评析

这个故事涉及一个“交友”的话题。韩琦认为，面对小人的时候，就要用对待小人的方法来与他相处，而不能与这种人交往，否则，自己也会有小人之嫌。

君子交友其实是有一套原则的。两个志同道合、兴趣相投的人在一起，才能体会到那种互相欣赏、互相肯定、互相激励的快乐，从而同甘共苦，不离不弃。与朋友相处就要自自然然，不远不近。所谓“君子之交淡如水，小人之交甘如甜”。君子是不会以某些外在的因素来断定一个人是否具有交往的价值，而小人的交往则是出于利益上的考虑，是抱着一定的目的去获取别人的友谊，因此往往不能长久。

“人以类聚，物以群分。”想知道一个人的人品如何，看他身边的朋友便可以知晓。一个君子，身边必定是些良师益友，而一个小人，则肯定是酒肉朋友围绕身边。要使自己成为一名真正的君子，就要和正直诚信的人交友，和知识渊博的人交友，而不和堕落、自私、巧舌如簧之人交朋友。

辞和气平

※ 原文

凡人语及其所不平，则气必动，色必变，辞必厉。唯韩魏公不然，更说到小人忘恩背义欲倾己处，辞和气平，如道寻常事。

※ 译文

一般人谈到自己所感到不公平的事情时，肯定会动火气，变脸色，以至言辞也变得激烈。唯独韩琦不是这样，每当说到有小人忘恩负义、准备陷害自己的时候，他总是平心静气，就像在讲非常平常的事情。

※ 评析

遇到小人忘恩负义，或是恶人故意陷害自己之类的事情时，我们常常忍不住自己心中的不平之气，并为此而闷闷不乐，严重影响自己正常的工作、学习和生活。但是，韩琦遇到这样的事情时，却能做到平心静气地对待，仿佛遭遇这些事情的是别人而不是他自己。

当物体处在不平的状态时就会发出声音，这是物体的一般特性。因此，常人在遇到不平之事时，也会动怒，言辞激烈。但是，通达之人往往目光远大，与世无争，他们就能做到处之泰然。

人人生来都是平等的。父母给了我们健全的身体以及能够自由思想的大脑，让我们得以开创自己美好的人生。但是在成长的过程中，一些人会经受诸如家庭变故、疾病折磨等不平的考验。当发生这种情况的时候，学会忍受不平，勇敢面对现实，并且奋起拼搏，这是我们经历风雨见彩虹的明智选择，而不要怨天尤人，自寻烦恼。

委曲弥缝

※ 原文

王沂公曾再莅大名代陈尧咨。既视事，府署毁圮者，既旧而葺之，无所改作；什器之损失者，完补之如数；政有不便，委曲弥缝，悉掩其非。及移守洛师，陈复为代，睹之叹曰：“王公宜其为宰相，我之量弗及。”盖陈以昔时之嫌，意谓公必反其做，发其隐者。

※ 译文

王曾再到大名府来代替陈尧咨的官职。在他展开自己的工作之后，看见官府中有毁坏、倒塌了的房屋，就进行修葺，并不做任何改动；有损坏了或丢失了的器物，就修补或补充得一件不少。原来的政令有不妥的地方，就尽量弥补错漏，掩盖陈尧咨以前做得不对的地方。及至他转任洛阳太守时，陈尧咨重新回到大名府任职，看到王曾再所做的一切，感慨地说：“王公适合担任宰相，我的度量远远赶不上他呀！”原来陈尧咨以为过去他们曾经有隔阂，王曾再的做法一定会与他以往的做法相反，并将他的过失公开出来。

※ 评析

王曾再拥有宰相的度量，他不计较以往与陈尧咨之间的矛盾，在接替陈尧咨的职务时，他真心实意地完善陈尧咨以往的工作，并且最终用他的真诚感动了陈尧咨。

在社会生活中，人与人之间存在着错综复杂的利害关系，因此而展开了激烈而残酷的竞争。正因为这样，人与人之间就少了份真诚、坦率，多了份虚伪、矫情。如果我们能够本着真诚的态度为人处世，那么就很容易获得他人的信任和支持。所以，我们不能因为外界的伪善就主动放弃真诚对待他人的做法，相反，我们更要以真诚来换取人心，赢得成功。

诚意代表了用心、专注，在许多情况下是赢得对方信任的基础。三国时期的刘备三顾茅庐，正是用自己的诚意感化了诸葛亮，从而得到诸葛亮的辅佐，成就了自己的伟业。由此可见，真诚是拉近彼此距离、打开心灵大门的钥匙，做事的时候具备真诚的态度可以使我们提早达到成功的目标。

诋短逊谢

※ 原文

傅献简公言李公沆秉钧日，有狂生叩马献书，历诋其短。李逊谢曰：“俟归家，当得详览。”狂生遂发讪怒，随君马后，肆言曰：“居大位不能廉济天下，又不能引退，久妨贤路，宁不愧于心乎？”公但于马上踧踖再三，曰：“屡求退，以主上未赐允。”终无忤也。

※ 译文

傅献简说，李沆在担任宰相的时候，有一天，一个狂妄的书生拦住李沆的马，向李沆递上了一封信，信中逐条指责李沆的过失和缺点。李沆礼貌而谦虚地对书生说：“等我回到家中，一定会仔细阅读你的书信。”狂妄的书生于是很生气，发起怒来，跟随在李沆的马后，放肆地对李沆说道：“你占据着宰相的职位，却不能为老百姓的利益服务，但又不引退，长时间地阻拦更加有贤德的人进取的道路，难道你的心里就不觉得惭愧吗？”李沆只是坐在马背上，恭敬而不安地对狂妄书生说：“我已经向皇上请求退位多次了，可是皇上一直没有应允。”李沆自始至终没有对那位书生疾言厉色。

※ 评析

这则故事固然是在说李沆拥有宰相的气度，对狂妄书生所表现出来的一系列不恭敬的行为都采取了忍让的态度，没有动怒。但是，故事中，狂妄书生指责李沆久居相位而不引退，这一点也应该引起我们的警醒。

事物在发展的过程中，盛与衰是相互转化的，发展到鼎盛阶段，必然会像抛物线一样到达拐点，步入衰退期。能够主动顺应形势发展的需要，急流勇退，不但能使自己获取最大收益，而且也是一种高明的做事方法。功成名就之后就应该急流勇退，这是符合自然的规律。一个人应该抽身引退的时候却不退却，灾难和祸害就会同时到来。

日常生活中，当我们犯了错误、走了弯路的时候，要勇敢退却，然后回归正途。如果一味固执地走下去，只能是南辕北辙，在错误的道路上越走越远。做一个勇敢的人，不但要具有大胆行动的魄力，更要具备坦然承认错误、主动改正的决心，这样才能走向成功。

直为受之

※ 原文

吕正献公著，平生未尝较曲直；闻谤，未尝辩也。少时书于座右曰：“不善加已，直为受之。”盖其初自惩艾也如此。

※ 译文

正献公吕著，平生从来不与人计较是非曲直，听到别人诽谤他的话，他也从来不申辩什么。年少时他就曾写了这样的座右铭：“别人做了对你不好的事，你只管承受下来就是了。”原来他从小就是这样严格警戒和要求自己的。

※ 评析

遭到了别人的诽谤，或是别人做了对自己不好的事，却对此置之不理，不把它放在心上，这是正献公吕著所遵从的处世哲学。一般人恐怕难以理解他的这种做法，更别说这样做了。人们总想与对方争个高低，难免会动怒。但是，吕著深知动怒将会带来的害处，因此，他时刻警诫自己，成为一个心胸豁达、气量宽宏之人。

怒气伤身，对我们的健康不利，怒气过盛就会破坏内心平和的心气；而在待人接物方面，愤怒会使我们失去理智的判断，从而造成不可挽回的局面。吴三桂不就是“冲冠一怒为红颜”而改写了历史命运吗？这种警示是非常深刻的。

抱怨和争执其实都无益于解决问题，并不能取得预期的目标。轻易动怒，不但会使我们失去风度，损害自己的形象，还会加深双方之间的矛盾，恶化双方之间的关系，堵塞各种解决问题的通道，有百害而无一利。善于忍耐心中的怒气，让理智带领我们走出当前的困境，才能使自己在为人处世等方面做到灵活自如。

服公有量

※ 原文

王武恭公德用善抚士，状貌雄伟动人，虽里儿巷妇，外至夷狄，皆知其名氏。御史中丞孔道辅等，因事以为言，乃罢枢密，出镇。又贬官，知随州。士皆为之惧，公举止言色如平时，唯不接宾客而已。久之，道辅卒，客有谓公曰："此害公者也。"愀然曰："孔公以职言事，岂害我者！可惜朝廷亡一直臣。"于是，言者终身以为愧，而士大夫服公为有量。

※ 译文

王德用对待官员态度和善，并且因他身材高大魁梧，即使是居住在偏僻的深巷中的妇女儿童，还有外面的少数民族，都知道王德用这个名字。御史中丞孔道辅等人，由于某一件事向皇上揭发了王德用的过失，于是皇上就罢免了王德用的枢密院官的职务，把他调出了京城，去外地镇守。后来王德用又被贬了官，出任随州知州。士人们都替王德用担心，然而王德用本人的言行举止却一如平常，只是很少接待亲朋好友罢了。很久以后，孔道辅去世了，有一位朋友对王德用说："这就是害您的人的下场！"王德用显出一副严肃的样子，说道："孔道辅在其位言其事，怎么能说是害我的人呢？可惜啊，朝廷损失了一位忠诚直言的大臣。"于是，说话的人终身为此感到惭愧，而上下官员都佩服王德用有雅量。

※ 评析

御史中丞孔道辅向皇上揭发王德用的过失，导致王德用被贬官。如果王德用是个心胸狭窄的人，那么他肯定会将这个深仇大恨铭记于心，并在日后伺机报复孔道辅。但是，王德用偏偏是个宽宏大量、识大体、顾大局的人。他知道孔道辅指出自己的过失是在履行自己的职责，是为了国家利益着想。我们应该学习王德用的宽大胸怀，难道我们就不应该学习孔道辅忠心耿耿辅佐皇上的优良品德吗？

商鞅不惧车裂之祸，鞭挞朝政弊端；魏徵无视君主权威，强谏其所不知。古人早就有"为子当尽孝，事君当尽忠"的忠告。虽说今天的我们已经不再需要侍奉君主，但是道德准则也要求我们要敢于直面错误，并勇于纠正自己及他人一切错误的行为。面对别人的错误缄口不言是不可取的，怂恿他人的错误继续发展更是可耻行为。

为人处世需要的就是直率、诚实的态度。那些行事媚上欺下、见风使舵之人，必然为大家所不齿，终将被排斥在集体之外。敢于指出他人的错误，既是对他人负责的表现，也是对自己负责的表现。

宽大有量

※ 原文

《程氏遗书》：子言："范公尧夫宽大也。昔余过成都，公时摄帅。有言公于朝者，朝廷遣中使降香峨嵋，实察之也。公一日在子款语，子问曰：'闻中使在此，公何暇也。'公曰：'不尔，则拘束已而。'中使果然怒，以鞭伤传言者耳，属官喜谓公曰：'此一事足以塞其谤，请闻于朝。'公既不折言者之为非，又不奏中使之过也。其有量如此。"

※ 译文

《程氏遗书》中记载，程颐说，"范尧夫为人处世宽宏大量。过去，我经过成都的时候，范尧夫当时在那里任军中统帅。有人在朝廷上向皇上说范尧夫的坏话，于是皇上便派遣使者假装来峨眉山烧香，其实是来督察范尧夫的工作。有一天，范尧夫在我那里闲谈，我问他说：'我听说朝廷派了使者在这里，您怎么还有空闲啊？'范尧夫回答说：'如果不是这样的话，反而会显得拘束了。'朝廷使者果然非常生气，用鞭子抽伤了走漏消息的人的耳朵。范尧夫的下属官员高兴地对他说：'这件事就足以阻止他们在皇上面前诽谤您了，请您在朝廷上把这件事汇报给皇上吧。'但是范尧夫既没有惩罚说他坏话的人，也没有向皇上汇报朝廷使者用鞭子抽伤别人耳朵的事。范尧夫的气量真大啊。"

※ 评析

没有人喜欢遭遇挫折，所以很多人一旦遇到了困难和挑战，就会变得心情烦躁。为一些小事而怒发冲冠，其实算不上真正的英雄，倒不如忍耐性情静观最后的胜败。

范尧夫被人在皇上面前说了坏话，并且还面临着朝廷使者的督察。在这种情况下，他没有生气，也没有惊慌，而是照样做着自己该做的事情。最后，那个说他坏话的人还是露出了马脚，只不过范尧夫有宽宏的气量，没有惩罚他罢了。

消极面对挫折的心理状态和情绪体验其实会摧毁我们的进取心，容易使人悲观地看问题，不利于我们走出困境、反败为胜。在遭受挫折时，如果能隐忍自己内心的焦躁和不安，就能积极主动地面对未来。

呵辱自隐

※ 原文

李翰林宗谔，其父文正公昉，秉政时避嫌远势，出入仆马，与寒士无辨。一日，中路逢文正公，前趋不知其为公子也，剧呵辱之。是后每见斯人，必自隐蔽，恐其知而自愧也。

※ 译文

翰林李宗谔的父亲是文正公李昉，李宗谔在父亲执政的时候，避开嫌疑，远离权势，出入时的仆人及车马都非常俭朴，与贫寒的士人没什么两样。一天，他在路上碰到父亲，前排士兵不知道他就是李昉的儿子，大声呵斥并侮辱他。从那以后，李宗谔每次见到这个士兵，自己都要躲藏起来，以免让士兵知道自己是李昉的儿子后感到惭愧。

※ 评析

从古到今，人们一直在孜孜不倦地追求高贵的身份和地位，拒绝卑贱的生活。从血统论到资本论，这一幕至今仍然在上演。当某人一朝飞黄腾达了，便会有好多人左拉右扯，试图与这个人攀上哪怕一丝一毫的亲戚关系、老乡关系，并以此为荣，马上感觉自己也高贵起来了，因此将之视为向人炫耀的资本。更有那些高官富家子弟，仗着自己的祖上有权或有钱，为非作歹，横行霸道。这些现象，我们无论是从电视上还是在现实生活中，似乎都已见怪不怪了。

但是，文正公李昉的儿子李宗谔却不是这样。在其父执政期间，他反而远离权势，而且吃穿等各方面都非常俭朴。难怪李昉手下的士兵看不出他就是李昉的儿子！李宗谔有别于常人的行为，的确让我们佩服，更让那些攀附权贵、耀武扬威之人汗颜。

其实，追求向上的努力本无可厚非，但是我们需要避免的是被优越感遮蔽了自己的视线，从而看不到真实生活的面目。富贵的生活可以让人丧失行动的力量，学会忍耐富贵的弊端，才算是真正懂得了贵贱的辩证法。

容物不校

※ 原文

傅公尧俞在徐，前守侵用公使钱，公窃为偿之，未足而公罢，后守反以文移公，当偿千缗，公竭资且假贷偿之。久之，钩考得实，公盖未尝侵用也，卒不辩。其容物不校如此。

※ 译文

傅尧俞在担任徐州太守的时候，他的前任太守挪用了公款，傅尧俞就暗地里替前任太守偿还这笔钱。但还没有来得及还完，他就被罢免了。继任太守反而给傅尧俞写信说应当再还一千缗。傅尧俞倾其所有，并借了外债才将这笔钱全部还清。后来，经过考核证实，傅尧俞从来没有挪用过公款，而他自己却始终不进行申辩。他能容忍而不计较别人到如此地步，真是让人佩服。

※ 评析

傅尧俞似乎显得有点傻，前任太守肆意贪污挪用公款，他却在后面忍气吞声地替别人还债，而且还是倾其所有，并借了外债来替别人还债。幸亏最终查明了事实真相，否则，背“挪用公款”罪名的也是他。不过，相信没有人不佩服傅尧俞的度量。

但是，那个前任太守贪污挪用公款的行为更是让人痛恨。看来，利用职务之便，贪污公款、损公肥私、中饱私囊，这些为人所不齿的行为古已有之啊！如今，这些行为还层出不穷，从来没有被杜绝过。之所以会不断出现这样的行为，究其根本，还在于人们本身的贪欲。

自古以来，因贪欲而丢失性命、毁掉前程的事例不可胜数。“螳螂捕蝉，黄雀在后”，揭示了贪图眼前利益而忘记了周围风险的人的愚蠢；“人心不足蛇吞象”，则是人们对心怀贪念却不自量力的人的形象描述。我们应当守护自己应该拥有的东西，通过正当手段获取应该属于自己的东西，对本不属于自己的东西要忍住据为己有的可耻想法。

德量过人

※ 原文

韩魏公镇相州，因祀宣尼省宿，有偷儿入室，挺刃曰："不能自济，求济于公。"公曰："几上器具可直百千，尽以与汝。"偷儿曰："愿得公首以献西人。"公即引颈。偷儿稽首曰："以公德量过人，故来相试。几上之物，已荷公赐，愿无泄也。"公曰："诺。"终不以告人。其后为盗者以他事坐罪，当死，于市中备言其事，曰："虑吾死后，惜公之德不传于世。"

※ 译文

韩琦镇守相州的时候，因为祭祀孔子庙，所以住宿在外地。有个小偷入室行窃，举起刀对韩琦说："我无法自己养活自己，所以来向您请求救济一下。"韩琦说："茶几上的器具价值百千钱，全部都可以给你。"小偷又说："我想得到你的头，将它献给西边国家的人。"韩琦听后便伸出脖子。小偷低下头说："因为我听说过您非常有气量，所以就想来试试您。茶几上的东西，承蒙您已经送给了我，希望您不要把这件事泄漏出去。"韩琦说："好的。"最终他兑现了这个一生不告诉任何人的承诺。后来，这个小偷因为其他事犯了罪，被判了死刑，在刑场上，他将这件事详细地说了出来，并且说："我担心我被处死之后，韩琦的德行就不能被世人所知了。"

※ 评析

世间有轻薄的风俗，一些人常常说话不算数，言不由衷、不守信用。这样的做法经常受到他人的厌恶，招致怨恨甚至祸害。韩琦的宽大尽人皆知，但是，通过这则故事，我们也看出了他诚信的优点。向一个小偷承诺过的话，他都兑现了。

一个人只有诚信才能立身，一个国家只有取信于民才能立国，一个企业只有诚信服务才能赢得消费者的认可……在任何行业、任何领域从事任何活动，都要以"信"为准则。向别人承诺过的事我们就要努力做到，如果遇到困难，不能兑现自己的诺言，我们也需要向对方解释清楚其中的原因，表达自己的歉意。否则，就会被看成是一个没有信誉的人，使自己在日后的为人处世方面遭遇很大的阻力和挫折。一个人如果不守信，不能赢得他人的信赖，那么做任何事情都会难有成就。

众服公量

※ 原文

彭公思永，始就举时，贫无余资，唯持金钏数只栖于旅舍。同举者过之，众请出钏为玩。客有坠其一于袖间，公视之不言，众莫知也，皆惊求之。公曰：“数止此，非有失也。”将去，袖钏者揖而举手，钏坠于地，众服公之量。

※ 译文

彭思永当初参加科举考试的时候，家境贫寒，没有多余的财物，只带了几只金钏，住在旅馆里。一同参加科举考试的人来拜访他，请他把金钏拿出来给大家看一看。有一位客人把其中一只金钏藏进自己的衣袖中，彭思永看到了也不说什么，大家都不知道实情，因此都惊慌地寻找那只金钏。彭思永说：“金钏只有这些，并没有丢失。”大家准备离去的时候，袖子中藏着金钏的那个人举手作揖告别，金钏掉了出来而露了馅。大家都佩服彭思永的度量。

※ 评析

虽然彭思永知道是谁偷了自己的金钏，并故意不揭露事实，给那个人台阶下，但是那位偷窃金钏的人最终还是露出了马脚，给自己制造尴尬。大家在佩服彭思永的度量的同时，也在唾弃那种偷盗别人财物、获取不义之财的可耻行为。

从外界获取想要的东西的时候，必须要付出一定的努力和成本，避免有损自身的“廉洁”。通常，人们都有很强烈的占有欲。一味地获取，特别是索取本不属于自己的东西，就会使我们被“物”所束缚，从而失去了前进的目标。

“欲先取之，必先予之”，这个道理相信大家都明白。只有懂得付出，才能有所回报。想要获得某个东西，就要事先为之努力，通过正当手段获取。收获的季节是最美丽的，但是我们要看到春天的播种、夏天的浇灌。终日希望实现美好的预期，而不采取有效的行动，只能是黄粱美梦一场。正人君子怎能容忍自己有不劳而获、获取不义之财的可耻行径呢？

还居不追直

※ 原文

赵清献公家三衢，所居甚隘，弟侄欲悦公意者，厚以直易邻翁之居，以广公第。公闻不乐，曰："吾与此翁三世为邻矣，忍弃之乎？"命亟还公居而不追其直。此皆人情之所难也。

※ 译文

赵抃住在三条大路的交界处，所住的房屋很拥挤，他的侄子为了取悦他，用很高的价钱买下了邻屋一位老人的房子，用来扩建赵抃的住宅。赵抃听说后很不高兴，说："我和这位老人三代都是邻居，怎么忍心将他抛弃呢？"于是命令侄子立即把房子还给老人，却不追要买房子的钱。这些都是一般人难以做到的。

※ 评析

"谋人事如己事，而后虑之也审；谋己事如人事，而后见之也明。"这句格言的意思是，谋划他人的事情就像对待自己的事情一样，仔细考虑后审慎对待；谋划自己的事情就像对待他人的事情一样，再次审视的时候就很明确。懂了这句话，我们就应该懂得做事的时候也要考虑他人的利益，否则就会成为一个自私自利之人。

赵抃的侄子高价买下邻居老人的房子，用来扩建赵抃的住宅，本是一片孝心，但是受到了赵抃的责骂，原因在于他根本没有考虑到邻居老人的利益。这位邻居老人在此居住多年，又怎能忍心轻易卖掉房子？况且，这么大的年纪，卖掉栖身之所，再找其他地方居住也得费一番周折。因此，赵抃命令其侄子把房子还给邻居老人，而且还不再要求返还买房子的钱。

我们都有这样的经验，那些在人群中有好人缘的人更容易做成一件事，最关键的原因就在于他们能够与各方建立起良好的关系，所以很容易赢得大多数人的信任、理解和支持。这个人之所以有好的人缘，是因为他始终都把对方的利益摆在重要的位置，从而获得别人的敬重。我们在做事之前，一定要善于站在全局的高度考虑各方的利益诉求，这样，我们最后做出的决定才具有可行性。

持烛燃鬓

※ 原文

宋丞相魏国公韩琦帅定武时，夜作书，令一侍兵持烛于旁。侍兵它顾，烛燃公之鬓，公剧以袖摩之，而作书如故。少顷回视，则已易其人矣。公恐主吏鞭笞，亟呼视之，曰：“勿易渠，已解持烛矣。”军中咸服。

※ 译文

宋朝的丞相魏国公韩琦领兵镇守定武的时候，有一天晚上他要写信，就让一位士卒举着蜡烛站在他的身旁。这位士卒四下张望，不小心用蜡烛烧着了韩琦的鬓发，韩琦马上自己用衣袖将火苗拂灭了，然后还像刚才一样，继续写信。过了一会儿，韩琦回头，才发现举蜡烛的士卒已经换成另外一个人了。韩琦担心主管官吏会惩罚原来那位士卒，于是赶忙把原来那位士卒叫来，要亲自看看他，并说：“不要把他换掉，他已经明白了应该如何举蜡烛了。”整个军队中的兵士都很佩服他的气量。

※ 评析

做什么事情都要认真、专心，只有这样才能把事情做好，避免犯错误。为韩琦举蜡烛的那位士卒就是因为在举蜡烛的时候没有专心，四处张望，才用蜡烛烧着了韩琦的鬓发。幸亏韩琦有宽宏的气量，不仅不责罚他，还担心他被别的官吏责罚。但是，如果换成一个比较严厉的官吏，可能早就对他大发雷霆了。

任何时候，我们都不能因为所做的事情不重要而疏忽、大意。人在谨慎的时候，祸患就会免除，通常祸患都是由疏忽导致的。“千里之堤，溃于蚁穴”，危机的出现是有其原因的，在小事上不注意，终会酿成大祸。因此，我们要具备一种危机意识，防范和化解突如其来的潜在危险。只有这样，我们在生活上才不会遭受贫苦，在工作中才不会被淘汰，使我们的人生远离危机，一生平安。

物成毁有时数

※ 原文

魏国公韩琦镇大名日，有人献玉杯二只，曰："耕者入坏冢而得之。表里无暇可指，绝宝也。"公以白金答之，尤为宝玩。每开宴召客，特设一桌，覆以锦衣，置玉杯其上。一日召漕使，且将用之酌酒劝坐客，俄为一吏误触倒，玉杯俱碎，坐客皆愕然，吏且伏地待罪。公神色不动，笑谓坐客曰："凡物之成毁，亦自有时数。"俄顾吏，曰："汝误也，非故也，何罪之有？"坐客皆叹服公宽厚之德不已。

※ 译文

魏国公韩琦镇守大名府时，有人献给他两只玉杯，说："这是种田的人在荒坟中找到的，里外都没有瑕疵，的确是绝世之宝。"韩琦用白金答谢了献杯之人，他十分喜爱这对玉杯。每逢设宴款待客人的时候，韩琦都要专门设置一张桌子，铺上锦缎，把玉杯放在上面。一天，韩琦款待管理水运的官吏，准备用这两只玉杯盛酒来款待客人。谁知不一会儿，一位士卒不小心撞倒了桌子，两只玉杯都被摔碎了。客人们都很吃惊，那位士卒也跪在地上等候处罚。韩琦神色依旧，笑着对客人们说："任何物品坏与不坏，也都是有运数的。"稍后，他回过头来对那位士卒说："你是失误造成的，并不是故意要摔碎的，有什么过错呢？"客人都对韩琦宽厚的德行叹服不已。

※ 评析

韩琦说："任何物品坏与不坏，也都是有运数的。"其实，万事万物都有其自身变化发展的规律，有时候是不以人的意志为转移的。那两只玉杯被摔碎，也许正是这两只玉杯"命中注定"吧。因此，素来以宽大为怀所闻名的韩琦原谅了摔碎玉杯的那位士卒。万事都有其运数，这就要求我们要学会随缘。

在这个世界上，执着追求是我们获得成功的必要品质；但是正如一枚硬币有正反两面一样，任何事物都有不可控制的情形，此时就要求我们随缘。过于执着，会使自己无法真正自由地生活，很有可能陷入狭窄的发展境地，以至于到最后无路可退。视外部事物的发展情况做出恰当的选择，这才是一种聪明的策略。

识时务者为俊杰。人们只有善于把握外部环境的走势，才能做出正确的行动策略。曹操正要用刀刺杀董卓的时候，吕布走了进来。反应机敏的曹操立即做出献刀的举动，从而保全了自己的性命。这就是"随事而制"的典型案例。许多事情是不以我们的个人意志为转移的，“随缘”要求我们善于把握外部的机缘，以变化的心态看待周围的人和事，且处乱不惊、随机应变，这样最后才能获得成功。

骂如不闻

※ 原文

富文忠公少时，有骂者，如不闻。人曰：“他骂汝。”公曰：“恐骂他人。”又告曰：“斥公名云富某。”公曰：“天下安知无同姓名者？”

※ 译文

富弼年少时，有人骂他，他就像没有听见一样。有人告诉他说：“他在骂你。”富弼就说：“他恐怕是在骂其他人吧。”那个人又告诉他：“他指名道姓地骂你呢。”富弼说：“难道天下就没有跟我同名同姓的人吗？”

※ 评析

看来富弼是在通过装糊涂来隐忍别人对他的责骂。别人骂他的时候，起初他装作没听见；有人提醒他的时候，他又说可能是在骂其他人；之后又说别人是在骂与自己同名同姓的其他人。通过这种方法，他试图不将此事放在心上，不跟别人为了一些毫毛小事而斤斤计较。我们也应该在某些情况下学习富弼，运用装糊涂的方法来解决问题。

事实上，“糊涂为人”并不是故意撒谎耍赖，它只是一种表象，这种处世哲学的真正目的是顺应事物的发展规律，做出切合实际的判断，这实际上是一种大智慧和大聪明。

我国古代的郑板桥是“难得糊涂”的首倡者和力行者，他凭借这一理念在官场上纵横数年，而后引身而退，过着闲适的田园生活，为我们展示了一种豁达的生活态度和广阔胸襟。人人都有七情六欲，都会受到内外环境的影响，都会遭遇难以料想的挫折或打击，如果太较真，往往会使我们陷入死胡同，显得缺乏解决问题的灵活性。把握“难得糊涂”的真谛并且灵活处之，就可以减轻生活的负荷，增加快乐的因子。

佯为不闻

※ 原文

吕蒙正拜参政，将入朝，有朝士于帘下指曰："是小子亦参政耶？"蒙正佯为不闻。既而，同列必欲诘其姓名，蒙正坚不许，曰："若一知其姓名，终身便不能忘，不如不闻也。"

※ 译文

吕蒙正被任命为宰相，正要上朝的时候，一位官吏在门帘下指着他说："这个小子也能做宰相吗？"吕蒙正假装没有听见。后来，同行的一位官员却一定要追查那个官吏的姓名，吕蒙正坚决不同意，说："一旦知道他的姓名，便终身都忘不了了，还不如不知道。"

※ 评析

我们常说"大事化小，小事化了"，这确实是一种不错的处世哲学，可以帮助我们避免很多麻烦。当吕蒙正遭到别人指责的时候，就是采取了"大事化小，小事化了"的策略，才没有引起一场不必要的冲突。

"善为水者，引之使平；善化人者，抚之使静。"说的是，善于利用水的人，可以通过引导使它平静下来；善于感化别人的人，可以通过安抚使对方静心。在工作、生活中遇到一些难题的时候，对那些无关紧要的较量就可以让一步，"大事化小，小事化了"。这实际上是一种"以退为进"的智慧。

在商业活动中，企业领导的一项重要功课就是解决问题、推进目标。因此，作为企业领导人，要善于把复杂问题简单化，这样才能使企业在正常的轨道上运作，避免引起更大的风浪。

骂殊自若

※ 原文

狄武襄公为真定副帅，一日，宴刘威敏，有刘易者亦与坐。易素疏悍，见优人以儒为戏，乃勃然曰：“黥卒乃敢如此。”诟骂武襄不绝口，掷樽俎而起。武襄殊自若，不少动，笑语愈温。易归，方自悔，则武襄已踵门求谢。

※ 译文

武襄公狄青在担任真定副统帅的时候，有一天，他设宴邀请刘威敏，一个名叫刘易的人也坐在席间。刘易这个人向来就很粗鲁强悍，他看到唱戏的人扮演书生来演戏，不禁勃然大怒，说：“面部被刺字的人竟敢如此！”因此大骂狄青，不绝于口，并将桌上的东西掀翻。狄青神色自若，一点都不动气，谈笑语气更加温和。刘易回到家中，正感到惭愧时，狄青已亲自登门道歉来了。

※ 评析

狄青受到粗鲁强悍的刘易的大声责骂，处于被动地位。但是他当时神色自若，并没有动气。之后主动去刘易家登门道歉，使自己占据了主动，扭转了形势。把握主动权才能掌握自己的命运。

“顺风而呼者易为气，因时而行者易为力。”顺着风口呼喊，容易形成一种气势，把握时机行动的人，容易有力地推进目标。在充满了挑战的人生中，我们常常会因种种苦难和挫折而使自己陷入被动局面。面对外来压力，如果我们能够积极主动地采取行动，那么就可以改变自己的命运，进而创造成功的人生。无论我们身处顺境还是逆境，始终保持积极奋进的状态，这既是人生的真谛，也是我们有所作为的关键。

积极主动地做事情，才能检验出自己所走的道路是否可行，才能与成功更近一步，化难为易；如果消极被动地等待，最终只能使自己丧失良好的发展机会。一个很现实的例子就是：在男女感情这件事上，如果当事人面对自己心仪的人不能主动出击，而是坐等对方上门，往往就会与对方擦肩而过，从而造成终生的悔恨。其实艰难或容易都是相对的，都是人的一种感觉，如果我们能积极主动做事，就会把困难变成容易，获得成功。

为同列斥

※ 原文

王吉为添差都监，从征刘旰。吉寡语，若无能动。为同列斥，吉不问，唯尽力王事。卒破贼，迁统制。

※ 译文

王吉担任添差都监的时候，随军征讨刘旰。王吉向来少言寡语，好像没有什么能使他动心。因此被同事斥责，但他仍不闻不问，只是尽心竭力地把事情做好。王吉终于打败了敌人，因此荣升为军队统制。

※ 评析

“君子藏起于身待时而动，何不利之有？”王吉不就是在最初的时候善于隐藏自己的才能，沉默寡言，因此还被同事斥责，但最后却打败了敌人，荣升为军队统制，让别人刮目相看的吗？善于隐藏自我才能善始善终。

老子曾经教导年轻的孔子说：“良贾深藏若虚，君子盛德容貌若愚。”会做生意的商人总是善于隐藏自己宝贵的货物，从不轻易让别人看到；志趣高尚的君子品德有修养，但给别人的印象却常常显得有些愚笨。不过分炫耀自己的财物、能力，对它们加以节制，才能获得长久的平安。

在社会生活中，我们所交往的人思想、经历各不相同，因此，有必要隐藏自己的个人喜好、锋芒。这样，不仅可以妥善隐藏自己的短处，给对方留下良好的印象，获得成功合作的机会，还可以在沟通中占据主动地位，不会因暴露了自己的真实意图、利益诉求而被对方牵着鼻子走。善于隐藏自己，“匿壮显弱”才是求得自保、善始善终的良方。

不发人过

※ 原文

王文正太尉局量宽厚，未尝见其怒。饮食有不精洁者，不食而已。家人欲试其量，以少埃墨投羹中，公唯淡饭而已。问其何以不食羹，曰：“我偶不喜肉。”一日又墨其饭，公视之，曰：“吾今日不喜饭，可具粥。”其子弟愬于公曰：“庖肉为餐人所私食，肉不饱，乞治之。”公曰：“汝辈人料肉几何？”曰：“一斤。今但得半斤食，其半为饔人所廋。”公曰：“尽一斤可得饱乎？”曰：“尽一斤固当饱。”曰：“此后人料一斤半可也。”其不发过皆类此。尝宅门坏，主者撤屋新之，暂于廊庑下启一门以出入。公至侧门，门低，据鞍俯伏而过，都不问门。毕复行正门，亦不问。有控马卒，岁满辞公，公问："汝控马几年？"曰："五年矣。"公曰："吾不省有汝。"既去，复呼回，曰："汝乃某大人乎？"于是厚赠之。乃是逐日控马，但见背，未尝视其面，因去见其背方省也。

※ 译文

太尉王旦气量宽大，为人仁厚，从来没有见过他发怒。吃的喝的东西有不好或不干净的，他只是不吃罢了。他的家人想试试王旦的气量，就将一些细墨投放到他准备食用的肉汁中，王旦就只吃饭而已。家人问他为什么不食用肉汁，王旦回答说："我今天偏偏不想吃肉。"一天，他的家人又将细墨投放到他准备吃的饭中，王旦看后，说："我今天不想吃饭了，准备点粥就可以了。"他的儿子告诉他说："厨房里用来做饭的肉被做饭的人偷偷吃掉了，我们都吃不饱肉，请求父亲惩罚做饭的那个人。"王旦说："你们估计每人该吃多少肉？"他儿子回答："一斤。但是现在只能吃到半斤，另外的半斤被做饭的人藏起来了。"王旦说："吃一斤肉够吃饱了吗？"他儿子说："吃一斤肉当然可以吃饱了。"王旦说："这样的话，以后每人要一斤半的肉好了。"他都像这样不揭发别人的过失。有一次，他家住宅的门坏了，管理的人拆掉坏门准备将它修补好，所以临时在走廊开了个门以供出入。王旦走到侧门，门太低，因此他趴下来，伏在马鞍上从这个门过去，但也没有询问这门是怎么回事。门修好后，他又走正门，也没有问门的情况。有一位马夫，驾车期限已满，向王旦告退，王旦问："你驾车多少年了？"马夫回答说："五年了。"王旦又说："我不知道有你。"马夫就要离去的时候，王旦又把他叫回来，说："你不正是某人吗？"于是赠给马夫非常丰厚的礼物。原来，马夫每天驾车，王旦只见过他的背面，从来没有看见过马夫的正面，由于马夫在离开的时候，王旦看见他的背面，才认出他来。

※ 评析

王旦为人仁厚，气量宽大，可见他一直都在注意修炼自己的心性。自己所吃的饭菜被人搞得不干净了，他就找个理由不吃了；厨师偷吃肉，他就命令再多供应点肉；门太低，他就俯下身通过，也不追问原因；马夫向他告退，他就赠给马夫丰厚的礼物……面对别人的过失或是对自己的不恭，他都不计较。

"忙处不乱性，须闲处心神养得清；死时不动心，须生时事物看得破。"这是告诫人们在日常生活中要不断地修养自己的心性，以使自己在遇到事情的时候处变不惊，游刃有余。世事洞明皆学问，人情练达即文章。生活中要与人为善，如果我们处处与人为恶，不能与人和谐相处，就无法处理好各种事务。

器量过人

※ 原文

韩魏公器量过人，性浑厚，不为畦畛峭堑。功盖天下，位冠人臣，不见其喜；任莫大之责，蹈不测之祸，身危于累卵，不见其忧。怡然有常，未尝为事物迁动，平生无伪饰其语言。其行事，进，立于朝与士大夫语；退，息于室与家人言，一出于诚。人或从公数十年，记公言行，相与反复考究，表里皆合，无一不相符。

※ 译文

韩魏公韩琦度量很大，生性纯朴宽厚，从来不搞什么小动作。他的功劳超过天下所有的人，其地位也超过其他所有的大臣，但是他从来没有因此而得意；他承担着再大不过的责任，面临着不可预料的灾祸，处境非常危险，但是从来没有见他因此而担忧。他神态平和，并且有规律，从来没有因为事物的变化而变化，一生讲话都不做伪饰。他做事、上朝的时候，就站在朝廷上跟其他官员讲话；在家的时候，就在家中休息并跟家人聊天，全都是出于诚心诚意。有一个人已经跟随韩琦有十几年了，他将韩琦的言行作了记录，并且反复比较研究，发现韩琦的言行表里如一，没有不相符合之处。

※ 评析

在这则故事中，我们还可以了解到韩琦的另一个优点，那就是不会轻易得意扬扬或是忧心忡忡。当他功高盖世、成就非凡的时候，没有因此而得意扬扬；当他面临灾祸、处境危险的时候，也没有因此而忧心忡忡。我们在现实生活中，也应该努力使自己具备韩琦这样的优良品德。

沾沾自喜实际上是一种短视行为，是气量狭小的表现。过于沾沾自喜容易使我们迷失前进的方向，变得无所作为。许多人取得成绩以后都容易在喜悦中产生骄傲的心理，这是很可怕的。我们既要体验喜悦的欢快，又要注意隐忍喜悦可能带来的自我迷惑，从而使自己始终保持清醒的头脑。

人生中遇到的忧愁数不胜数。但是，我们一定不能被它所牵绊，否则就会终日生活在阴云密布的日子里。我们要注意培养自己“不以物喜，不以己悲”的心态，因为它是我们解除人生忧愁的良方，可以使我们实现人生的突围和超越。

动心忍性

※ 原文

尧夫解“他山之石，可以攻玉”：玉者，温润之物，若将两块玉束相磨，必磨不成，须是得他个粗矿底物，方磨得出。譬如君子与小人处，为小人侵陵，则修省畏避，动心忍性，增益预防，如此道理出来。

※ 译文

范尧夫解释“他山之石，可以攻玉”这句话时说：“玉，是温润之物，如果将两块玉石相磨，肯定磨不成玉，必须用其他比较粗糙的矿石，才能磨得出玉。正如君子与小人相处，被小人所欺，因此就修炼自省，避开小人，耐心忍让，从而增强预防能力，这也就是‘他山之石，可以攻玉’的道理。”

※ 评析

范尧夫在此解释“他山之石，可以攻玉”，是为了比喻君子和小人之间的关系。君子被小人所欺的时候才能修炼自省，从而增强预防能力。我们在此也可以引申出另外一个道理：善于借助他人的力量取得成功。

所谓“得道多助，失道寡助”，我们想要获得超越常人的成绩，必须善于借助他人的力量，这样才能事半功倍，更容易成功。想想我们从小到大的成长经历，就很容易理解这个道理了。我们之所以成长为现在的自己，取得现在的成绩，怎能离开父母的关爱、老师的教导、同学朋友的陪伴、同事的配合、领导的支持呢？

“一个篱笆三个桩，一个好汉三个帮。”得到他人的理解和支持，问题才容易解决，否则，受到各方面的牵制，任何事情都无从谈起。因此，我们要注意建立良好的人际关系，创造成熟的外部条件，只有这样才能使自己的聪明才智得到有效发挥，进而开创良好的局面。

受之未尝行色

※ 原文

韩魏公因谕君子小人之际，皆应以诚待之。但知其为小人，则浅与之接耳。凡人之于小人欺己处，觉必露其明以破之，公独不然。明足以照小人之欺，然每受之，未尝形色也。

※ 译文

韩魏公韩琦在谈论到君子、小人的问题时说，无论是君子还是小人，都应当以诚相待。如果知道他是个小人，那么与他交往浅一点就可以了。一般人如果遇到小人欺负自己，发现后就一定要揭露这个小人，从而破坏小人的诡计，唯独韩琦不这样做。他的贤明足可以认清小人的欺人行为，但是他每次遇到小人欺负，都接受下来，从来不在神色上有所表现。

※ 评析

对任何人我们都要做到以诚相待，不管他是君子还是小人。韩琦就是奉行这样的处世哲学。在遭到小人欺负的时候，他也不会试图揭露小人的卑劣行径和诡计，而是试图用自己的真诚来感化对方。

《颜氏家训》中有“巧诈不如拙诚”的教导。采取机巧的欺诈行为，不如以拙笨的姿态表明自己的诚恳。这样，才有可能感动对方，使对方心存感激。欺诈别人，无论其方式有多么机巧、隐蔽，最终都会露馅，从而使自己名誉扫地，今后难以做人。

在与别人相处的过程中，如果发生了误解，那么主动赔礼道歉就是一种真诚的表现。它可以宽慰对方郁闷的心情，获得对方的谅解。在与客户洽谈业务的过程中，发自内心地赞美对方也是一种真诚的表现。它可以使对方在内心深处感觉到一种浓浓的暖意，从而促进业务谈判的进展。

与物无竞

※ 原文

陈忠肃公瓘，性谦和，与物无竞。与人议论，率多取人之长，虽见其短，未尝面折，唯微示意以警之。人多退省愧服。尤好奖后进，后辈一言一行，苟有可取，即誉美传扬，谓己不能。

※ 译文

陈瓘性格谦恭温和，与世无争。跟别人谈论的时候，他总是夸赞别人的优点，即使发现别人的缺点，也从来不当面指责对方，只是稍微给对方一些示意，使对方知道。人们大多都是回家后才醒悟过来，且感到惭愧，但都十分佩服他。他尤其喜欢奖励后辈，后辈的一言一行，只要有一点可取之处，他就给予赞美，并且传扬出去，还说他自己做不到。

※ 评析

陈瓘习惯于夸赞别人的优点，并不是阿谀奉承，而是发自内心的真诚地赞美。但是也有一些人，他们赞美别人其实是有其他目的的，是不怀好意的。而偏偏又有些人就是喜欢听别人赞美自己，不管是真心的，还是奉承的。这种不辨是非、喜欢听别人赞扬之辞的人是最愚蠢的人。

“闻过则喜”历来被国人奉为一条重要的做人准则。意即：一个人听到别人指出自己的过失或缺点，就感到非常高兴，因此使自己得到改进。但是在接受别人的赞誉的时候，就要格外注意了。如果在他人的赞美声中洋洋自得，经不起糖衣炮弹的诱惑，就会在处世中迷失自我，导致失败。

我们的世界需要赞美的声音，但是这种赞美必须是自然的、不做作的，是有尺度的、真诚的，而且还要注意对方的心理诉求，不能肆无忌惮地乱来。然而在接受别人的赞美时，我们不能得意忘形，而要注意采取谦卑的态度来应对，保持清醒的头脑。

忤逆不怒

※ 原文

先生每与司马君实说话，不曾放过。如范尧夫，十件只争得三四件便已。先生曰：“君实只为能受，尽人忤逆终无怒，便是好处。”

※ 译文

先生每当与司马光谈话的时候，就不曾放弃过自己的观点。而与范尧夫说话，十件事情中往往争得三四件事便算了。先生说：“司马光只是因为能够忍受，任凭别人顶撞冒犯他，他也不生气发怒，这是个优点。”

※ 评析

宋代黄升在《鹧鸪天》中有这样的诗句：“风流不在谈锋胜，袖手无言味最长。”是说一个人有魅力不仅在于能言善辩，静默无言、埋头苦干的人更值得人尊敬。

司马光就不愿与人争执，而总是习惯于保持沉默。即使别人顶撞冒犯了他，他也不生气。正因为他善于保持沉默，不与人相争，才受到了别人的尊重。

事物的发展变化有许多种形式，保持静止的状态，通过“以静制动”的方式来应对他人的攻击，是一种高超的斗争哲学。在交谈中保持适当的沉默、在行动上采取不作为的策略，都可以获得良好的效果。事实上，与人交谈的时候，有时不开口比开口更加有效。我们不是常说“此时无声胜有声”吗？谈话中如果喋喋不休，很容易就引起别人的厌烦。一个懂得沉默的人才能称得上是一个有修养的人。

潜卷授之

※ 原文

韩魏公在魏府，僚属路拯者就案呈有司事，而状尾忘书名。公即以袖覆之，仰首与语，稍稍潜卷，从容以授之。

※ 译文

在韩琦的官府中，部下路拯来到他的案桌前，呈上文书，但是文书的结尾处没有签名。于是韩琦就用衣袖将文书掩盖起来，抬起头与路拯讲话，并且悄悄地将文书抽出来，从容不迫地交给他补签上名字的文书。

※ 评析

韩琦作为上级，在自己的部下犯了错误的时候不斤斤计较，不动怒，而是主动替对方掩盖错误，避免对方尴尬。韩琦确实有领导人的风范。

作为领导人，就是要有意培养自己的忍性和器量。一个人之所以能担任重要的职务，是因为他们有才能，更是因为他们具备博大的胸怀。

另外，我们也要在日常生活中谨慎行事，做任何事情都要细心，不要像路拯那样马马虎虎，否则会造成严重的后果。俗话说“小心驶得万年船”，与其在日后造成意想不到的严重后果时才后悔当初的马虎大意，不如在一开始的时候就小心翼翼行事。三国时期的赵云就是一个谨慎行事的典范，当马谡丢失街亭的时候，尽管蜀军损失惨重，但是赵云带领的部队却没有折损一卒一马，而且辎重等物资也没有丢弃。这除了与赵云武艺高强有关以外，还离不开他心思缜密的个性。只有在日常生活中细心、慎重地做事，才能避免犯错误。

俾之自新

※ 原文

杜正献公衍尝曰：“今之在上者，多擿发下位小节，是诚不恕也。衍知兖州时，州县官有累重而素贫者，以公租所得均给之。公租不足，即继以公帑，量其小大，咸使自足。尚有复侵扰者，真贪吏也，于义可责。”又曰：“衍历知州，提转安抚，未尝坏一个官员，其间不职者，即委以事，使之不暇惰；不谨者，谕以祸福，俾之自新。而迁善者甚众，不必绳以法也。”

※ 译文

杜衍曾经说过：“现在身为高官的人，经常揭发下属的小过失，这实在是不够宽容。我在担任兖州知州时，州县官员有家中负担重而导致贫穷的，我就用公租所得平均分给他们。如果公租不够的话，那么就用公家的钱财，估量他们所需要的量的大小，使得他们能够自足。如果还有再来侵扰公家的钱财的人，那就真的是贪婪的官吏了，在道义上这种人应该受到指责。”杜衍还说：“我从担任知州，到被提升为转安抚，从来没有惩罚过任何一个官员，他们当中如果有不称职的，我就让他做些事情，使他没有空闲时间偷懒；如果有不谨慎的，我就用不谨慎可能会引起的祸害来教育他，使他自己醒悟过来。于是变好的人非常多，没必要将他们绳之以法。”

※ 评析

故事中，那些因家中负担重而导致贫穷的州县官员其实是很幸运的，因为他们遇到了杜衍这样的上级。杜衍想尽办法、竭尽全力地帮助他们，以使他们摆脱困境。但是，如果他们没有这么好的运气，没有遇到像杜衍这样的上级，又会怎么办呢？君子在贫困的处境中，应该采取隐忍的态度来等待时机。

不同的分配机制、博弈手段造成了个人的贫富差距，因此，在历史的长河中，对于利益的争夺似乎从没有停止过，这也成为现实世界中一个永恒的主题。我们都在为了心中的理想而孜孜不倦地努力，每个人都梦想着能够拥有属于自己的财富，无论这种财富是金钱还是艺术收藏，抑或是别的东西。但是，即使这样，我们仍然有失败的时候，有一无所有、一败涂地的时候。在这个时候，固守自己的清贫而不放弃奋斗才是正确的选择。

有句话不是叫作“人穷志不短”吗？这其实就是一种正确、积极的生活态度。正如长期的饥饿会破坏人正常的口腹感觉一样，长期处于贫穷状态也会摧残人的健康心志。此时，我们不能消极地对待生活，而应不仅要暂时忍受贫困的生活，还要积极主动地创造财富，改变自己的生存状态。

未尝按黜一吏

※ 原文

陈文惠公尧佐，十典大州，六为转运使，常以方严肃下，使人知畏。而重犯法至其过失，则多保佑之。故未尝按黜一下吏。

※ 译文

陈尧佐，担任过十个大州的长官，六次担任转运使。他常以公正而严肃的态度对待其部下，使人们感到敬畏；而对犯罪较重的人及其过失，他却多加原谅。所以他不曾罢免过一位官吏。

※ 评析

陈尧佐可谓是“恩威并用”的典范啊！平常看起来很严肃，给人造成一种威严的感觉；部下犯了错误的时候，却多加原谅，对部下施以一定的恩惠。在日常生活中，我们也不妨学习一下他这种“恩威并用”的待人处事方式，以使自己在处理问题时达到理想的效果。

一个人如果具备一定的威严，那么他就能使自己处于一种比较“安全”的状态中。而在与他人开展合作关系的时候，一个人如果能够适时表达出自己的恩惠，那么他就容易赢得对方的认同。

“恩威并用”反映在人际交往中，实际上是一种不卑不亢的为人处世方法，是获得成功的关键。在许多情况下，我们为了维持个人的威严，总是根据自己的喜好做出种种决定。但是，如果过于看重自我，就会形成一种高高在上的姿态，容易拒人于千里之外。所以，必要的时候，我们要放下架子多与人接近，在言语、行动等方面给予他人支持，以赢得更多的理解和合作的机会。

小过不怿

※ 原文

宋朝韩亿在中书，见诸路职司捃拾官吏小过，不怿曰：“今天下太平，主上之心虽昆虫草木皆欲得所。士之大而望为公卿，次而望为侍从，职司二千不下，亦望为州郡，奈何锢之于圣世。”

※ 译文

宋朝的韩亿，任职于中书省的时候，发现各级官员都对下级官吏犯下的小小的过失非常苛刻，于是不高兴地说：“如今天下太平，即使是昆虫草木，皇上从心底里都想给其安排个位置。位高的官员希望能够成为公卿，稍次一些的官员也希望能够担任侍从，俸禄在二千石以下的官吏，也都希望成为州郡长官，为什么将他们监禁在这个太平盛世呢？”

※ 评析

“金无足赤，人无完人”，那些时时抓着下级官吏的小小过失不放手的官员是不懂这句话的意思吗？否则，他们也不会对下级官吏那样苛刻了。宋朝的韩亿就能做到宽容别人，在下级官吏犯了小错误的时候，他能够宽恕对方，使对方改过自新。

“大羹必有淡味，至宝必有瑕秽；大简必有不好，良工必有不巧。”这是王充《论衡》中的话。意思是，一大锅汤一定会有淡淡的味道，特别宝贵的东西也一定有瑕疵；过于简化就会有不周到的地方；灵巧的工匠也会有不擅长的地方。在我们的社会交往中，要做到正确认识和评价他人，是我们必须掌握的一项基本技能。

每个人都对他人有过高的要求，如果对方不能在自己期望的范围内做事，通常便会形成某种偏见，对对方产生错误的看法。这样，不利于我们与对方关系的继续发展，势必影响我们正常工作的进行或正常生活的情绪。因此，在与人交往的过程中，我们既要看到他人的优点，也要正视对方的缺点，从而采取正确的行动策略。

拔藩益地

※ 原文

陈嚣与民纪伯为邻，伯夜窃藩嚣地自益。嚣见之，伺伯去后，密拔其藩一丈，以地益伯。伯觉之，惭惶，自还所侵，又却一丈。太守周府君高嚣德义，刻石旌表其闾，号曰义里。

※ 译文

陈嚣与纪伯是邻居。纪伯趁晚上偷偷地将竹篱笆向陈嚣的地里移动，从而扩大了自己的土地面积。陈嚣发现了，等纪伯走后，悄悄地将篱笆又向自己的地里移动了一丈，使纪伯的土地更大了。纪伯发觉以后，感到十分惭愧不安，于是，除去归还所侵占的土地之外，还将篱笆向自己这边移动了一丈。周太守认为陈嚣品德高尚，所以在石头上刻下“义里”二字，在全村表扬陈嚣。

※ 评析

人们在追求自己的欲望时要采取正当的手段，如果为了获取一己私利，而采取卑劣的手段，往往就会使自己跟随贪欲陷入万劫不复的深渊。我们必须用理智来克制自己的贪欲，因为它就像幽灵一样，如果不加以克制，就会私欲膨胀、无法自拔，最终丧失理智，做出许多蠢事。

纪伯就是没有克制住自己的贪欲，采取不正当的手段扩大自己的土地。他的这种做法是不可取的。最终，他被陈嚣宽容的举动所感动，改正了自己的错误。

古人在很早的时候就注重培养自己的不贪之心和公正的品格，提倡“不贪为宝”的品德，并以贪心为耻辱。元朝著名教育家许衡在饥渴难耐的情况下，面对一片梨园，仍然克制住了自己，没有摘梨解渴。不贪是一种正直的品格，受到人们的赞誉，并成为我们为人处世的一个基本原则。人若贪心，就会时刻被外部的利益所诱惑，从而失去了基本的目标和方向，在成功的道路上不会走多远。

兄弟讼田，至于失败

※ 原文

清河百姓乙普明兄弟，争田积年不断。太守苏琼谕之曰：“天下难得者，兄弟；易求者，田地。假令得田地，失兄弟心如何？”普明兄弟叩头乞外更思，分异十年，遂还同往。

※ 译文

清河县的老百姓乙普明兄弟二人，为了争夺一块田地，争夺了多年还没有结果。太守苏琼教导他们说：“普天之下，最难得的是兄弟之情，而容易得到的则是田地。如果你得到了田地，却失去了兄弟的情义，你们觉得怎么样呢？”普明兄弟两人叩头，请求去外面再想一想，这样，分开了十年的兄弟又一同回家了。

※ 评析

“血浓于水”，两兄弟怎能为了争夺一块田地而对簿公堂呢？正如太守苏琼所说，为了争夺容易得到的田地，而失去了难得的兄弟情义，那就太不值得了。相信这种“抓住芝麻，丢了西瓜”的蠢事，谁都不愿意去做。

兄长照顾弟弟，弟弟敬重兄长，这是人间一个重要的伦理道德要求。即使双方发生了一点小矛盾，也应该顾及手足之情，学着互相谅解和包容，这样，彼此才能气息相通，犹如树枝相连。兄弟间应互敬互爱，关系融洽，齐心协力。

将愤忍过片时，心便清凉

※ 原文

彭令君曰："一朝之愤可以亡身及亲；锥刀之利可以破家荡业。故纷争不可以不戒。大抵愤争之起，其初甚微，而其祸甚大。所谓涓涓不壅，将为江河；绵绵不绝，或成网罗。人能于其初而坚忍制伏之，则便无事矣。性尤火也，方发之初，戒之甚易；既已焰炽，则焚山燎原，不可扑灭，岂不甚可畏哉！俗语有云：得忍且忍，得诫且诫，不忍不诫，小事成大。试观今人愤争致讼，以致亡身及亲，破家荡产者，其初亦岂有大故哉？被人少有触击及必愤，被人少有所侵凌则必争。不能忍也，则詈人，而人亦骂之；殴人，而人亦殴之；讼人而人亦讼之，相怨相仇，各务相胜，胜心既炽，无缘可遏，此亡身及亲，破家荡业之由也。莫若于将愤之初则便忍之，才过片时，则心必清凉矣。欲其欲争之初且忍之，果有所侵利害，徐以礼恳问之，不从而后徐讼之于官可也。若蒙官司见直，行之稍峻，亦当委曲以全邻里之义。如此则不伤财，不劳神，身心安宁，人亦信服。此人世中安乐法也。比之争斗愤竞，丧心费财，伺候公庭，俯仰胥吏，拘系囹圄，荒废本业，以事亡身及亲，破家荡产者，不亦远乎？"

※ 译文

彭令君说："一时的愤怒可以葬送自己的性命并且累及家人；锥刀的锋利可以导致家业破败，财产尽失。所以不能不避免纷争。通常情况下，在发生纷争的开始阶段，事情显得非常微小，但是纷争所引起的后果却很严重。这就是人们平常所说的：如果涓涓细流不堵塞的话，就会形成江河；如果绵绵细丝不断裂的话，就会形成罗网。人如果能够在刚刚产生愤怒情绪的时候就制服它，那么就不会有什么事了。人的性情就像火一样，刚开始的时候很容易就能扑灭它；等到火势已经凶猛，它就会焚烧山林及平原，没法扑灭了，这不是非常可怕吗！俗话说：能忍让的就忍让，能戒掉的就戒掉，既不忍让又不戒掉，小事就会变成大事。试看看当今因发生纷争导致对簿公堂，最后弄得葬送自己的性命并且累及家人，家业破败，财产尽失的人们，在开始的时候哪里有大的缘故？被别人稍微冒犯了，就一定会发怒，被别人稍微占了点便宜，就一定会争辩。自己不能忍让，就骂人，而别人也反过来骂你；打人，而别人也反过来打你；状告别人，而别人也状告你，这样相互怨恨，相互仇视，双方都力求取胜，求胜的欲望一旦变得炽烈，就没有办法使它停下来，这就是葬送自己的性命并且累及家人，家业破败，财产尽失的原因。不如在即将发怒的时候就将怒气忍下去，过不了一会儿，心情必然会清凉下来。在纷争刚开始的时候就采取忍让的举动，如果别人真的侵犯到了你的利益，慢慢地用礼貌的态度询问对方，如果他还不答应，那么再逐级诉讼到官府。如果承蒙官府主持公道，但判决稍微严厉一些，也应该自己委屈一些来顾全乡亲的情义。这样的话就不会伤财，不会劳神，身心安宁，人们也都信服你。这就是人世间的安乐法。比起与别人争斗交恶，丧失心智浪费钱财，等候对簿公堂，看狱吏的脸色行事，被关进监狱，荒废了自己的事业，以致葬送自己的性命并且累及家人，家业破败，财产尽失的人来，岂不是相差很远吗？”

※ 评析

“忍一时风平浪静，退一步海阔天空。”当别人冒犯了自己的时候，试着原谅对方，克制自己发怒的冲动，过一会儿自己的怒气就会消散，心情就能平静下来。而且，回头再想想刚才发生的事，或许此刻我们会发现，原来就是这么点鸡毛蒜皮的小事啊！我们就会为自己当时能忍住怒气，没有发火而感到欣慰了。

我们确实需要培养自己心平气和的为人处世的态度。遇事不慌张、不冲动、不轻易动怒，这样才能抓住问题的关键，理智地解决问题，并且获得别人的尊重。如果我们的内心始终处于混乱的状态中，就不能使自己对事物有清醒的认识，也不会正确地处理与别人之间的关系。

愤争损身，愤亦损财

※ 原文

应令君曰：“人心有所愤者，必有所争；有所争者，必有所损。愤而争斗损其身，愤而争讼损其财。此君子所以鉴《易》之《损》以惩愤也。”

※ 译文

应令君说：“人的内心存在愤怒的情绪，就肯定会同别人争斗；同别人有所争斗，就肯定会有所损失。由于愤怒就同别人争斗，这样会伤害自己的身体；由于愤怒就同别人打官司，这样会使自己的财产遭受损失。所以，君子就应当以《易经》中的《损卦》来警诫自己，不要轻易愤怒。”

※ 评析

轻易动怒，既伤身又损财，明智的人是不会那么冲动，随便宣泄自己愤怒的情绪。因为一些小事而跟人争斗甚至打官司，是不利于延年益寿。

对待别人的小过失，我们不能斤斤计较，而应该采取忍耐、宽容的态度。唐太宗只因不能控制自己的怒火而斩杀了张蕴古和卢祖尚，事后才觉后悔，给自己造成一定的损失。

如果身为领导而不能克制自己的情绪，那么就会危害到他手下的人；如果一个普通职员不能克制自己的情绪，那么就会冲撞他的上司。一个家庭，如果成员之间不能互敬互爱、相互理解，那么就会导致家庭的混乱甚至破裂。大到国家之间，如果不能互相谅解和宽容，那么就会引发战争，使老百姓蒙受灾难，生灵涂炭。

轻易发怒有百害而无一利，我们是该反省反省自己了。

十一世未尝讼人于官

※ 原文

按《图记》云：“雷孚，宜丰人也。登进士科，居官清白，长厚，好德与义，以枢相恩赠太子太师，自唐雷衡为人长厚，至孚十一世，未尝讼人于官。时以为积善之报。”

※ 译文

据《图记》记载：“雷孚，宜丰人士。考取进士后，为官清廉，为人忠厚，讲求道德与仁义，在担任宰相一职的时候，兼任太子的太师。他的家族自从唐朝雷衡以来，一直都为人忠厚，到雷孚的时候，共十一代人，从来没有与别人打过官司。当时的人们都认为这是他家世代积善的回报。”

※ 评析

雷孚一家世世代代都与人为善，忠厚为人，世世代代都平平安安，没有与人发生过官司。

我国著名的启蒙读物《三字经》在开篇就提到：人之初，性本善。“善”是人的本性，我们为什么在日后成长的过程中不能做到与人为善呢？“善有善报，恶有恶报。”如果能够与人为善，必定会得到相应的回报。

我们要拓展人际关系，要寻求正确的为人处世的方法，那么，就要与人为善，广结善缘。日常生活中，如果一个人能够做到处处以和善的态度与人交往，那么他就能积累丰富的人脉资源，当他遇到困难的时候，别人就会乐于向他伸出援助之手。如果一个人作恶多端，那么等待他的将是失去别人的支持，最后沦落到悲惨的境地。“多行不义必自毙。”记住这句话，并时时警醒自己，那么人生之路会更加平坦。

无疾言剧色

※ 原文

吕正献公自少讲学，明以治心养性为本，寡嗜欲，薄滋味，无疾言，无剧色，无窘步，无惰容，笑悝近之语，未尝出诸口。于世利纷华，声伎游宴以至于博弈奇玩，淡然无所好。

※ 译文

正献公吕蒙正在年少的时候就非常讲求学问，懂得人应该以修身养性为根本，清心寡欲，食用清淡的食物，不说严厉的话，不显出愤怒的脸色，走路的时候从容不迫，也没有显现出疲倦的神色，笑话俚语、粗话脏话等从来都不说。对于尘世间的利益、繁华、声色、宴会，甚至赌博、下棋之类的事情，他都不喜欢。

※ 评析

古人非常崇尚修身养性，在日常的生活及为人处世中，不断地警醒自己，以期能够更加有修养，更加有度量。吕蒙正就非常注意修身养性，在各个方面都严格要求自己。吃东西要吃清淡的，这样对身体健康有很大的好处；说话的时候和颜悦色，不对人发怒，这样有利于培养自己宽容的度量；走路的时候从容不迫，这样可以不失君子的风度；少言寡语，更不会说脏话、粗话之类的污言秽语，这样可以使自己更加高尚；至于尘世间的利益、繁华、声色、宴会，甚至赌博、下棋之类的事情，更是身外之物，不闻不问，毫不沾边。

清心寡欲，不为尘世间的利益所驱使，这是儒家哲学大力提倡的。摆脱名利的束缚，以一种淡泊、宁静的人生态度来生活，树立更加远大的志向，这样才能使自己超脱凡夫俗子之流，达到圣人的境界。

子孙数世同居

※ 原文

温公曰：“国家公卿能导先法久而不衰者，唯故相李昉家，子孙数世至二百余口，犹同居共爨，田园邸舍所收及有官者俸禄，皆聚之一库，计口日给饷。婚姻丧葬，所费皆有常数，分命子弟掌其事。”

※ 译文

温公司马光说：“国家的官僚大臣当中，能够做到继承前人的法规长时间不衰败的，只有已故的宰相李昉家。李昉家子孙数代人，一共二百多口，还一起居住，共同生火做饭，田里、菜园里所收获的东西，以及为官的人所领取的俸禄，都聚集在一个仓库里，按照人口数量每天供给生活费用。结婚和葬礼的费用也都有规定的数额，分别安排其子孙们掌管这些事。”

※ 评析

宰相李昉治家有方，数世同堂，其乐融融。之所以二百多口人能够共同生活在一起，组成一个庞大的家庭，一方面在于这个家庭的负责人领导有方，管理得当，但更为重要的是，这个家庭的所有成员都能和睦相处，互敬互爱。他们要是没有忍耐之心，恐怕这么庞大的家庭，这么多人，坚持不了一天就已经产生混乱，甚至四分五裂了。

日常生活中，我们也要学着包容别人，与别人友善相处，使双方的关系能够长久保持。另外，我们也只有具备了包容、大度的胸襟，才能吸收他人的智慧，借助他人的才干，来实现自己的梦想。

我们虽然不可能生活在像李昉家那样一个二百多人的大家庭中，但是我们却有可能每天都在一个拥有更多人的企业中工作。因此，培养自己包容、大度的胸襟，仍然具有现实意义。我们必须善于同别人合作，互相帮助。当别人的某些举动我们不能认同的时候，要试着以一种开放的心态来接纳对方。

愿得金带

※ 原文

康定间，元昊寇边，韩魏公领四路招讨，驻延安。忽夜有人携匕首至卧内，剧搴帏帐，魏公问："谁何？"曰："某来杀谏议。"又问曰："谁遣汝来？"曰："张相公遣某来。"盖是时也，张元夏国正用事也。魏公复就枕曰："汝携予首去。"其人曰："某不忍，愿得谏议金带，足矣！"遂取带而去。明日，魏公亦不治此事。俄有守陴卒扳城橹上得金带者，乃纳之。时范纯祐亦在延安，谓魏公曰："不治此事为得体，盖行之则沮国威。今乃受其带，是坠贼计中矣。"魏公握其手，再三叹服曰："非琦所及也。"

※ 译文

宋朝康定年间，元昊侵略大宋边疆，韩魏公韩琦带四路军马前往讨伐，驻扎在延安。夜里忽然有人携带匕首来到韩琦的卧室，猛地掀开了韩琦的帏帐。韩琦问道："你是谁？干什么？"对方回答道："我来杀你。"韩琦又问："是谁派你来的？"对方回答说："是张相公派我来的。"那个时候，张元正在西夏辅政。韩琦重新躺下，说："你把我的头拿去吧！"那个人说："我不忍心杀死你，只要把你的金带拿走就行了。"于是那个人拿走了韩琦的金带。第二天，韩琦也没有处理这件事。一会儿，守卫城墙的士兵报告说，在城墙上捡到一根金带，于是韩琦将金带收回。当时范纯祐也在延安，他对韩琦说："不处理这件事十分正确，如果处理这件事的话，就会有损国家的威望。现在拿到了带子，却中了敌人的奸计了。"韩琦握着他的手，再三叹服说："这不是我韩琦所能想到的啊。"

※ 评析

韩琦在遭遇刺客的时候，沉着冷静，毫不畏惧。经过与刺客的一番对话，了解到对方的来意之后，他能从容不迫地躺在床上，并且很镇定地告诉刺客，可以将自己的头拿去。这种遇事不慌张、冷静镇定的做事方式，确实令人佩服。

我们在遇到不测或困难的时候，也应该学韩琦那样，镇定自若，无所畏惧。其实，人人的内心深处都有最柔弱的部分，即使是顶天立地的男子汉也是如此。这个最柔弱的部分既可以是最令我们动情的感伤，也可以是让我们心生畏惧的软肋。一旦被对我们有敌意的人抓住我们这个心生畏惧的软肋，我们就会遭遇生死的考验。

因此，我们要培养自己的勇气，不要做任何事都畏首畏尾、患得患失。比如在成长过程中，我们不确定明天将会遇到什么挫折或打击，因此而心生畏惧，患得患失，对自己的决定或能力产生怀疑，这样是不可取的。我们要记住“狭路相逢勇者胜”这句箴言，勇敢地接受未来的挑战，勇敢地承担责任，远离恐惧。

恕可成德

※ 原文

范忠宣公亲族有子弟请教于公，公曰：“唯俭可以助廉，唯恕可以成德。”其人书于座隅，终身佩服。自平生自养无重肉，不择滋味粗粝。每退自公，易衣短褐，率以为常。自少至老，自小官至达官，终始如一。

※ 译文

忠宣公范纯仁的亲族中有一位子弟请教他，他对这位子弟说：“唯独俭朴才可以有助于廉洁，唯独宽恕才可以成就道德。”于是这位子弟将这句话写在自己的书桌一角，终身将之奉为格言来遵守。范纯仁本人平生注意修身养性，对于饮食从来不会挑剔。每天从官府回家以后，立即换上粗布衣服，这都成为一种习惯了。从小到老，从小官到大官，他始终如此。

※ 评析

从故事中我们可以看出，范纯仁虽然身居高位，但是生活仍然非常俭朴，并且教导亲族中的子弟也要俭朴。他能够做到每天从官府回家后就换上粗布衣服，并且都已养成习惯了，这一点恐怕一般的官员难以做到吧！

“以俭治身，则无忧；以俭治家，则无求。”单纯的物质需求是很难满足人的无限的欲望。过分地追求物质享受，只会使我们沉迷于感官的快乐，从而加重自己生活的负担，使自己的精神生活越来越空虚。“由俭入奢易，由奢入俭难。”如果我们不注意克制自己追求奢侈生活的欲望，到头来只有自己吃苦头。我们只有始终坚持俭朴的生活，不滥用财物，不铺张浪费，才能有更大的作为。

公诚有德

※ 原文

荥阳吕公希哲，熙宁初监陈留税，章枢密粢方知县事，心甚重公。一日与公同坐，剧峻辞色，折公以事。公不为动，章叹曰：“公诚有德者，我卿试公耳。”

※ 译文

荥阳的吕希哲，于宋朝熙宁初期监管陈留县的税务，当时章粢正任陈留县知县，心里非常器重吕希哲。一天，章粢与吕希哲坐在一起，用非常严厉的言辞批评吕希哲。吕希哲没有因此而发怒。章粢感叹道：“你的确是个非常有德行的人啊，我刚才只是试试你罢了。”

※ 评析

吕希哲很懂礼貌，也很谦逊，在他的上级章粢无故严词批评他的时候，他能做到忍耐，不为自己争辩，不对章粢进行反驳。即使上级批评他的话有失偏颇，但是上级毕竟有着比自己更加丰富的经验和阅历，采取谦恭的态度承受来自上级的批评，从中领悟一些更加有用的道理，何乐而不为呢？

“天外有天，人外有人。”“强中自有强中手”，任何行业、任何领域都是人才济济，有谁敢肯定自己在某个领域就是最出色、最优秀的呢？因此，我们要时时抱着谦虚的态度来与人交往，做个有心人，仔细获取各方面的信息为我所用，切忌肆意夸耀、人前卖弄，否则只能成为别人的笑柄。

我们在为人处世中，也要忍耐自己的夸耀之心，谦和为人，多向长辈求教，多向智者学习，从而使自己更加明智、通达。

所持一心

※ 原文

王公存极宽厚，仪状伟然。平居恂恂，不为诡激之行；至有所守，确不可夺。议论平恕，无所向背。司马温公尝曰："并驰万马中能驻足者，其王存乎？"自束鬓起家，以至大耋，历事五世而所持一心，屡更变故，而其守如一。

※ 译文

王存为人处世非常宽厚。他仪表堂堂，高大伟岸。他平常做事谨慎恭敬，从来没有做出过偏激诡异的行为；至于他所坚持的事，坚决而不可改变。议论人和事的时候，他公正平和，不会偏袒。司马光曾说："万马奔腾之中，能够停下来立住脚的，也许只有王存了。"王存从成年起步入仕途，到老之将至，一生共侍奉过五代皇帝，始终一条心，忠贞不改。中间虽然经历多次变故，但他却始终如一。

※ 评析

王存心底公正无私，做人坦坦荡荡，受到了司马光的赞扬。能像王存这样堂堂正正走完一生，也无憾了。

我们需要从王存身上学习的地方正是他的公正无私，一身的浩然正气。一直以来，我们都在强调，要加强自身的修养。只有使自己的内心公正无私，我们才能在做事的过程中不犯错误，保持正确。在为人处世的过程中，如果有所偏袒，将会为人所不齿，使自己成为别人攻击的对象，失去他人的信任。

在此，曾国藩也可以成为我们学习的榜样。他就是时刻坚持自省，不断地检讨自己的过失，一天都未间断。而且他每天写日记，将自己的感悟及体会等记录下来，这是实现自我修炼的过程。他就是一个在为人处世的过程中始终保持公正的人，以至于周围的人都认为他的做法是无懈可击的，想对他吹毛求疵都困难。正因为这样，曾国藩青云直上，最终实现了他"立功、立德、立言"的人生理想。

人服雅量

※ 原文

王化基为人宽厚，尝知某州，与僚属同坐。有卒过庭下，为化基喏而不及，幕职怒召其卒笞之。化基闻之，笑曰："我不知其欲得一喏如此之重也。昔或知之，化基无及此。当以与之。"人皆伏其雅量。

※ 译文

王化基为人宽厚，曾任某州知州。一天，王化基与同事们聚在一起。有位士兵从院子经过，王化基跟他打招呼，他没有回应就走开了。管事的人非常生气，便用鞭子使劲抽打那位士兵。王化基听说这件事之后，笑着说："我不知道打个招呼竟会产生这么严重的后果。早知道这样，我就不会打这个招呼了。"所有的人都佩服他的雅量。

※ 评析

从这则故事中可以看得出来，王化基非常平易近人。身为堂堂知州，却主动跟一个士兵打招呼，丝毫没有高人一等的"官架子"。他的这一优点，确实值得我们今天的很多官员好好学习。

有些官员有一种不良作风，感觉自己既然已经成为某某"长"、某某"头"了，就比普通人高贵了。因此，说话时颐指气使，把手下不当人看，呼来喝去；吃穿住用行等方面也非常讲究，时时处处都要显示出自己领导的派头；更有甚者，想当然地认为自己的专用座驾也有了特权，于是在路上不遵守交通规则，横冲直撞……这样的官员真是让老百姓心生痛恨。

我们不妨来看看松下幸之助平易近人的做法。松下幸之助获得成功之后，并没有变得目中无人、趾高气扬，而是经常深入基层和普通员工开展深入而真诚的交流，倾听他们的心声，为员工排忧解难，并以此作为自己今后重大决策的参考。他获得了巨额财富也没有变得高傲，而是一如既往地平易近人，因此受到了员工的尊敬和爱戴。

因此，放下架子，平易近人，才能受人欢迎，被人尊敬，也才能获得真正的成功。

终不自明

※ 原文

高防初为澶州防御史张从恩判官，有军校段洪进盗官木造什物，从恩怒，欲杀之。洪进绐云："防使为之。"从恩问防，防即诬伏，洪进免死。乃以钱十千、马一匹遗防而遣。防别去，终不自明，既又骑追复之。岁余，从恩亲信言防自诬以活人命，从恩惊叹，益加礼重。

※ 译文

高防原先担任澶州防御史张从恩的判官时，有一名军校叫段洪进，偷取公家的木材做家具，张从恩知道后大怒，准备杀了段洪进。段洪进撒谎说："这都是高防让我干的。"张从恩向高防求证，高防承认了此事，段洪进因此免于一死。于是，张从恩送给高防一万钱和一匹马，打发他走了。高防平静地离去，始终没有辩明自己的冤屈。后来张从恩又派人骑马将高防追了回来。一年多之后，张从恩的亲信说高防自己认罪，是为了救人一命。张从恩听后，惊叹不已，更加礼待高防了。

※ 评析

段洪进的做法让人痛恨，本来是自己犯了错误，却没有勇气承认，反而为了给自己开脱罪名，把这个罪名强加到高防头上。他的做法非君子所为，为君子所不齿。

我们都知道"己所不欲，勿施于人"的道理，为什么在现实生活中遇到问题的时候，却不能充分按照这句话所揭示的道理来行事呢？我们在与人交往的时候，免不了会发生"给予"和"获取"的行为。当你要给予别人某种东西或是向别人施加某种影响的时候，要事先站在对方的立场上考虑一下问题。有些东西自己不喜欢，不希望得到，对方也可能不想接受，为什么要把自己不想要的东西强行塞给对方呢？这样做人，未免显得有些不厚道了。

因此，说每一句话、做每一件事、做每一个决定之前，请先站在对方的立场上考虑一下，想想对方的利益诉求，从而使我们的行动有的放矢。

逾年后杖

※ 原文

曹侍中彬，为人仁爱多恕。尝知徐州，有吏犯罪，既立案，逾年然后杖之，人皆不晓其旨。彬曰："吾闻此人新娶妇，若杖之，彼其舅姑必以妇为不利而恶之，朝夕笞骂，使不能自存。吾故缓其事而法亦不赦也。"其用心如此。

※ 译文

曹彬为人仁义慈爱，心怀宽恕，曾任徐州太守。有个官员犯了罪，立案后一年，才对其施以杖罚。人们都不明白曹彬究竟有何用意。曹彬说："我听说这个人刚刚结婚，如果当时就处罚他，那么新媳妇的公婆一定会以为是这个新媳妇带来了坏运气，从而讨厌新媳妇，早晚打骂新媳妇以致她难以生存下去。因此，我故意延缓处置时间，而又没有违反法规。"曹彬真是用心良苦啊。

※ 评析

曹彬在即将惩罚犯了罪的官员时，得知这个官员刚刚结婚，于是曹彬便马上取消了对那个犯罪官员的惩罚，因为他是替新媳妇着想，不愿意因为这个官员被惩罚而使无辜的新媳妇背上"扫帚星"的恶名。曹彬的做法确实令人佩服。但是，从另一方面认识这件事的话，我们也可以从曹彬身上学习到他适时应机、审时度势的做事方法。他在发现不适合惩罚犯罪官员的时候，果断地取消了惩罚，并将这个惩罚推迟了一年，因为一年之后进行惩罚是个比较合适的时机，新媳妇也不会因此而受到伤害了。

我们在做任何事情的时候，都要注意顺应时势的变化，做到因势利导。因为我们所处的世界在不停地变化发展，无论是四季更替还是文化变迁，都会给人一种眼花缭乱的感觉。善于把握时机、善于驾驭时势的人，才会在事业上有所成就。不懂得因时变化的人，免不了会遇到挫折、蒙受损失。

终不自辩

※ 原文

蔡襄尝饮会灵东园，坐客有射矢误中伤人者，客剧指为公矢，京师喧然。事既闻，上以问公，公再拜愧谢，终不自辩，退以未尝以语人。

※ 译文

蔡襄公曾经在会灵东园饮酒，有一位客人在射箭的时候，误伤到了一个游人。这位客人马上便指认说这是蔡襄公的箭，这件事闹得满城风雨。皇帝听说这件事后，问蔡襄，蔡襄只是再三叩头请求原谅，始终不替自己辩解，回来以后也没有将事实告诉别人。

※ 评析

大丈夫要勇于承担责任。那位用箭射伤游人的客人，将自己的过错推到蔡襄公的身上，其做法不可取，他算不上是堂堂男子汉，不是顶天立地的男儿，必然会遭到世人的指责。

做人一定要自强自立、勇于承担责任，遇到麻烦事情临阵脱逃是懦夫的表现。因此，在日常生活及为人处世的过程中，要做到有效地约束自己的言行，使自己成为一个意志坚强、品德高尚的人。这也正是《论语》中提到的“其身正，不令而行；其身不正，虽令不从”这句话的要义所在。以故事中那个射伤游人的客人为例，如果他能有效地约束自己的言行，自强自立，敢作敢当，那么他也不会对蔡襄公做出这种不仁不义的事情了。

自择所安

※ 原文

张文定公齐贤，从右拾遗为江南转运使。一日家宴，一奴窃银器数事于怀中，文定自帘下熟视不问尔。后文定晚年为宰相，门下厮役往往侍班行，而此奴竟不沾禄。奴隶间再拜而告曰：“某事相公最久，凡后于某者皆得官矣。相公独遗某，何也？”

因泣下不止。文定悯然语曰："我欲不言，尔乃怨我。尔忆江南日盗吾银器数事乎？我怀之三十年不以告人，虽尔亦不知也。吾备位宰相，进退百官，志在激浊扬清，敢以盗贼荐耶？念汝事吾日久，今予汝钱三百千，汝其去吾门下，自择所安。盖吾既发汝平昔之事，汝其有愧于吾而不可复留也。"奴震骇，泣拜而去。

※ 译文

文定公张齐贤，从右拾遗被提拔为江南转运使。有一天，张齐贤在家设宴，一个仆人偷偷地将几件银器藏在自己的怀中，张齐贤从门帘下把这个过程看得一清二楚，但是他并没有过问此事。到张齐贤晚年的时候，他被任命为宰相，家中的仆人们也有很多都做了官，唯独当年偷窃银器的那位仆人没有官职俸禄。这位仆人趁张齐贤空闲的时候，跪在张齐贤的面前说："我侍奉您的时间最长了，但是所有比我来得晚的人都已经当了官，为什么您唯独把我漏掉了呢？"于是不停地哭泣。张齐贤同情地说："我本来不想说，但你会埋怨我。你还记得当年在江南时，你偷盗了我几件银器的事吗？我将这件事藏在心中近三十年从来没有告诉过别人，即使你自己也不知道。如今我官至宰相，任免官员，激励贤良，斥退贪官污吏，怎能推荐一个小偷做官呢？看在你侍候我很长时间的份上，现在我给你三十万钱，你离开我这儿，自己选择一个其他的地方安家去吧。因为我既已揭发了你当年的那件事，你肯定会感到有愧于我而无法继续留下去了。"仆人震惊不已，哭着拜别而去。

※ 评析

张齐贤很有度量，当初亲眼看到自己的仆人偷走几件银器，却没有把这件事说出来，给那位仆人留足了面子。但是他做事也很讲原则，任免官员的时候，坚决不推荐曾经有过小偷小摸行为的那位仆人做官。他的这些优点值得我们在为人处世方面学习。而那位仆人只因一时利欲熏心，贪图小利，最终断送了自己的前程，真是令人惋惜。

由此，我们应该时刻以那位仆人的教训来警醒自己，在利益面前一定要忍住贪婪之心。人们都在追逐自己的利益，趋利避害，但是，"利"与"害"一直都是形影不离的，如果只为贪图眼前的小利而不顾日后会造成的大害，那么这个人就真是一个目光短浅之人。

其实，很多人都很难做到在利益面前心如止水，没有丝毫的贪念。因为人们在面对利益的时候，脑海中充满了对美好结果的遐想，从而产生了自我麻痹的倾向，对可能造成的危险就视而不见了。俗话说，"知其弊方能用其利"，我们只有遇事不冲动，冷静分析其中的利弊，才能做出正确的决策。

称为善士

※ 原文

曹州于令仪者，市井人也，长厚不忤物，晚年家颇丰富。一夕，盗入其家，诸子擒之，乃邻舍子也。令仪曰："尔素寡过，何苦而盗耶？""迫于贫尔。"问其所欲，曰："得十千足以资衣食。"如其欲与之。既去，复呼之，盗大惧，语之曰："尔贫甚，负十千以归，恐为逻者所诘。"留之至明使去。盗大恐惧，率为良民。邻里称君为善士。君择子侄之秀者，起学室，延名儒以掖之。子及侄杰效，继登进士第，为曹南令族。

※ 译文

曹州的于令仪是个普通百民，为人处世忠厚老实，不做损人利己的事，晚年的时候，家境非常富裕。有一天夜间，有个小偷潜入他家，他的几个儿子将小偷抓住了，一看，才发现这个小偷其实是邻居的儿子。令仪问道："你向来很少做坏事，为什么做起小偷来了呢？"那人回答令仪说："这都是贫穷逼的。"于令仪问他需要什么，那人回答说："有一万钱就足够买食物和衣服了。"于是，令仪按照他所要求的数目给了他钱。小偷刚刚离去，于令仪又把他喊了回来，小偷不禁惊恐万分。于令仪对他说："你非常穷困，晚上如果背着一万钱回家去，恐怕巡逻的人看到了，会盘问你。"所以直到天亮才让他走。小偷感到万分惭愧，后来终于成为良民。邻居们都称赞令仪是个好人。于令仪在子侄中选择了优秀的人，办了学校，请有名望的教书先生来执教。于令仪的儿子及侄子于杰效，陆续考中进士，他家成为曹州南部的一个名门望族。

※ 评析

于令仪用自己的真诚和爱心感化了邻居的儿子，使邻居的儿子对自己的行为感到惭愧，因此，最终成为良民。邻居的儿子虽然做了不光彩的事，但是他还是值得表扬的，因为他能够主动认识到自己的错误，并且能够改过自新，比起那些为非作歹而又执迷不悟的恶人，他还是好样的。

"人非圣贤，孰能无过"，关键是在犯了错误的情况下，采取何种态度来应对。如果能够及时发现自己的错误并能努力改正，那么大家都会原谅他之前的罪行，并为他能够改过自新感到欣慰。如果犯了错误还不承认，更没有悔改之心，那只能使自己在错误的道路上越走越远。

"才敏过人，未足贵也；博辩过人，未足贵也；勇决过人，未足贵也。君子之所贵者，迁善惧其不及，改过恐其有余。"这句话非常直观明了地指出了改过自新的重要性，就连聪明的才智、雄辩的口才、惊人的勇气等优良品质跟它相比都黯然失色。"知错能改，善莫大焉"，只有加强改过自新的修养，才能使自己在心志、行为等方面日臻完善，从而走向成功。

得金不认

※ 原文

张知常在上庠日，家以金十两附致于公。同舍生因公之出，发箧而取之。学官集同舍检索，因得其金。公不认，曰："非吾金也。"同舍生至夜袖以还公，公知其贫，以半遗之。前辈谓公遗人以金，人所能也；仓卒得金不认，人所不能也。

※ 译文

张知常在学堂上学的时候，家人托别人给他带来十两金子。与他同住一个宿舍的一位同学趁张知常不在的时候，打开张知常的箧子，偷走了金子。学堂的官吏将宿舍的人集中起来进行搜查，因此找到了张知常丢失的金子。张知常却不承认，说："这不是我的金子。"夜里，同宿舍的那个人把金子藏在衣袖里还给了张知常。张知常知道他非常贫困，送了一半金子给他。前辈们都说，张知常送给人金子，这是人们能够做到的；可是在仓促之中得到金子却不出来认领，这是一般人所做不到的。

※ 评析

张知常具有一颗仁爱之心，看到偷走他金子的那位同学生活贫困，就将一半金子送给对方。他更是站在别人的立场上，为别人的利益着想的典范。为了让那位同学保住面子，在查出盗贼的时候，面对那么多人，如果他认领了金子，那么偷盗金子的那位同学以后将在人前抬不起头来，无法做人。因此，张知常当机立断，果断地做出决定，一口咬定那金子不是自己的，从而避免了双方的尴尬。

当我们处于一些比较关键的时刻，也要像张知常那样，当机立断，做出决定。比如，当我们遇到火灾、突发病情、有人溺水等情况的时候，就要当机立断，做出相应的决策并付诸行动，从而化解险情。另外，在其他一些重大时刻，比如选择高校、选择配偶、选择职业等方面，我们必然要经过一番考察、对比，深思熟虑以后才能做出决策，因为这些方面与我们日后的发展和人生走向有着直接的关系。但是，我们也不能因此而优柔寡断、患得患失，应该在做了充分准备的前提下当机立断，以免错失机遇，后悔一生。

一言齑粉

※ 原文

丁晋公虽险诈，亦有长者之言。仁庙尝怒一朝士，再三语及公，不答。上作色曰：“叵耐，问辄不应。”谓徐奏曰：“雷霆之下，更有一言，则齑粉矣。”上重答言。

※ 译文

丁谓虽然阴险狡诈，却也有长者的言行。宋仁宗曾经对一位官员非常生气，屡次跟丁谓说起，丁谓都不发表任何意见。宋仁宗变了脸色说：“真是让人不可忍受，问你，你怎么总是不做回应呢？”丁谓不紧不慢地说：“在您正在大发雷霆的时候，如果我再加上一句话，那位官员岂不是要被捻成碎屑了？”宋仁宗非常欣赏他的回答。

※ 评析

宋仁宗作为领导者，应该克制住自己心中的怒火，保持领导者的风范。丁谓在这件事上的做法值得肯定，当自己的上级正在发怒的时候，他没有借机对自己的同事进行诋毁，在上级面前煽风点火、添油加醋，而是一直保持沉默，妥善地保护了自己的同事。

君子处世就应该这样，不巴结权贵，不歧视弱势群体，不奴颜婢膝，不阿谀奉承。万事都以自己的利益为重，对有利于自己的人就卑躬屈膝、奴颜媚相，那是小人所为，君子对这样的人嗤之以鼻。

善待他人的人，通常都会“无心插柳柳成荫”。在日常生活中，我们要多行善积德，不可在背后诋毁别人，否则，不仅会给别人带来麻烦，日后还会给自己造成不便。

无入不自得

※ 原文

患难，即理也。随患难之中而为之计，何有不可？文王囚羑里而演《易》，若无羑里也；孔子围陈蔡而弦歌，若无陈蔡也。颜子箪食瓢饮而不改其乐，原宪衣敝履穿而声满天地。至夏侯胜居桎梏而谈《尚书》，陆宣公谪忠州而作集。验此无他，若素生患难而安之也！《中庸》曰：“君子无入而不自得焉。”是之谓乎？

※ 译文

患难，这是人生中的常理。身处患难之中，却平静地做自己的事，还有什么做不到的呢？周文王当初被囚禁在羑里的时候，还能安心地演绎《周易》，仿佛没有被囚禁在羑里一样；孔子被围困在陈国与蔡国的时候，还能若无其事地弹琴唱歌，仿佛没有被围困在陈国与蔡国一样；颜回过着一箪饭一瓢水的穷困潦倒的生活，却并没有改变他的乐趣；原宪过着破衣褴褛的生活，却仍然能够名扬四海。更不必说夏侯胜在监狱里还能高谈阔论《尚书》，陆贽被贬到忠州还能创作诗文。审视以上这些，其实也没什么特别之处，仿佛他们向来就能够身处患难而保持镇定。《中庸》说：“君子无论身处何处，都能够做到自得其乐。”说的应该就是这个道理吧！

※ 评析

“天将降大任于斯人也，必先苦其心志，劳其筋骨，饿其体肤，空乏其身，行拂乱其所为，所以动心忍性，增益其所不能。”人只有在患难时，在艰苦的环境中，才能锻炼自己的心志，有所成就。周文王、孔子、颜回、原宪、夏侯胜、陆贽这些名士都是身处患难却能忍受患难之苦，最终取得显著成就之人。越王勾践卧薪尝胆，忍受了奇耻大辱，最终成为一代霸主，成就了一代伟业。

不是有“苦尽甘来”的说法吗？成功的获取大都是要经历无尽的磨难。我们要用辩证法一分为二的眼光来看问题，苦难的生活虽然不如安逸的生活好，但是苦难可以增强人们的危机意识，可以促进人们思考、刺激人们寻求摆脱当前困境的途径，可以使人们变得成熟、理智。

“不经历风雨，怎么见彩虹。”苦难是人生中不可避免的经历，如果我们能够笑对人生中的各种苦难，在苦难中磨炼自己的心志，在苦难中成长，那么，“阳光总在风雨后”，等待我们的将是辉煌的人生。

不若无愧而死

※ 原文

范忠宣公奏疏，乞将吕大防等引赦原放，辞甚恳，至忤大臣章惇，落职知随。公草疏时，或以难回触怒为解，万一远谪，非高年所宜。公曰："我世受国恩，事至于此，无一人为上言者。若上心遂回，所系非小。设有不从，果得罪死，复何憾。"命家人促装以俟谪命。公在随几一年，素苦目疾，忽全失其明。上表乞致仕，章惇戒堂吏不得上，惧公复有指陈。终移上意，遂贬武安军节度副使，永州安置。命下，公怡然就道。人或谓公为近名，公闻而叹曰："七十之年，两目俱丧，万里之行，岂其欲哉！但区区爱君子之心不能自已，人若避好名之嫌，则为善之路矣。"每诸子怨章惇，忠宣必怒止之。江行赴贬所，舟覆，扶忠宣出，衣尽湿，顾诸子曰："此岂章惇为之哉！"至永州，公之诸子闻韩维少师谪均州，其子告惇，以少师执政，日与司马公议论，多不合，得免行。欲以忠宣与司马公议役法不同为言求归，白公。公曰："吾用君实，荐以至宰相，同朝论事即可，汝辈以为今日之言不可也。有愧而生，不若无愧而死。"诸子遂止。

※ 译文

范纯仁上书皇上，请求将吕大防等人予以赦免，言辞非常恳切，以至于冒犯了朝廷重臣章惇，因此，范纯仁被贬为随州知州。范纯仁在起草奏疏的时候，有人就曾以难以消除皇上的怒气的理由劝他说："万一被贬到边远的地方，你这么一大把年纪了，恐怕不适合。"范纯仁说："我家世世代代蒙受皇上的恩典，现在事情已经到了这个地步，没有一个人肯向皇上上书言事。如果皇上能够回心转意，关系不小；如果皇上不同意，果真得罪皇上，获罪而死，又有什么可遗憾的呢？"于是，范纯仁让家人赶快打点行装，等待被贬的命令。范纯仁在随州待了将近一年，本来就患有眼病，突然一下全失明了。于是，范纯仁就上表请求退休，章惇告诫官府中的官吏们不要呈上范纯仁的表，因为章惇担心范纯仁在表中又论及朝政。章惇最终还是说服了皇上，将范纯仁贬为武安军节度副使，安家于永州。命令一下来，范纯仁就心平气和地上路了。有的人认为范纯仁这样做只是为了博得好名声，范纯仁听说后，感叹道："我都七十岁的人了，双目失明，现在被贬到万里之外的地方，难道我希望这样吗？但是我这点敬爱君主的心情确实无法克制，人如果能够回避贪求好名声的嫌疑，那就是做好事的途径了。"每当他的儿子们怨恨章惇的时候，范纯仁就会生气地制止他们。范纯仁走水路赶赴被贬之处时，所乘坐的船翻了，家人扶他出水，他的全身都湿透了。范纯仁回头对他的儿子们说："难道这也是章惇所做的吗？"到达永州后，范纯仁的儿子们听说韩维被贬到均州，韩维的儿子就告诉章惇说，韩维执政期间每天都与司马光议论国事，但是他们的意见大多不一致，因此韩维得以赦免。范纯仁的儿子于是也想以范纯仁同司马光议论役法，意见不同为由，为范纯仁求情。范纯仁说："我启用司马光，将他推荐为宰相，可以同他在朝廷上一起议论国事，但是像你们今天所说的这样就不可以。抱愧而生，不如无愧而死。"于是，范纯仁的儿子们打消了这个想法。

※ 评析

范纯仁对皇上忠心耿耿，他的一切行为都是出于对君主的一片忠心。在没有人敢上书言事的情况下，他为了国家利益着想，上书皇上，请求将吕大防等人予以赦免；在受到章惇的多次排挤而被贬谪的时候，他仍然出于对君主的敬爱，忍受了一切打击。他对皇上的这片忠心令人钦佩。

作为臣子，在侍奉君主的时候就应该尽心竭力，这是一个臣子所应具备的品德。在必要的时候，为了国家和人民的利益，应该做到不惜牺牲自己的生命。有些官员在太平盛世心安理得地享受着高官厚禄，世世代代享受着国家的恩德，但一旦大祸临头，这些人便为了保全自己的利益而出卖国家利益，遗臭万年。

作为一种美德，"忠诚"一直都深受人们的褒扬。无论对国家、社会，还是对公司、自己，我们都应该有一份忠心，这样才会使自己的信仰更加坚定，任何艰难险阻都不会使自己动摇，也会使自己受到他人的信任和青睐，使自己具有更大的人格魅力，为自己的人生添加亮丽的色彩。

未尝含怒

※ 原文

范忠宣公安置永州，课儿孙诵书，躬亲订教督，常至夜分。在永州三年，怡然自得，或加以横逆，人莫能堪，而公不为动，亦未尝含怒于后也。每对宾客，唯论圣贤修身行己，余及医药方书，他事一语不出口。而气貌益康宁，如在中州时。

※ 译文

范纯仁被贬，安家于永州时，教子孙们读书，他亲自监督，经常到深夜时分。在永州生活的三年中，他心平气和，怡然自得，有人对他蛮横无理，常人都不堪忍受，唯独范纯仁并不为之所动，也从没有在事后怀恨在心。每次和客人交谈的时候，只是谈论圣贤们修身养性的事而已，要不就是医术药方之类的事情，关于其他方面的事情，一句话也不说。于是他的气色和外貌日益显得安康宁静，就如同在京城的时候一样。

※ 评析

“置其身于是非之外，而后可以折是非之中；置其身于利害之外，而后可以观利害之变。”清代金兰生的这句处世格言告诉我们，是非成败都是些外在的东西，我们只有清楚这一点，才能在日常生活及为人处世中，更加豁达、开朗、乐观，不被身外之物所左右。

范纯仁被贬官之后，仍然豁达开朗、心平气和、怡然自得，丝毫没有悲伤和怨气，仿佛自己的生活没有发生变故一样。能做到这一点，确实需要一定的气度，而且必定深谙“是非成败都是外在的东西”这个道理。

一时的肯定和否定只是暂时的，我们的任何行动都要围绕既定的目标来进行，这就要求我们要人情练达，能拿得起放得下。如果患得患失、瞻前顾后、斤斤计较，就会分散自己的精力，影响自己对事物的分析判断。如果我们能像范纯仁那样，将功名利禄全抛于脑后，将得失成败都置于身外，过着清心寡欲、闲适恬淡的生活，岂不快哉！

谢罪敦睦

※ 原文

缪彤少孤，兄弟四人皆同财业。及各人娶妻，诸妇分异，又数有斗争之言。彤深怀愤，乃掩户自挝，曰：“缪彤，汝修身谨行，学圣人之法，将以齐整风俗，奈何不能正其家乎？”弟及诸妇闻之，悉叩头谢罪，遂更相敦睦。

虞世南曰：“十斗九胜，无一钱利。”

韩魏公在政府时，极有难处置事。尝言天下事无有尽如意，须是要忍，不然，不可一日处矣。公言往日同列二三公不相下，语常至相击。待其气定，每与平之，以理使归，于是虽胜者亦自然不争也。

王沂公尝言，吃得三斗醇醋，方得做宰相。尽言忍受得事也。

赵清献公座右铭：待则甚喜，任他怎奈何，休理会。人有不及，可以情恕，非意相干，可以理遣。盛怒中勿答人简，既形纸笔，溢流难收。

程子曰："愤欲忍与不忍，便见有德无德。"

张思叔绎诟詈仆夫，伊川曰："何不动心忍性？"思叔惭谢。

孙伏伽拜御史时，先被内旨而制未出，归卧家，无喜色。顷之，御史造门，子弟惊白，伏伽徐起见之。时人称其有量，以比顾雍。

白居易曰："恶言不出于口，愤言不反于出。"

《吕氏童蒙训》云："当官处事，务合人情。忠恕违道不远，未有舍此二字而能有济者。前辈当官处事，常思有恩以及人，而以方便为上。如差科之行，既不能免，即就其间求所以便民省力者，不使骚扰重为民害，其益多矣。"

张无垢云："快意事孰不喜为？往往事过不能无悔者，于他人有甚不快存焉，岂得不动于心。君子所以隐忍详复，不敢轻易者，以彼此两得也。"

或问张无垢："仓卒中、患难中处事不乱，是其才耶？是其识耶？"先生曰："未必才识了得，必其胸中器局不凡，素有定力。不然，恐胸中先乱，何以临事。古人平日欲涵养器局者，此也。"

苏子曰："高帝之所以胜，项籍之所以败，在能忍与不能忍之间而已。项籍不能忍，是以百战百胜而轻用其锋；高祖忍之，养其全锋而待其弊。"

孝友先生朱仁轨，隐居养亲，常诲子弟曰："终身让路，不枉百步；终身让畔，不失一段。"

吴凑，僚吏非大过不榜责，召至廷诘，厚去之。其下传相训勉，举无稽事。

韩魏公《语录》曰："欲成大节，不免小忍。"

《和靖语录》："人有愤争者，和靖尹公曰：'莫大之祸，起于须臾不忍，不可不谨。'"

省心子曰："屈己者能处众。"

《童蒙训》："当官以忍为先，忍之一字，众妙之门，当官处事，尤是先务。若能清勤之外，更行一忍，何事不办？"

当官不能自忍，必败。当官处事，不与人争利者，常得利多；退一步者，常进百步。取之廉者，得之常过其初；约于今者，必有重报于后。不可不思也。唯不能少自忍者，必败，实未知利害之分、贤愚之别。

当官者先以暴怒为戒，事有不可，当详处之，必无不中。若先暴怒，只能自害，岂能害人？前辈尝言，凡事只怕待，待者详处之谓也。盖详处之，则思虑自出，人不能中伤。

《师友杂记》云："或问荥阳公，为小言所詈骂，当何以处之。公曰：'上焉者，知人与己本一，何者为詈，何者为辱。自然无愤怒心。下焉者，且自思曰：我是何等人，彼为何等人，若是答他，却与他一等也。以此自比，愤心亦自消也。'"

唐充之云："前辈说后生不能忍垢，不足为人；闻人密论不能容受，而轻泄之，不足以为人。"

《袁氏世范》曰："人言居家久和者，本于能忍。然知忍而不知处忍之道，其失尤多。盖忍或有藏蓄之意，人之犯我，藏蓄而忍，不过一再而已。积之逾多，其发也如洪流之决，不可遏矣。不若随而解之，不置胸次，曰此其不思尔，曰此其无知尔，曰此其失误尔，曰此其所见者小耳，曰此其利害宁几何？不使之入于吾心，虽日犯我者十数，亦不至于形于言而见于色，然后见忍之功效为甚大。此所谓善处忍者。"

※ 译文

缪彤从小就成了孤儿，兄弟四人共同继承家财产业。及至每人都娶了妻子后，几个妯娌之间关系不和，多次发生争吵。缪彤感到非常气愤，于是关起门窗来打自己，说："缪彤啊缪彤，你自己处处修身养性，谨慎行事，学习圣人的礼数，希望这样能够在将来整顿天下风俗，但是，为什么连自己的家人都没法教育好呢？"他的兄弟以及几个妯娌听到这番话，全都跪下来请求缪彤原谅。于是，一家人相处得更加和睦了。

虞世南说："十次打斗，九次获胜，也没有一点儿好处。"

韩魏公韩琦在官府的时候，经常会遇到难以处理的事情。韩琦曾经说过，天下的事情，没有尽人意的，必须忍让，如果不是这样，一天都待不下去。韩琦还说，曾经有两三个同事互相看不起，说话的时候常常互相攻击。等到他们气消了以后，他就去为他们评理，以公事为根本。就这样，即使是获胜的人也不再相争了。

王曾曾经说过，能吃得下三斗醇醋的人，才能够担任宰相一职。正是极言要能够忍受一切事情。

赵抃的座右铭是这样的：对待别人要平心静气，不管对方怎么做，都不要去理会。别人有做得不达要求的地方，可以从情义的角度原谅他；别人不是故意冒犯于你，可以给他讲道理来教育他。自己正处在愤怒的时候，不要给别人写信，如果已经形成了白纸黑字，那么，就如同流出去的水一样，难以收回。

程颐说："从对待愤怒和欲望能不能容忍，就可以看出这个人有没有道德。"

张绎责骂并且赶走了仆人，程颐说：“为何不能虽然心动，但忍耐自己的脾气呢？”张绎非常惭愧地向程颐认错。

孙伏伽被任命为御史的时候，起初只是被召进皇宫，口头告知，至于正式的任命文件，并没有批下来。他回到家后，上床睡觉，脸上并没有显现出高兴的神色。过了一会儿，御史登门来宣布这件事，府中子弟得知后，惊喜地告诉他，孙伏伽慢慢坐起身来，去会见登门的御史。当时的人们都夸他很有度量，把他比作顾雍。

白居易说：“伤害别人的话不要说出口，气愤的话也不要说出口。”

《吕氏童蒙训》中说：“为官办事，一定要符合人情。‘忠’‘恕’二字与道德相差不远，从来没有不遵从‘忠’‘恕’这两个字而取得成功的人。前辈们为官办事，通常都要考虑让别人得到恩惠，以给人方便为宗旨。比如派差收租，这件事既然是不能避免的，那么就在收租期间努力做到给老百姓提供方便，使他们省力，不要让老百姓的负担太重以致使他们受到伤害。这样做的好处很多。”

张无垢说：“快乐的事情有谁不喜欢做呢？但是通常事情过后，又不能不后悔，这对于别人来说，又有什么不愉快存在呢？怎么能不用心想一想？君子之所以屡屡忍让，不敢轻易改变，正是从彼此双方都满意的角度来考虑的。”

有人问张无垢：“在仓促之中，患难之中仍然能够有条不紊地处理事情，这是因为有才能还是因为有胆识？”张无垢说：“这不一定是有才识就能做得到的，此人胸中一定要有非凡的气度，向来就有稳定不乱的素质。不是这样的话，只怕他自己早就乱了阵脚，怎么能够处理事情呢？古代的人平时注重培养自己的涵养气度，就是因为这个。”

苏轼说：“汉高祖刘邦之所以能够取得胜利，项羽之所以惨遭失败，原因就在于汉高祖刘邦能够忍耐，而项羽做不到。项羽不能忍耐，所以他在百战百胜的情况下，开始轻易用兵；汉高祖刘邦就能忍耐，养精蓄锐，耐心地等待项羽的弊病显现。”

朱仁轨，隐居在乡下，照顾双亲，经常教导他的子弟说：“一生都给别人让路，最后也不过是多走了几百步的冤枉路；一生都给别人让田界，最后也不会失去一块田。”

手下官吏如果不是犯有大错误，吴凑就不会张榜进行斥责，而只是将手下官吏叫到大厅进行查问，再送给此人一份厚礼，叫他离开。吴凑的手下官吏都私下相传，互相警戒劝勉，行为举止再不需要接受考察。

韩琦的《语录》中说：“要想养成高尚的德操气节，就不可避免地要忍让小事情。”

《和靖语录》说：“有愤怒相争的人，尹惇就说：‘再大不过的灾祸，也都是由一时的不能忍让引起的，不能不谨慎啊！’”

省心子说：“能够委屈自己的人，就能够与众人相处。”

《童蒙训》中说：“为官者应该以‘忍’为首要的态度，‘忍’这个字，是众多好处的源头，为官办事，尤其要将‘忍’作为第一要务。如果能在清正廉洁、勤劳为民之外，还能够做到忍让，那还有什么事情办不成呢？”

做官却做不到自我忍耐，这样必定会失败。为官办事，不跟别人争夺利益的人，通常得到的利益就多；能够自动退让一步的人，通常都能前进得更远。索取得很少的人，所得到的通常都超过他当初想要的；能够从现在就克制自己的人，将来必然会得到厚重的回报。不能不考虑啊！那些做不到稍稍自我忍耐的人，必然会失败，其实这是不明白利与害、贤明与愚笨的区别。

为官之人首先要戒除暴怒。事情不能办的时候，应该细心详细地处理它，肯定没有办不成的。如果刚开始就暴怒了，只能是害了自己，哪里会害了别人？前辈们曾经说过：任何事情，就怕“待”这个字，待，就是详细周全的意思。所以详细周全地做事，自然就会想出办法，别人就不能中伤你了。

《师友杂记》中记载：“有人询问荥阳公，当被别人用流言所辱骂的时候，应该如何处理。荥阳公说：‘知道别人和自己本来都一样是人，明白什么是责骂，什么是侮辱，自然就没有愤怒的心情了，这是上策。如果自己这样想：我是什么人，他又是什么人，如果我回应他，岂不是和他成同类人了？用这个办法自我克制，愤怒的情绪也会自然消除，这是下策。’”

唐充之说：“前辈们说，年轻人做不到忍受耻辱，算不上完善的人；听到别人在私下里议论而不能忍受，反而随便就泄漏了出来，算不上是人。”

《袁氏世范》中说：“人们都说，家庭能够长久和谐相处，从根本上是因为能够容忍。然而，只知道忍耐却不知道如何忍耐，那么失误就更多了。忍，在有些人看来，只是将事情藏在心中，别人冒犯了我，就把怒气藏起来，这样也只不过一两次罢了。积蓄的怨气越多，它爆发起来也像决堤的洪流一样，没法控制。不如将怒气随时消解，不把它放在心上，说这不是他故意的，说这人无知，说这人是因为失误，说这人只看到了小利，说这有多大的利害关系呢？不将这个人放在我的心上，即使他一天之中触犯了我十次，也不会在言语和脸色上表现出生气的情绪，这样就可以看出‘忍’字的功效有多么大。这就是所谓的善于忍耐。”

※ 评析

一家人相处，要和和气气，用“和气”来化解彼此的矛盾。互相之间忍让谅解，互敬互爱，这样生活在一起的家人才能和和气气。

不要与人相争，要多加忍耐。因为与人相争即使最后获胜了，也会在相争的过程中因怒气而伤了自己的身体，对自己有百害而无一利。同样，在同学相处、同事相处的过程中，都不免会产生一些不同意见。如果针对这些不同意见而互相争执就太傻了，不仅伤了双方的和气，破坏了双方的友谊，还危害到自己的身体。正确的做法是先忍耐一下，之后再对对方晓之以理，双方平心静气地讨论问题，得出一个一致的意见。

要善于克制自己的怒气，“忍一时，风平浪静”，在别人触犯到自己的时候，忍一忍自己的怒气，不跟对方计较，事情过后你会发现，其实根本没有什么大不了的事情。

如果能在愤怒的时候及时将自己的怒气忍下去，别人都会佩服你的胸襟和气度。这样，既不伤害自己的身体，又为自己赢得了好名声，何乐而不为？

身为领导人，更要有容人的雅量，别人如有不慎触犯到自己的地方，要能够忍耐，原谅对方的过错。“宰相肚里能撑船”，说的就是这个道理。

在为官的哲学中，最关键的就是一个“忍”字。如果一个人没有宽宏的度量，没有容人的雅量，事事都争强好胜，那么他在钩心斗角、形势险恶的官场上是做不长久的。只有学会“忍”，对上级、同事、下属、百姓，都尽量包容，才能获得别人的认可，取得良好的政绩。

“无心插柳柳成荫”，如果在为官期间能够处处与人为善，不争名逐利，兢兢业业做好自己应该做的事情，最终会有好的回报。因为“群众的眼睛是雪亮的”，他们对官员的所作所为都有自己的评价。清官、好官，都会受到老百姓的拥戴。

作为官员，管理下属也是有一定的方法和技巧的。一味地苛责下属，对下属实行严厉的制裁措施，有时候并不能取得良好的效果。这个时候，不妨试试“仁治”，和善地教育对方，使对方真正认识到错误的危害性，这才能使下属从根本上发生改变。

为官，要善于替当地老百姓的利益着想。老百姓尊敬你，让你来治理这个地方，且国家又给予你丰厚的俸禄，那么你就要对得起自己所得到的一切。站在老百姓的立场上处理事情，不要贪赃枉法、中饱私囊，这样才能为自己赢得清正廉洁的好名声。

人人生来平等，奴仆与主人都享有平等的人身权利。主人平时接受了奴仆的服务，更要关心他们的生活，不能将自己看得高人一等，将奴仆的服务看作理所当然，要对他们谦和宽厚、态度真诚、一视同仁。

遇到一些高兴的事情就无法控制自己的情绪，沾沾自喜，完全沉溺于其中，因此而无视其他的一切事物，这样的人都是些目光短浅、气量狭小之人。当我们遇到高兴的事情时，要忍耐暂时的喜悦，做一个视野开阔的人。

愤怒的时候，学会忍耐，不要对人出言不逊，否则会伤害到对方，使对方感到尴尬。在愤怒的时候大骂对方，对自己又能有什么好处呢？

现实世界复杂多变，只有做出更多的妥协和退让，才能获得良好的结果。如果只为了追求一时的快意，随性而为，那么就会使自己坠入悬崖，粉身碎骨。

要培养自己的性情，遇事不慌张，要沉得住气。在遇到紧急情况的时候，只有能够做到沉着冷静地应对局势的变化发展，才能在仓促中做出正确的决策。

“谦虚使人进步，骄傲使人落后”，这个道理人尽皆知。在成长的道路上，取得一点成绩不能骄傲，而应该“百尺竿头，更进一步”。如果稍稍取得一点成绩就变得目中无人、骄傲自满，那么，最终会遭遇惨败。

多多为别人的利益着想，站在别人的立场上思考问题，从而做出有利于别人的决策，方便别人。这样，虽然自己可能会遭受一些损失，但是损失不会太大，而且还能为自己积德，使自己的人生之路更加顺畅。

在与人相处的过程中，不能事事都求胜，也不可能人人都围着自己转，因此在必要的时候，要能够承受一定的委屈。这样，虽然自己遭受了一些委屈，但是与别人的关系还能维持，为自己日后的发展提供方便。况且，现在看似遭受委屈，谁又敢说这将来不会转化成好事呢？

要成就丰功伟业的人，是不会在小事上跟别人斤斤计较的。如果一旦遭到别人的触犯，不管是大事小事，都跟别人斤斤计较，非要为自己讨个说法，那人的时间和精力就都耗费在这些并没有多大意义的事情上，又怎么可能成就伟大的事业呢？

“千里之堤，溃于蚁穴。”一些大的失误往往都是由最初的小失误引起的，在最初出现小失误的时候，因为它小而不在意，以至于后来发展得越来越大，导致不可收拾的局面。与人相争也是如此，如果起初双方都对一些小矛盾不能忍让，那么最后势必会酿成大祸。

治理国家需要官员们实行仁政，采取暴虐的统治方法是不会赢得人心的，只会导致失败。为人处世的过程中也是这样，只有友善地对待他人，和和气气地与人相处，才能赢得他人的信任和支持。

君子不畏流言，不畏小人，因为他们问心无愧，坦坦荡荡。小人就喜欢造谣中伤，加害于人。这个时候，君子是不会去理睬这一切的，他们不屑于与小人争辩，而小人也会自讨无趣。

正人君子是不会随便中伤别人，轻易泄漏别人的隐私，因为他们知道做这些事都是没有任何意义的。我们在日常生活中也要善于控制自己的语言，不要口无遮拦，想说什么就说什么，否则就会在不经意间触犯到别人的利益，使自己的形象受损。

“忍”，不能只挂在嘴边，更要善于在行动中“忍”。但是，一定要懂得这里所说的“忍”的确切含义。它并不是单纯指在遭到别人的触犯时不发作、不动怒，如果只是表面上做到了“忍”，当时没有跟别人计较，却在内心深处一直耿耿于怀，对这个仇恨念念不忘，那么，过不了几次，内心就会积聚很多仇恨，而这些仇恨是需要发泄的，因此，必然会在日后的某一时刻爆发，犹如火山喷发一样。这并不是真正的“忍”。只有做到在遭受触犯的当时，不计较此事，不把它当回事，不将之放在心上，才是真正的“忍”。

处家贵宽容

※ 原文

自古人伦贤否相杂，或父子不能皆贤，或兄弟不能皆令，或夫流荡，或妻悍暴，少有一家之中无此患者。虽圣贤亦无如何。譬如身有疮痍疣赘，虽甚可恶，不可决去，唯当宽怀处之。若人能知此理，则胸中泰然矣。古人所谓父子兄弟夫妇之间，人所难言者，如此。

※ 译文

自古以来，人类就是贤人和愚人混杂在一起的，有的是父亲和儿子不可能都成为贤人，有的是兄弟们不能都成为人才，有的是丈夫在外流离游荡，有的是妻子在家凶悍暴戾，很少有一个家庭没有这种毛病。即使是圣贤之人，对这些情况也无可奈何。这就如同身上长了疮疣，即使十分可恶，也不能将它剜掉，只能是宽大为怀，泰然处之。如果人们能够明白这层道理，那么心中就坦然了。这就是古人所说的父子、兄弟、夫妻之间，人们很难说得清楚的事。

※ 评析

凡事不能太苛求，包括每天生活在一起的家人。对于家人身上的一些缺点，要能够容忍。即使是圣人的家庭也是如此。不能因为看见配偶身上有缺点，就吵着离婚；因为看见兄弟姐妹身上有缺点，就互不相认。

我们通常都把家视为自己可以避风的港湾，自己的家再简陋、再贫穷，在我们的心中，它都是最温暖的，能给我们无尽的呵护。我们每天在外忙碌，身心劳顿、全身紧张，只有回到家中，与我们的亲人在一起，感受着无限亲情的时候，才能得到全身心的放松。

家和万事兴。所有的家庭成员之间都应该互相尊重、互相体谅、互相包容，无论每个成员有多少毛病和缺点，我们都应该看在亲情的分上，接受它。这样，一个家庭才能和睦相处，其乐融融。

忧患当明理顺受

※ 原文

人生世间，自有知识以来，即有忧患不如意事。小儿叫号，其意有不平。自幼至少，自壮至老，如意之事常少，不如意之事常多。虽大富贵之人，天下之所仰慕以为神仙，而其不如意事处，各自有之，与贫贱人无特异，所忧虑之事异耳，故谓之缺陷世界。以人生世间无足心满意者，能达此理而顺受之，则可少安矣。

※ 译文

人生在世，自从智慧产生以来，就有了忧虑和不如意的事。小孩子哭叫，就是因为感到不如意。从幼年到少年，从壮年到老年，如意的事情总是很少，不如意的事情总是很多。即使是大富大贵的人，世上人都仰慕他们，觉得他们活得像神仙一样快乐，但是他们也同样有不如意的事，与贫贱的人没什么两样，只不过是所忧虑的事情不同罢了。所以说，世界是一个有缺陷的世界。明白人生在世不可能心满意足的人，能够理解这个道理并且坦然接受它，就可以稍微心安了。

※ 评析

人生不如意事十之八九，没有人会事事如意。穷人有穷人的烦恼，富人同样有富人的烦恼。如果事事都想求得完美，那就是在自寻烦恼。

俗话说，“知足者常乐”。这个世界本身就是一个存在着缺陷的世界，它能向人们提供的客观条件是有限的，不可能满足所有人的欲望。因此，人们产生种种不满都是很正常的事，包括对自己的不满、对他人的不满、对现实的不满，等等。

培养自己豁达的心态，万事随缘，不过分苛求，不斤斤计较，善于忍耐不满，就可以使自己达到一种超脱的人生境界。

同居相处贵宽

※ 原文

同居之人有不贤者，非理以相扰，若间或一再，尚可与辨；至于百无一是，且朝夕以此相临，极为难处。同乡及同官，亦或有此，当宽其怀抱，以无可奈何处之。

※ 译文

同住在一起的有不贤良的人，他们不讲道理，骚扰你，倘若只是偶尔的一两次，还可以与他辩一辩；至于那些百无是处，而且早晚来侵扰你的人，是很难与之相处的。同乡或者同事当中，也会有这种人，应当放宽自己胸怀，以无可奈何来对待他。

※ 评析

要实现中华民族的伟大复兴，需要真正的贤士作为中坚力量，而真正的贤士是能够忍耐，有宽大的胸怀和度量，不与小人斤斤计较的人。

这样的贤士即使面对那些不贤良的人骚扰，也会置之不理，不将这些毫无意义的事情记挂在心上，而是专注于做自己应该做的事情。至于那些喜欢骚扰别人的人，最终也会自讨没趣。

在人际交往中，一个人的品质、气度并不会轻易被他所处的社会环境所改变。因此，无论何时何地，我们都应该不断地加强自身修养，不断地磨砺自己，树立伟大而崇高的理想，培养坚忍不拔的品格以及虚怀若谷的胸怀，不为蝇头小利而苟且偷生，这样才能成为受欢迎的人。

亲戚不可失欢

※ 原文

骨肉之失欢，有本于至微，而终至于不可解者。有能先下气，则彼此酬复，遂好平时矣。宜深思之。

※ 译文

亲人之间失去关爱，有的只是由很小的事情引起的，却最终导致了难以解决的矛盾。如果其中一方能首先做到忍耐让步，相互往来，就可以像原先一样友好。这个道理应该认真思考呀！

※ 评析

亲人之间由浓浓的血缘关系联系在一起，俗话说，“血浓于水”，亲情比之友情、爱情，显得更加珍贵。因此，我们更应该用心去对待这份珍贵的感情，用心经营、呵护它，怎能随随便便因为一些小事就放弃这份感情呢？

没有什么矛盾是化解不了的，更何况是亲人之间的矛盾。只要大家都互相忍让一下，做到互敬互爱，又怎么会发生一些不愉快的事情呢？如果双方都争强好胜，非要争个你长我短，那么，估计没有一个家族是完整的，更不会有历史上张公艺等家族九世同居的佳话了。

即使家族成员之间已经产生不和，只要有一方能够主动站出来化解双方之间的尴尬，与对方言和，那么他们还是相亲相爱的一家人，这个家族还是一个令人羡慕的和睦友善的家族。

待卑仆当宽恕

※ 原文

奴仆小人就役于人者，天资多愚，且宽以处之，多其教诲，省其嗔怒可也。

※ 译文

仆人之类的人之所以被别人差遣，那是因为他们天资就很愚笨，因此对待他们这类人要宽厚一些，多教导他们，少对他们发脾气。

※ 评析

在古人看来，人是有等级之分的，可以分为十等，其中低贱的人就应该侍奉高贵的人。但是，尽管这些人地位低下，身份卑微，他们也都是父母所生，都是有血有肉的生命，在他们犯了错误的时候，怎能不对他们宽厚一些呢？

即使人类社会分为不同的阶层，每个人都有不同的社会地位，但是所有人都是平等的。有些富人在接受仆人为自己服务的时候，总认为这是理所当然的事情，因此，对仆人颐指气使、呼来喝去，一点都不尊重仆人的人格。这些富人真是为富不仁，没有修养。

真正具有高尚品德的人，他们总是对所有的人都一视同仁，既不去巴结讨好权贵，也不会不尊重仆人的人格。这样的人，能够做到态度真诚、谦和宽厚地对待每一个人。我们在为人处世中，也应该做到礼贤下士，同时不巴结权贵，堂堂正正地做人，这样才能得到别人的认可，受到别人的尊重。

事贵能忍耐

※ 原文

以能忍，事易以习熟终。至于人以非理相加不可忍者，亦处之如常。不能忍，事亦易以习熟终。至于睚眦之怨深不足较者，亦至交詈争讼，期以取胜而后已，不知其所失甚多。人能有定见，不为客气所使，则身心岂不大安宁？

《萧朝散家法》曰：“常持忍字免灾殃。”

※ 译文

如果能够忍让，事情就容易做好。对于那些不讲道理而让人无法容忍的人，也应该以对待平常人的态度与他相处。这样，不能忍让的事情也能做成。至于一些不足以与之计较的小小怨恨，引起相互辱骂甚至到官府打官司，期望获胜才肯罢休，但却不知道也会因此失去很多。人如果有坚定的见解，不被怒气所驱使，那么身心不就很安宁了吗？

《萧朝散家法》中说：“经常抱持一个‘忍’字，能够免除灾祸。”

※ 评析

世上总有一些人蛮不讲理，令人痛恨。但是有更多的人都是因为在遇到蛮不讲理的人时无法克制自己心中的怒火，与对方大动干戈，甚至对簿公堂，以至于使自己无论在物质上还是精神上都遭受一定的损失。这又是何苦呢？

我们在遇到这样的事情时，应该学会用平常心去看待，不必与对方斤斤计较，能忍则忍，事情很容易就过去了，也不至于最终把双方的关系搞僵，使双方都遭受损失。

领悟“忍”的精要，学会运用“大事化小，小事化了”的糊涂策略行事，就能给自己开辟一个有效解决问题的通道。这种策略并不是妥协退让，更不是软弱的表现，而是一种正确的做事方法。

王龙舒劝诫

※ 原文

喜怒、好恶、嗜欲，皆情也。养情为恶，纵情为贼，折情为善，灭情为圣。甘其饮食，美其衣服，大其居处，若此之类，是谓养情；饮食若流，衣服尽饰，居处无厌，是谓纵情。犯之不授，触之不怒，伤之不忍，过事甚喜。

张文定公曰：“谨言浑不畏，忍事又何妨？”

孔旻曰：“盛怒剧炎热，焚和徒自伤。触来勿与竞，事过心清凉。”

山谷诗曰：“无人照此心，忍垢待濯盥。”

东莱吕先生诗云：“忍穷有味知诗进，处事无心觉累轻。”

陆放翁诗云：“忿欲至前能小忍，人人心内期有颐。”

又曰：“殴攘虽快心，少忍理则长。”

又曰：“小忍便无事，力行方有功。”

省心子曰：“诚无悔，恕无怨，和无仇，忍无辱。”

释迦佛初在山中修行，时国王出猎，问兽所在。若实告之则害兽，不实告之则妄语，沉吟未对。国王怒，斫去一臂。又问，亦沉吟，又斫去一臂。乃发愿云：“我作佛时，先度此人，不使天下人效彼为恶。”存心如此，安得不为佛！后出世果成佛，先度憍陈如者，乃当时国王也。

佛曰：“我得无净三昧，最为人中第一。”又曰：“六度万行，忍为第一。”

《涅槃经》云：“昔有一人，赞佛为大福德。相闻者乃大怒，曰：‘生才七日，母便命中，何者为大福德？’相赞者曰：‘年志俱盛而不卒，暴打而不瞋，骂亦不报，非大福德相乎？’怒者心服。”

《人趣经》云：“人为端正，颜色洁白，姿容第一，从忍辱中来。”

《朝天忏》曰：“为人富贵昌炽者，从忍辱中来。”

紫虚元君曰："饶、饶、饶，万祸千灾一旦消，忍、忍、忍，债主冤家从此尽。"

赤松子诫曰："忍则无辱。"

许真君曰："忍难忍事，顺自强人。"

孙真人曰："忍则百恶自灭，省则祸不及身。"

超然居士曰："逆境当顺受。"

谚曰："忍事敌灾星。"

谚曰："凡事得忍且忍，饶人不是痴汉，痴汉不会饶人。"

谚曰："得忍且忍，得戒且戒。不忍不戒，小事成大。"

谚曰："不哑不聋，不做大家翁。"

谚曰："刀疮易受，恶语难消。"

少陵诗曰："忍过事堪者。"此皆切于事理，为此大法，非空言也。

《莫争打》诗曰："时闲愤怒便引拳，招引官方在眼前。下狱戴枷遭责罚，更须枉费几文钱。"

《误触人脚》诗曰："触了行人脚后跟，告言得罪我当烹。此方引慝丘山重，彼却厚情羽发轻。"

《莫应对》诗曰："人来骂我逞无明，我若还他便斗争。听似不闻休应对，一支莲在火中生。"

杜牧之《题乌江庙诗》："胜负兵家不可期，包羞忍辱是男儿。江东子弟多豪俊，卷土重来未可知。"

《诫断指诗》曰："冤屈休断指，断了终身耻。忍耐一些时，过后思之喜。"

何提刑《戒争地诗》："他侵我界是无良，我与他争未是长。布施与他三尺地，休夸谁弱又谁强。"

※ 译文

高兴与愤怒、爱好与厌恶、嗜好与欲望，这些都是人的情感。培养这些情欲是恶，放纵这些情欲是贼，控制这些情欲是善，断绝这些情欲则是圣。在饮食上要求味道可口，在服饰上要求式样华美，在住房上要求宽敞明亮，诸如这些，就是所谓的培养情欲；饮食花费就像流水一样，衣服装饰极其华丽，住房的讲究没有休止，就是所谓的放纵情欲。别人冒犯了自己却不跟人计较，别人触犯了自己却不对人发怒，别人伤害了自己却不报复别人，等事情过去了，就会有很多好处。

文定公张方平说："言语小心谨慎就没什么可怕的，某些事情上忍耐一下又有什么妨碍呢？"

孔旻说："大发雷霆就像炽热的焰火一样，焚烧掉了和气，只能自我伤害。别人冒犯了自己，不要与对方争斗，等事情过后，心情自然就会清凉。”

黄庭坚的诗中说道：“没有人能够理解我的心思，忍耐污点之后有待于清洗。”

吕本中先生的诗中说：“忍受贫穷很有趣味，可以促进诗作的进步；处理事情的时候不斤斤计较，就会觉得负担比较轻。”

陆游在诗中说：“在怒气以及欲望产生以前，如果能稍稍忍耐一下，那么人人心中都期望能够有美好的事情发生。”

陆游又说：“打斗虽然能够求得一时的痛快，但是如果稍稍忍耐一下，那么就会更有道理。”

陆游还说：“稍稍忍让一下就会没事，尽力做事情才会有一定的效果。”

省心子说：“诚实就不会后悔，宽恕就不会被怨恨，和和气气就不会产生仇恨，忍让就不会被侮辱。”

释迦牟尼起初在山中修行，当时国王要外出打猎，就问释迦牟尼哪里有野兽。释迦牟尼认为，如果对国王说实话，那么就会危害野兽，如果不对国王说实话，那么就是在撒谎，所以释迦牟尼沉吟了片刻，没有回答国王的问话。国王非常生气，砍去释迦牟尼的一只手臂。国王再一次问他，他还是沉吟没回答，国王又砍去了他的一只手臂。于是，释迦牟尼发誓说：“我成了佛之后，首先超度这个人，不让世人学习他做坏事。”释迦牟尼有了这样的想法，怎么能成不了佛呢！后来释迦牟尼果然出世成佛了，他首先超度的那个人憍陈如，就是当时的国王。

释迦牟尼说：“我领悟了‘不争’的真谛，可算作是天下第一了。”他还说：“六种超度方法和万种修行方法中，以忍让为第一。”

《涅槃经》中记载：“从前有一个人，称赞佛是有大福大德的人。听到此话的人就很生气，说：‘出生才七天的时候，母亲便去世了，怎么能称得上有大福大德呢？’称赞的人却说：‘年龄和心智都发展到了鼎盛的时期却没有死去，挨了毒打却没有发怒，挨了骂也不还嘴，这难道还不是大福大德吗？’生气的那个人心服了。”

《人趣经》说：“为人品行端正，颜面气色干净洁白，姿态容貌非常优秀，这些都是从忍让中获得的。”

《朝天忏》说：“人之所以富有高贵，非常昌盛，是从忍让中得来的。”

紫虚元君说：“饶恕饶恕再饶恕，所有的灾祸就会一下消失；忍让忍让再忍让，债主以及冤家从此就都没有了。”

赤松子告诫说：“能够忍让就不会受到侮辱。”

许真君说：“忍受难以忍受的事情，顺从自强不息的人。”

孙真人说：“忍让，那么所有的坏事就会自行消失；反省，那么灾祸就不会发生在自己身上。”

超然居士说："当人处于逆境中时，应当顺其自然来忍受。"

谚语说："忍让事情就能够对付灾祸。"

谚语说："任何事情，该忍让的时候就要忍让，宽恕别人的人并不是愚笨的人，愚笨的人是不会宽恕别人的。"

谚语说："该忍让的时候就忍让，该克制的时候就克制。既不忍让又不克制，小事就会变成大事。"

谚语说："做不到装聋作哑的人，就成不了大家庭的主人。"

谚语说："被刀所伤容易忍受，但是被恶语所伤就难以消解了。"

杜甫的诗中说："忍让一下，事情过去了就好了。"这都是非常符合道理的，以此作为行为的准则，并不是空话。

《莫争打》这首诗中说："闲暇时，一旦生气就拳脚相加，因此把官府的人招来进行管制。入狱后戴上手铐枷锁，并被责打惩罚，还要花费冤枉钱。"

《误触人脚》诗中说："触碰到了行人的脚后跟，于是就跟对方说'得罪了，我真是该死'。这个方法，把自己的罪过夸大地重如大山，这样对方就会原谅你，对你的责怪轻如鸿毛。"

《莫应对》诗中说："别人来骂我，则显示出了他的不明事理，我如果还嘴就会引发争斗。听到了却假装没听到，不做回应，这样，一朵吉祥的莲花就会在烈火中生长。"

杜牧的《题乌江庙诗》中说："军队作战，胜利与否是不可期待的，能够忍受羞辱的人才称得上是真正的男子汉。江东子弟当中有很多豪杰俊士，卷土重来也说不定。"

《诫断指诗》中说："受了冤屈的时候，千万不要砍断手指，如果砍断了手指，将是一生的耻辱。忍耐一段时间，事情过去之后，再回想起来就会高兴了。"

何提刑在《戒争地诗》中说："别人侵占了我的地界，这的确是不好，但是我要是跟他相争也不是好办法。干脆施舍给他三尺地，不要比较到底是谁弱谁强。"

※ 评析

贪图奢侈安逸的生活，就会使我们的斗志渐渐消磨掉，不思进取，使我们整个人生的发展停滞不前。生活太奢侈、铺张浪费成性，最终会导致家业破败。只有勤俭持家、开源节流、兢兢业业才是正确的做法，才能实现家业兴旺。

白玉破损尚可以通过磨砺进行必要的修复，但失当的言语，就像泼出去的水一样，无法收回，无法补救。"一言既出，驷马难追。"在说每一句话之前，都要根据当时的具体环境、具体对象，通过思考，仔细斟酌一下是否合适。如果不经过思考，想说什么就说什么，那么，就很容易言语失当，造成不必要的麻烦。

在平常的社会生活中，遭受别人的欺负、侮辱，这些都是难以避免的事情。此时，我们要善于忍耐，克制住自己的愤怒，如果任凭怒火燃烧，那么，火势就会有越来越旺的趋势，最终会将自己心中的和气烧掉，从而使自己受到伤害。如果能够宽容一些，不和对方计较，以坦然的心态来面对所发生的一切，那么，事情终将过去，怒火终将平息，心情终将平静。

我们在日常的为人处世中，要善于忍耐怒火，忍受别人对我们的触犯，这是必要的。但是，我们在忍耐“污垢”之后，更要及时对之进行清洗。不能只是单纯地忍受一切，这是肤浅的，而是要从中吸取教训，重新审视自己的行为，发现存在的问题并加以改正，真正将自己身上的“污垢”清除掉。

上天经常借助“贫穷”来检验谁是更有志气的人。在贫穷的处境中还能安贫乐道，做自己该做的事，笑对人生，这才是君子的做法。我们应该努力使自己做到“人穷志坚”，积极主动地创造属于自己的财富，以此来改变自己的命运。因为贫穷而走上偷窃的道路，或是向人乞讨，这些做法都是很愚蠢的。

“以信待人，不信思信；不信待人，信思不信。”我们应当主动培养自己诚信的品格，用诚信对待他人，这样，即使原来不信任自己的人也会相信自己。诚实守信是一个人立身的根本，是一个国家赢得民心的基础。因此，在日常生活中，我们要表现出诚实守信的高尚品质，加强自身的修养，赢得别人的支持和信任，为自己日后的成功打下基础。

善有善报，恶有恶报，作恶多端，必遭天谴。人生在世应该一心向善，积善积德，这样才会得到好的报应，一生平安。“人之初，性本善”，那些为恶之人，也都是在后天的成长过程中，处于险恶的环境下，没有受到良好的教育，或是受到某些不良因素的刺激才走上错误的道路的。

“忍得苦中苦，方为人上人。”只有经历磨难，在磨难中锻炼自己的心志，磨炼自己的心性，并且最终忍受各种苦难而生存下来的人，才能在日后获得成功。苦难并不一定就是坏事，如果一生都生活在舒适安逸的环境中，那么通常会碌碌无为，平庸至极。相反，在苦难中，个人的危机意识得到了加强，思考问题的方式更加成熟，才更有助于个人成就伟业。

装聋作哑、装糊涂，其实是一种高明的行动策略，他更能体现出一个人的智慧。我们也应该学会“糊涂为人”，以顺应事物的发展规律，做出更加符合实际的判断。如果我们能够把握难得糊涂的真谛，并且灵活处事，就可以减轻压力，使我们的生活变得更加轻松。

碰到别人的脚后跟，主动向对方说声“对不起”，就可以化解对方的怒火，使事情得到圆满的解决。这在今天看来，也是一种出于礼貌的表现，但是，其精髓也在一个“忍”字。忍耐自己的性情，不跟对方发生争执，主动将责任揽到自己身上，不仅有利于事情的处理，更让人佩服你的气量。

[元]许名奎　著

原序

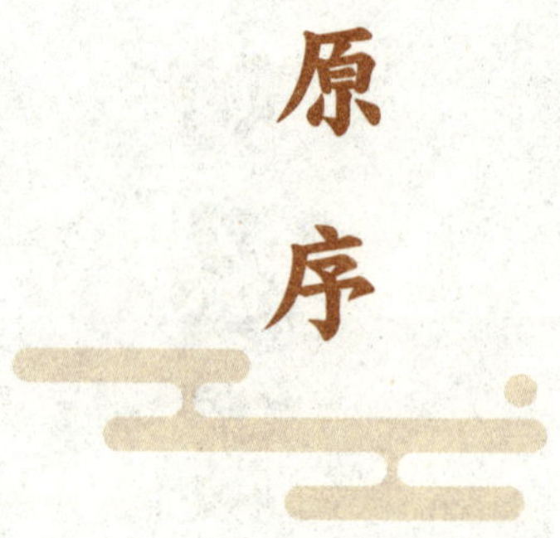

予读唐史，见高宗幸张公艺家，问其九世不分之状，书忍字百余以对，于是兴感。嗟呼，人为血气所使，至于凶于而身害于而家何限？昔成王之命君陈曰：“必有忍其乃有济，有容德乃大。”孔子曰：“小不忍则乱大谋。”叔孙豹之慨季孙，其御者曰：“鲁以相忍为国。”赵襄子曰：“以能忍耻庶无害。”赵宗平驭吏醉污丞相车茵当斥，丙吉曰：“西曹第忍之。”柳玭《家训》曰：“肥家以忍顺。”杜牧之《遣兴诗》曰：“忍过事堪喜。”司空图曰：“忍字敌灾星。”《说苑丛谈》云：“能忍耻者安，能忍辱者存。”吕存仁亦云：“忍诟二字，古之格言，学者可以详思而致力。”然则忍之一字，自宰相至于士庶，人皆当以此为药石。予自壮至老，以贱且贫，故受辱于人屡矣。复思前哲有“德量自隐忍中大”之语，益自勉励，逆来顺受，不与物竞，因作《劝忍百箴》，愿与天下共之。每箴皆事为之句，入经出史，各有考据。公卿大夫四民十等，家置一本，朝夕看阅，亦足少补德量之万一，毋忽幸甚！

时至大三年良月吉旦四明梓碧
山人许名奎叙

言之忍第一

※ 原文

恂恂便便，侃侃訚訚，忠信笃敬，盍书诸绅。讷为君子，寡为吉人。

乱之所生也，则言语以为阶；口三五之门，祸由此来。

《书》有起羞之戒，《诗》有出言之悔，天有卷舌之星，人有缄口之铭。

白珪之玷尚可磨，斯言之玷不可为。齿颊一动，千驷莫追。噫，可不忍欤！

※ 译文

诚实不欺、说话明白流畅、刚强正直、和颜悦色、说话直爽、尽心竭力、忠厚严肃、始终如一，这是《论语》记述孔子有关说话的准则。孔子的学生子张非常信服孔子的话，特地把它写在衣带的下摆，常常看到它，使内心受到警诫。孔子还要求君子言语要谨慎，出言不慎会招致灾祸，所以古人把言语少的人称作“吉人”或“君子”。

祸乱之所以滋生，是由言语引起的；口是用来记载日、月、星三辰，宣扬金、木、水、火、土五行的，很多灾祸都是由于言语太多引起的。

《尚书》上说：言语出自于口，如果不合礼仪，就会招致羞辱；《诗经》告诫人们说话要小心谨慎，如果话不恰当，一出口就会感到后悔。所以天上有专管人间言语的卷舌星，世间有劝人说话要小心谨慎的箴言。

白玉如果有什么缺损，还可以通过打磨使其完美，而人的言语有了失误，则难以补救。嘴一动，话就说出去了，千匹马都难以追回。啊，祸从口出，说话怎能不学会忍耐呢！

※ 事例

明太祖朱元璋出身贫寒，因此，小时候就是与一帮穷哥们在一起玩耍。到他做了皇帝之后，那些昔日的穷哥们就自然少不了要到京城来找他。他们总是在想，自己与朱元璋是从小一起玩大的，朱元璋怎么也得念在昔日的情分上，给他们封个一官半职吧。但是他们万万没有想到的是，朱元璋现在身为一国之君，最忌讳的就是别人揭他的老底，因为这样会有损于皇上的威信。

有位跟朱元璋从小一起长大的好友，千里迢迢从老家凤阳赶到南京找朱元璋，费了好大的周折，总算进了皇宫。一见到朱元璋，这位老兄便不顾周围还站着众多的文臣武将，冲着朱元璋大叫大嚷起来：“哎呀，朱老四，如今你当了皇帝，可真是威风啊！你还认识我吗？当年我俩可是一块儿玩耍啊，而且，你那时干了坏事，总是让我替你挨打。记得有一次，我俩一块儿去偷豆子吃，背着大人的面，用破瓦罐煮豆子。豆子还没煮熟呢，你就先抢了吃，结果把瓦罐都打烂了，豆子撒了一地。你当时吃得太急了，豆子都卡在嗓子眼儿里了，还是我帮你弄出来的。怎么，你不记得啦！”

这位老兄还在那继续喋喋不休地唠叨个没完，而宝座上的朱元璋却再也坐不住了。在朱元璋看来，这个人也太不知趣了，居然当着文武百官的面揭自己的短处，而且自己现在是皇帝了，他这样说，让自己的脸往哪儿搁？盛怒之下，朱元璋下令将这个儿时的好友杀了。

这位老兄就是说话不分场合，不注意听者的身份，随心所欲地说话，口无遮拦，结果将自己一步步推向了死亡的边缘。

气之忍第二

※ 原文

燥万物者，莫熯乎火；挠万物者，莫疾乎风。风与火值，扇炎起凶。

气动其心，亦蹶亦趋，为风为大，如鞲鼓炉。养之则成君子，暴之则成匹夫。

一朝之忿，忘其身以及其亲，非惑欤？

噫，可不忍欤！

※ 译文

在所有能干燥万物的东西中，没有比火的温度更高了；在所有能搅动万物的东西中，没有比风的速度更快了。当风与火相遇时，二者互相促进，就能引起难以预料的灾祸。

气可以触动人的心志，既可以使人跌倒，又可以使人快走。人如果要损害浩然之气，那么它就会伤害人的心志，就如同用皮囊向火炉鼓风一样，越鼓火势越旺。如果能培养这种浩然正气，把它与道义相结合，行动就合乎礼仪，这就是君子；如果不培养它，行为就会粗暴，这就是匹夫。

《论语》载，孔子在回答樊迟关于如何辨惑时说：“如果因一时的愤怒，就将自己及亲人置之脑后，这难道不是糊涂吗？”

啊！为人处世能不学会忍耐吗！

※ 事例

崇祯十六年，战功显赫的吴三桂接到崇祯帝的圣旨，要他迅速出关。因此，他不得不与正相处得如胶似漆的爱妾陈圆圆挥泪惜别。在他走后不久，其爱妾陈圆圆便落入农民军首领李自成之手，这是吴三桂所不能容忍的。

想到国仇家恨，吴三桂再也按捺不住对李自成领导的农民军的极端仇恨。因此，他怀着满腔愤怒，对李自成已占领的山海关发起袭击，并取得胜利。之后，李自成的军队又有多次败在了吴三桂手下。屡战屡败的李自成对吴三桂恨之入骨，杀掉了吴三桂全家三十余口人。

全家被杀，吴三桂悲痛欲绝，泣不成声，举哀兵穷追不舍，在西山、定州两败李自成农民军。

正在吴三桂准备回京师迎接太子入继大位、复辟明朝之际，接到了曾在山海关结盟的多尔衮传来的檄文，要求他继续西追李自成。不久之后，多尔衮又擅自背弃山海关之盟。

此时的吴三桂已经无可奈何。在几次与李自成的战役中，他自己的军队已经消耗过大，要想以这微弱兵力驱逐多尔衮率领的清军，重建明室，无异于以卵击石，再加上他得知陈圆圆尚在李自成军中，因此，吴三桂决定暂时与清军妥协，引兵西追李自成。

就在他们缓缓西进的时候，吴三桂的部将胡国柱找到了陈圆圆，因此，吴三桂便开始与陈圆圆畅饮聚首，百事不问，驻兵不进，并且与部下商量班师回京的事。多尔衮在北京听说吴三桂久驻山西，且有回北京的动议，大为惊怒。于是，他急忙一面令阿济格等加强监视，使其不敢轻举妄动，一面赐封吴三桂为平西王，并派洪承畴奉旨携冠服金帛，前去犒劳吴军。

吴三桂为了保全身家性命及部将利益，终于投降了清朝。后来被多尔衮命令率其军队离开京师，出征锦州。

吴三桂一生从成到败，轨迹复杂。但是关键的一点便是他为了红颜而怒，失去了理智，失去了分辨力，所以反戈一击，尽管暂时得到了些许利益，但又产生了新的问题，不得不去做出一些出人意料的人生抉择。

色之忍第三

※ 原文

桀之亡，以妺喜；幽之灭，以褒姒。

晋之乱，以骊姬；吴之祸，以西施。

汉成溺，以飞燕，披香有“祸水”之讥。

唐祚中绝于昭仪，天宝召寇于贵妃。

陈侯宣淫于夏氏之室，宋督目逆于孔父之妻，败国亡家之事，常与女色以相随。

伐性斤斧，皓齿蛾眉；毒药猛兽，越女齐姬。枚生此言，可为世师。噫，可不忍欤！

※ 译文

夏朝之所以灭亡，是因为其国君桀宠爱美女妺喜；周幽王之所以灭亡，是因为他宠爱褒姒。

春秋时，晋国之所以五世大乱，都是由骊姬蛊惑挑拨晋献公造成的；吴国之所以遭遇亡国之祸，是因为吴王宠幸西施。

汉成帝沉溺于美女赵飞燕的温柔乡中不能自拔，因此披香博士大骂赵飞燕姐妹是祸水。

唐朝的帝位延续在武则天时中断；天宝年间的安史之乱也是由于唐玄宗宠爱杨贵妃而引起的。

《左传》载，宣公九年，陈灵公与夏姬公开淫乱，终于惹下杀头之罪；鲁桓公元年，宋太宰华父督因在路上盯着孔父嘉的妻子看，终于惨遭杀身之祸。所以说这些国破家亡的事，大多是由贪图女色引起的。

西汉的枚乘在《七发》中，将拥有皓齿蛾眉的美女比作砍伐性命的利斧；又说越女齐姬，就像毒药与猛兽。枚乘的这段话，可以作为后世的警言。啊！面对美色，难道不能忍住自己的欲念吗？

※ 事例

夏全本来是南宋叛将李全的部下，但是总想着发展自己的势力，以称雄一方。公元 1226 年，李全被蒙古军队围困在青州，南宋朝廷于是任命刘琸为淮东制置使，派遣他去接管李全在老巢楚州的军队。夏全得知此事后，便自告奋勇地也带着自己的军队赶来了。刘琸见状，于是命令夏全陈兵楚州城下。

李全的妻子杨氏，年轻貌美，风流妩媚，但又狡诈多谋。当时她身在楚州，见形势异常严峻，连忙派人去找夏全，并告诉他：“李全如果被消灭了，夏氏还能独自存在吗？请将军三思。”夏全闻之，果然心有所动。

进城后，夏全便前往李全的兵营。杨氏见夏全来了，盛装出迎，并领着他巡视诸营，然后对夏全说：“现在，到处都在沸沸扬扬地传说李全已死。我一个妇道人家，又怎能统兵打仗呢？思前想后，还是决定把军队、粮仓、钱财、子女连同我自己，一同托付给将军您。还望将军用心照顾，就别再惦记着与官军联合了。”说罢，设宴摆酒，将夏全灌得迷迷糊糊的，到第二天醒来的时候，已经同杨氏睡在一张床上了。

夏全如今没费吹灰之力，便获得了李全用半辈子的时间打下的疆土、军队，甚至还有妻子儿女，一时得意万分，于是昔日仇怨顿消，转而与李全的哥哥李福一起商量如何对付官军。

而此时的刘琸虽已进驻州府，手下也还有一点军队，但是全无决断。当他听说夏全倒戈叛乱，率领军队包围了州府衙门，而且还焚烧官民宅第，抢掠官仓财物的时候，竟然毫无主见，只身逃出城去了。官军势单力薄，被叛军杀死一半多，而且大批的武器粮草都落到了叛军手里。

官军败走，楚州便成了夏全的天下。夏全还自以为楚州城已经属于自己了，很洋洋得意。不料，当他率部追赶逃走的刘琸，在黄昏时分返回楚州城的时候，只见城门紧闭，杨氏拒绝让他进入。直到这时，夏全才知道自己上了当，只好孤零零地投奔金军去。

杨氏在兵临城下的紧要关头，施用美人计，离间敌手，借助夏全的力量，赶走了官军，从而保存了实力。夏全被美色所迷惑，最终只能是乘兴而来，败兴而去。

酒之忍第四

※ 原文

禹恶旨酒，仪狄见疏。周诰刚制，群饮必诛。

窟室夜饮，杀郑大夫。勿夸鲸吸，甘为酒徒。

布烂覆瓿，箴规凛然；糟肉堪久，狂夫之言。

司马受阳谷之爱，适以为害；灌夫骂田蚡之坐，自贻其祸。噫，可不忍欤！

※ 译文

《史记·禹本记》记载，禹喝了仪狄做的酒，认为很甜，说："后世必有因酒亡国的人。"于是就疏远了善于酿酒的仪狄，并戒美酒。《尚书·酒诰》记载，周成王告诫康叔说："你要严格控制饮酒，如果有人向你告发集体饮酒，你不要让他们逃脱，应全部捕到都城中，我要全部问斩。"

《左传》记载，襄公三十年，郑国伯嗜酒如命，在地窖里日夜饮酒，后来被驷氏打死。唐朝李适之，在玄宗时任左相，喝酒就像鲸吞吸百川水一样。所以，人不要自夸有鲸鱼吞水的海量而甘当酒鬼，以免惹祸或误事。

晋朝王导以盖酒坛的布时间长了会腐烂来劝说迷恋美酒的孔群戒酒，这是箴言；孔群却以酒糟腌的肉保存时间会更长久来拒绝王导的劝说，这是狂夫之言。

《左传》记载，成公十六年，楚恭王和晋厉公在鄢陵打仗，楚司马子反因喝了佣人谷阳好心敬献的美酒而醉卧不起，贻误军情，招致斩首。西汉的灌夫因饮酒过量，在丞相田蚡的婚礼上醉酒大骂田蚡，结果招致杀身之祸，连营救他的窦婴也一同被杀害。唉！酒能误事招祸，害身杀身，面对酒的诱惑，能不忍耐吗？

※ 事例

陈后主名叔宝，字元秀，为宣帝的嫡长子，于太建元年被立为皇太子。太建十四年正月甲寅，宣帝驾崩，三天后，陈后主便在太极前殿即位。

由于陈后主认为当时国家局面比较稳定，便变得日益骄纵，不思进取，整日沉浸在酒色之中，对朝政不理不问。

后来的隋文帝杨坚见此状况，对仆射高颎说："我身为百姓父母，岂能限于一衣带水而不加拯救？"于是便命令工匠大造战船。后来又听说陈后主接纳了西梁的萧岩等人，杨坚更加气愤，于是任命晋王杨广为元帅，督师八十位总管进行讨伐。他还写了玺书送到陈朝，揭露陈后主的二十项罪名；又写了三十万张诏书，将之分传到江南各地。

诸军南下，江滨镇戍都相继报告。但是机密大权被新任命的湘州刺史施文庆和中书舍人沈客卿二人掌握，他们对于这样的报告都压下不上奏。

此前，陈后主曾命令沿江边守的舰船都返回都城，用来向归附的梁人显示威风，因此江中没有一艘作战船只，再加上上流各州的兵马都被杨素大军所阻拦，不能东下，只有十余万都城士兵可用。陈后主听到隋军渡江的消息，说："王气在此，齐兵来了三次，周兵也来了两次，无不被我军挫败。如今隋军若来，必定自取灭亡。"于是，他依旧沉迷于声色美酒之中。

三年春正月初一，大雾弥漫，陈后主一直睡到该吃午饭的时候才起床。而就在这一天，隋将贺若弼从广陵渡江，攻下了京口，韩擒虎自横江渡江，顺利攻克了采石，进而攻下姑孰，沿江戍守者皆望风而逃。贺若弼后又切断通往曲阿的要道，攻入曲阿城。采石戍主徐子建到京城告急。很快，韩擒虎就率兵抵达石子冈，镇东大将军任忠投降，并引导韩擒虎由朱雀航到达宫城。城内文武百官见状都纷纷逃了出来，只有尚书仆射原宪、后阁舍人夏侯公韵还侍奉在陈后主的身边。

无奈之中，陈后主躲到了井中。当隋军士兵用绳子将陈后主从井中拉出来的时候，才发现原来还有张贵妃、孔贵嫔在井中。

三月，陈后主由王公百官随同，从建邺出发，到达长安。隋文帝宽赦了他，并给了他丰厚的赏赐，还给他三品官员的身份。即使这样，监守陈后主的官员仍然向隋文帝报告说："叔宝请求能有一品官的名号。"隋文帝非常生气地说："叔宝全无心肝！"监守官员又说："叔宝常沉醉，很少有醒的时候。"隋文帝想让人限制陈后主的饮酒，但转念一想，又说："任其性，不然，何以度日。"不久，隋文帝向监守官员询问叔宝的嗜好。回答说："嗜酒。""饮酒多少？"回答说："与弟子们一天能吃一石。"这让隋文帝大吃一惊，感叹道："此人败亡难道不是因为酒吗？当贺若弼渡江到达京口时，曾有人写密信向宫中告急，叔宝只因贪酒而未拆阅。直到高颎进到宫中时，那封密信还原封不动地放在床下，真是可笑。这大概是天要亡陈国吧！"

陈后主整日沉醉于酒色之中，嗜酒成性，甚至因此而耽误了国家大事，最终导致国家的败亡，让人感到痛惜而又可恨。

声之忍第五

※ 原文

恶声不听，清矣伯夷；郑声之放，圣矣仲尼。

文侯不好古乐，而好郑卫；明皇不好秦琴，乃取羯鼓以解秽。虽二君之皆然，终贻笑于后世。

霓裳羽衣之舞，玉树后庭之曲，匪乐实悲，匪笑实哭。

身享富贵，无所用心；买妓教歌，日费万金；妖曲未终，死期已临。噫，可不忍欤！

※ 译文

孟子说，伯夷从来不听败坏人心性的声音，被赞颂为圣人中最清高的人；《论语》记载，孔子回答颜渊的问话时，建议舍弃郑国纵情的靡靡之音，以更好地治理国家。

《礼记·禾记》记载，魏文侯不喜欢古典雅乐，偏偏喜欢郑国和卫国的粗俗音乐；唐明皇不喜欢奏琴，反而喜欢外族传入的羯鼓来排解心中的郁闷。他们二人都喜欢世俗粗俗的音乐，成为后人讥笑的对象。

《天宝遗事》记载，唐明皇创作了《霓裳羽衣曲》这样的音乐，结果疏于朝政，导致安史之乱；而《玉树后庭花》这样的歌曲，使得陈后主朝政松懈，导致亡国。这两位君主沉醉于歌舞中时是快乐的，但国破家亡时，快乐就变成了悲哀，当初的欢笑就化为了哭泣。

晋朝的石崇，身为权贵，挥金如土，沉溺于声色犬马中，买来女子教她们唱歌跳舞，挥霍无度，结果惹来杀身之祸，且殃及父兄妻儿，这正是“妖曲未终，死期已临”。唉！扰乱人心的声音如此祸国殃民，怎么能不拒绝它的诱惑呢？

※ 事例

据史书记载，唐朝杨贵妃杨玉环不仅有出众的容貌，而且还具有高超的音乐舞蹈艺术修养，是一位“善歌舞，通音律”的女子。而唐玄宗也多才多艺，从小就在深宫中与乐工为伴，长大后“万知音律”。尤其是在作曲方面，他可以随心所欲地即事谱曲，甚至比一般的乐工还要技高一筹。他还会弹奏多种乐器，尤其精通羯鼓（从西域传入中原的乐器，鼓声雄健，能给许多乐种伴奏）。唐玄宗曾多次在宫廷宴会或小范围的欢娱场合亲自击鼓尽欢，成为当时宫廷音乐界的一大盛景。因此，从另外一个角度来讲，他们二人可称为“艺术知音”。

唐玄宗曾经在印度佛曲《婆罗门曲》的基础上，将自己的想象和感受融合进去，创作了《霓裳羽衣曲》，用以咏唱众仙女翩翩起舞的意境。当唐玄宗将此曲交给杨玉环之后，她只是稍加浏览，便可以心领神会，当即依韵而舞，这令唐玄宗兴奋不已。因此，唐玄宗亲自击鼓伴奏，两人便都沉浸在灵犀贯通的音乐意境之中。整个场面，歌声婉转，犹如风鸣莺啼，舞姿翩翩，犹如天女散花，简直如临众仙齐舞、缥缈神奇的瑶池之会。

就这样，唐玄宗慢慢地开始不理朝政，懈怠于国家政事，最终导致“安史之乱”的爆发。唐玄宗在战乱中逃到了四川避难。

健康的音乐可以陶冶人的性情，从而激励人奋发向上；淫邪的音乐则可以破坏人良好的情绪，最终使人沉沦下去。唐玄宗正是因为整日沉醉在歌舞声中，与杨玉环寻欢作乐，导致误国。所谓“妖曲未终，死期已临”的确不是危言耸听啊！

食之忍第六

※ 原文

饮食，人之大欲，未得饮食之正者，以饥渴之害于口腹。人能无以口腹之害为心害，则可以立，身而远辱。

鼋羹染指，子公祸速；羊羹不遍，华元败衄。

觅炙不与，乞食目痴，刘毅未贵，罗友不羁。

舍尔灵龟，观我朵颐。饮食之人，则人贱之。噫，可不忍欤！

※ 译文

《礼记·礼运篇》说，饮食是每个人都有的重大欲望。长时间饥饿的人，吃什么都觉得香；长时间干渴的人，喝什么都觉得甜，这其实是因为失去了饮食的正常滋味，是由于太饥渴而产生的错觉。饥渴可以破坏人正常的口腹感觉，贫贱也能摧残人的心志。当面对钱财的时候还能做出合乎道义的选择时，就可以成家立业远离耻辱了。

《左传》记载，宣公四年，郑灵公得到楚人进献的鳖，但在进食时未分鳖羹给子公吃，大怒中的子公用手指蘸鳖汤尝了一下，拂袖而去，郑灵公险些遭杀身之祸。宣公二年，宋郑两国即将交战，宋将华元宰羊慰劳士兵而遗忘了车夫羊斟，交战时，气愤中的羊斟驾车直接将华元送到郑国军队受俘，导致华元在战争中惨败。

晋朝的庾悦在刘毅家境贫困的时候，没有施舍给刘毅食物，因此当刘毅飞黄腾达之后，庾悦受到了夬怨报复；晋朝的罗友曾被人误认为是讨饭的傻子，可实际上拥有非凡的才能。

《易经》中说：“舍弃自己那如同灵龟般的智慧，去观望别人心中的食物，此卦为凶。”在饮食方面过分讲究，为求美食不择手段，甚至丧失人格，这样的人，人们怎么能不鄙视他？啊！注重口腹之欲会使人丧失智慧和人格，面对它的诱惑，我们怎能不忍一忍呢？

※ 事例

列子有一段时间在郑国游学。因为所讲的内容过于高深，所以到他门下来听课的人很少，他的衣食也就成了问题。

列子经常挨饿，脸上露出了菜色。

有一个经常聆听列子讲述治国安邦、修身养性大道理的人，对列子十分佩服。

可是久而久之，他发现列子的脸色不好，惊问其故。

列子据实相告，这个人非常不平。

有一次他在路上遇见了郑国的宰相子阳，就对他说："列御寇是一位有道德有学问的人，在你这里却穷困不堪，难道你不喜欢道德学问都好的读书人吗？"

子阳听了十分惊讶，回到宫里之后，他就命令手下人，赶快给列子送去一车粮食。

列子听说有人给自己送粮食来了，连忙打听这粮食是谁送的，押车的人就把情况讲了一番。

列子当即拒绝接受这车粮食，送粮的人十分惊讶，一定要列子收下，可列子就是不收，无奈之下送粮的人只好把粮食又运了回去。

列子妻子对此十分不解，她惋惜地说："我听说做有学问的人的妻子，都能得到安逸快乐的生活。现在我们吃不饱穿不暖，上面派人给你送粮食，你却不接受，难道你不要我们活了吗？"

列子说："宰相送粮食给我，并不是他自己知道的，而是因为听了别人说我穷才送我的，他没有来亲自了解我的情况；将来要是有人在他面前说我坏话，而他照样不来亲自了解情况，那不就后患无穷吗？"

妻子点头称是。没过多久，老百姓就作乱杀掉了子阳。列子因拒食子阳送来的粮食而得以免受子阳的牵连。

乐之忍第七

※ 原文

音聋色盲，驰骋发狂，老氏预防。

朝歌夜弦，三十六年，嬴氏无传。

金谷欢娱，宠专绿珠，石崇被诛。

人生几何，年不满百；天地逆旅，光阴过客；若不自觉，恣情取乐；乐极悲来，秋风木落。噫，可不忍欤！

※ 译文

《老子·十二章》说，五音能使人耳聋，五色能使人眼瞎，纵横驰骋去打猎会使人心发狂。老子认识到了这些道理，强调对于音、色、欲要多加克制。

秦始皇统一中国后，过着白天歌舞、夜里奏乐的荒淫无度的生活，才三十六年，秦王朝就被刘邦灭掉了。

晋朝石崇在金谷园内寻欢作乐，万分宠爱美艳的妾绿珠。赵天伦宠幸的孙秀向石崇索要绿珠未果，便向赵王伦诬告而获罪被斩。

人的一生能有多久，还不足一百岁，天地只是暂时居住的旅馆，光阴只是匆匆过客；人如果不好好珍惜这短暂的时间，而放纵自己，恣情取乐，那么到头来就会乐极生悲，就像秋风过后草木凋零一样。唉！物极必反，乐极生悲，能不忍耐一下恣意享乐的欲望吗？

※ 事例

晋国内乱，公子重耳逃亡列国，辗转流浪，最后在齐国安下身来。齐桓公择宗女齐姜嫁给了他，供奉无缺，朝夕欢宴，不知不觉度过了七年。

齐姜是一个有远见、识大体的女子，希望重耳回到晋国，重振国威，干一番轰轰烈烈的大事业。她见丈夫溺于享乐，儿女情长，英雄气短，早把复国一事丢置脑后，就与随从重耳逃亡的晋国大臣商议好，打算好好规劝，让他回心转意。一天，齐姜摆置了丰盛的酒宴，敬上一杯酒，神色庄重地对重耳说："公子，诸位老臣跟随您流亡列国，历尽艰辛，您知道这是为什么吗？""你说说看，他们追随我是为什么？"重耳从心里敬爱这位貌美又贤惠的妻子，很喜欢听她的意见。"妾以为，他们是看重公子的贤名，盼望您有朝一日重振国威，共享富贵。可自从公子来到齐国，终日沉浸在卿卿我我的温情中，而疏远了他们。妾能得到公子厚爱，平生之愿足矣。但若因为妾而误了公子的复国大业，那可担当不起了。我看，晋国局势已经发生了变化，您现在回去正是时机！"

重耳饮着美酒，靠着齐姜的香肩，悠然惬意。但听完她一番婉转的规劝，却不由得怒气冲冲，几欲发作。"怎么，连齐国君臣都把我敬为上宾，你倒劝我再去过那颠沛流离的日子？"齐姜见重耳难以被言语打动，就满脸堆笑地陪着他饮酒，一杯接一杯地敬着，终于让他醉倒在温柔乡中。

原来，她早已和狐偃定下计谋，如劝说无效，就设法把重耳灌醉，把他劫掠回晋国。重耳不知是计，酩酊大醉。齐姜就吩咐宫女用锦被把他裹起来，装上马车，交给狐偃等晋国的大臣。狐偃和众豪杰向齐姜拜辞，驱车连夜向晋国进发，齐姜望着远去的君臣一行，流下了伤感的泪水。正所谓："公子贪欢乐，佳人慕远行。要逞鸿鹄志，生割凤鸾情。”

后来，重耳在狐偃等大臣的协助下，登上了王位，成为中原霸主。他不忘齐姜，派使臣到齐国隆重地把齐姜接至晋国。齐姜说：“妾非不恋夫妻之情，所以醉夫，正是为了今天啊……”

权之忍第八

※ 原文

子孺避权，明哲保身；杨李弄权，误国殄民。

盖权之于物，利于君，不利于臣，利于分，不利于专。

惟彼愚人，招权入己，炙手可热，其门如市，生杀予夺，目指气使，万夫胁息，不敢仰视。

苍头庐儿，虎而加翅，一朝祸发，迅雷不及掩耳。

李斯之黄犬谁牵，霍氏之赤族奚避？噫，可不忍欤！

※ 译文

《汉书·张安世传》记载，西汉张良为高祖平定天下立下了汗马功劳，被封为万户侯。但张良位高并不癫狂，他放弃了高官权位，云游四海，明哲保身。唐玄宗宠妃杨玉环一家弄权朝廷，势倾朝野，结果导致安史之乱，差点断送大唐江山。大臣李林甫任唐玄宗的宰相，玩弄权术，终导致天下大乱，祸及百姓。

权力这种东西，有利于君主，但是不利于臣子；有利于分别执掌，不利于专制集权。

其实那些专权的人都是“愚人”，他们把权力都揽在自己手中，得势时受人巴结逢迎，炙手可热，门庭若市，他们拥有生杀予夺的大权，用眼神和气色就可以差遣别人，别人对他们恭敬畏惧，不敢仰视。

他们就是小人得势，而权势又使他们如虎添翼，但是一旦势去，灾祸来临，就像迅雷不及掩耳，躲也来不及。

秦始皇的丞相李斯因为权力过重，被秦二世腰折于咸阳市。李斯临死时对他的儿子说：“吾欲与若复牵黄犬，俱出上蔡东门逐狡兔，岂可得乎？”李斯至死才明白权力哪里能与牵黄犬逐狡兔的悠闲生活相比呢！汉武帝的骠骑将军霍去病击破匈奴，为西汉立下战功，其弟霍光辅佐太子有功，但最后被满门抄斩，是因为他的权力太大了。唉！权力祸国又害己，面对权力的诱惑，怎能不忍一忍呢？

※ 事例

南宋时的韩侂胄曾经担任南海县县尉，当时他聘用了一个贤明的书生，并十分信任这个书生。但是后来韩侂胄升迁了，两人便断了联系。即使这样，韩侂胄每次遇到一些棘手的事情时，总会想起那位书生。

韩侂胄并不知道，那位书生其实后来已经中了进士，为官一任后，不想再在宦海中拼搏，于是现在赋闲在家。一天，那位书生忽然来到韩府，求见韩侂胄。韩侂胄便借机要他留下做幕僚，并给他丰厚的待遇。盛情难却，书生只好答应留下一段时日。

但是不久之后，书生还是提出要走，韩侂胄无奈，只好设宴为他饯行。席间，韩侂胄悄悄问书生："我现在掌握国政，谋求国家中兴，外面的舆论怎么说？"

书生立即皱起了眉头，然后将一杯酒一饮而尽，叹息道："平章的家族，面临着覆亡的危险，没什么好说的了。"

书生从来不说假话，这一点，韩侂胄非常清楚，因此听了书生的话后，韩侂胄的心情变得沉重起来，苦着脸问："真有这么严重吗？为什么呢？"

书生非常奇怪韩侂胄为什么至今对此事还毫无察觉，于是用疑惑的眼光看了看他，说："危险昭然若揭，平章为何视而不见？册立皇后，您没有出力，因此，皇后肯定对您心生怨恨；确立太子，您也没努力，太子自然也会仇恨您；朱熹、彭龟年、赵汝愚等人均被时人称作'贤人君子'，而您却要把他们撤职流放，士大夫们肯定对您不满；您积极主张北伐虽然没有什么不妥，但是因此而使得军士伤亡惨重，战场上遍地尸骨，到处都能听到阵亡将士亲人的哀哭声，军中将士难免要记恨您；为了准备北伐，内地老百姓承受了沉重的军费负担，很多人因此而几乎无法生存，所以老百姓也会归罪于您。您以一己之身，怎能担当起这么多的怨气仇恨呢？"

韩侂胄一听，方感到事情的严重，忙问："你我虽为上下级，但是亲如手足，你能见死不救吗？快告诉我，我该怎么办？"

书生沉吟许久，才说："有一个办法，但我恐怕说了也是白说。我衷心地希望平章您这次能采纳我的建议。看得出来，当今的皇上并不十分贪恋皇位，那么，如果您能迅速为太子设立东宫建制，然后劝说皇上及早把大位传给太子，太子对您就会由仇视转为感激了。太子一旦即位，皇后就被尊为皇太后，那时，即使她还怨恨您，也无力再报复您了。接着，您就趁辅佐新君的机会刷新国政。您要追封在流放中死去的贤人君子，抚恤他们的家属，把活着的人召回朝中，加以重用，这样，您和士大夫们就重归于好了。您还需要安抚边疆，勿轻举妄动，还要重重犒赏全军将士，厚恤死者。

这样，您就能消除与军队间的隔阂。您还要削减政府开支，减轻赋税，使老百姓尝到其中的甜头。这样，老百姓就会称颂您。最后，您还要选择一位当代的大儒来接替您的职位，自己告老还乡。您若做到以上这些，或许就能转危为安，变祸为福了。”

韩侂胄素来贪恋权位，哪肯让贤退位？再者，北伐中原，统一天下，一直是他没有实现的梦想，至今仍是雄心勃勃，哪肯善罢甘休？书生见韩侂胄无可救药，不想受池鱼之殃，便离他而去了。

后来，韩侂胄发动“开禧北伐”，遭到惨败。南宋被迫向北方的金国求和，金国则把追究首谋北伐的“罪责”作为议和的条件之一。开禧三年，在朝野中极为孤立的韩侂胄被南宋政府杀害，他的首级也被装在匣子里送给了金国。

势之忍第九

※ 原文

迅风驾舟，千里不息；纵帆不收，载胥及溺。

夫人之得势也，天可梯而上；及其失势也，一落地千丈。朝荣夕悴，变在反掌。炎炎者灭，隆隆者绝。观雷观火，为盈为实，实天收其声，地藏其热。高明之家，鬼瞰其室。噫，可不忍欤！

※ 译文

顺着风势行舟，一日千里，岂不快意！然而一味纵情于快意之中，忘却适时掌握舟船的方向，就难逃覆舟溺水的命运！

一个人势力正旺时，就好像拿来云梯即可上青天；等到他失去权势时，就好像从云梯上摔下来，一落千丈。一个人的势力是瞬息万变的，早上得势时身居卿相，享受荣华富贵；晚上失势时已是布褐贱夫。这种变化易如反掌。汉朝扬雄在《解嘲》中说：“熊熊火光是要灭的，隆隆雷声是要绝的。观察这雷和火，声音震耳，光芒耀眼，但实际上是上天要收起它的声音，大地要藏起它的热量。位高权重的人，鬼神时刻都在窥视着他的家室。”唉！势力带给人的命运是如此的变幻无常，面对炙热的势力，难道不该忍一忍吗？

※ 事例

长孙无忌是唐太宗时的重臣。其家世显赫，自幼博涉书史，其妹即长孙皇后。长孙无忌与李世民为布衣之交，更兼有郎舅之亲这层特殊关系。李渊晋阳起兵后，他跟随李世民征讨有功。唐朝建立后，他被封为党县公。

贞观十七年，太子承乾被告谋反，被废为庶人。依据皇位继承的规矩，最有资格做太子的是长孙皇后所生的魏王李泰和晋王李治。魏王泰好文学，深得太宗宠爱，太宗曾面许立其为太子；晋王李治暗弱，不为太宗所喜。最后的结果，却是李治被立为太子。

这一结局的出现，正与长孙无忌有关。

高宗永徽年间，正当长孙无忌的势力在外廷极其膨胀之时，在宫闱中，却发生了王、武二后的废立之争。

长孙无忌阻止立武氏为后，朝中一批受他排挤的官员却极力向高宗建议册立武后。当高宗向李勣征求意见时，这位开国元勋说："此陛下家事，何必更问外人。"使高宗下定决心。永徽六年十月，高宗废王皇后，策立武氏为后。

无忌阻立之事的失败，使其众多对手当中又多了一位雄心勃勃的武则天。高宗在位期间，武后逐步掌握了大权，她不会也绝不可能放过阻挠她的任何对手。经过几年的准备，对付无忌的计划已经酝酿成熟。显庆四年四月，武后指使党徒许敬宗诬告无忌谋反。高宗起初虽然不信，但他实在缺乏判断能力，经不住许敬宗的再三诬奏，最后竟没有召长孙无忌当面询问一下，就稀里糊涂地把长孙无忌流放到边远的黔州去。许敬宗等利用谋反这一可怕罪名，把所有与长孙氏有关的才能之士铲去。长孙无忌失去权势后，武后认为留着他终究是祸根，于是在同年七月复案反狱，长孙无忌被逼自尽，其姻亲大抵皆谪徙。

长孙无忌官高位显，却依旧贪功恋爵，致使自己陷于被动，终身死名裂。

贫之忍第十

※ 原文

无财为贫，原宪非病；鬼笑伯龙，贫穷有命。

造物之心，以贫试士，贫而能安，斯为君子。

民无恒产，因无恒心，不以其道得之，速奇祸于千金。噫，可不忍欤！

※ 译文

没有钱财叫作“贫”。《庆子·让天篇》记载，鲁国的原宪生活贫困，但仍能端坐鼓琴。他在回答子贡的问话时，称自己是贫而不是病。南宋刘伯龙在家里盘算钱财问题时，被鬼讥笑，伯龙认识到，贫穷是命中注定。

老天的意愿是，用贫穷来检验谁更有志气。这就是所说的“以贫试士”。《孟子》说当处于贫穷的境地时，仍然能够做到安贫乐道，这样的人才是君子。

普通人之所以没有永久固定的财产，是因为他们没有坚定的意志。不是通过正当的手段获得钱财的人，通常会在短时间内招致祸患。唉！贫贱不移志，才是大丈夫。面对贫穷的处境，怎能不忍一忍呢？

※ 事例

三国初期，有个名叫司马微的人，字德操，颍川阳翟人。此人非常善于识别人才，但是从不随便议论。如果有人向他询问某某人如何，他统统只回答一个“佳”字，不管那个人到底是好是坏。

庞统据说是他的侄子。庞统十六岁的时候，有一次去看望司马微，当时司马微正在树上采摘桑叶。他让庞统坐在树下，两人从白天到深夜谈论了很长时间。司马微对庞统非常赏识，断言庞统将来一定能够成为南郡文人中的首领。

后来，司马微回到老家颍川居住，庞统则走了两千多里路，从南郡前去看望他。当到达司马微的住地时，庞统看见他还是在树上采桑。这个时候的庞统与当年那个庞统相比，思想上已经发生一些变化了。于是庞统对司马微说：“我听说大丈夫生活在世上，就应该是挂着黄金大印，佩戴紫色的印带。您怎么能够委屈自己的才能，像养蚕的妇人一样，在这里做这种事情呢？”

司马微听后，笑笑说：“你只知道走小路可以早一点到达目的地，但是你却不知道走小路的危险，不知道这样很容易迷路。伯成子告别诸侯，到野外去耕地，而不羡慕功名的荣耀；原宪住在破烂的茅草屋里，而不羡慕别人的高大的官家住宅。这些人从不稀罕住进豪华的屋子、驾驭肥大的马、使唤成群的侍女。这就是古代隐士许由、巢父心胸宽阔的地方，也是伯夷、叔齐足以骄傲的原因。吕不韦采用奸诈的手段骗得了官位，刘景公虽然拥有骏马，但却是一个昏庸的君主，这些人令人鄙视，是不足以夸耀的。”

这番话使庞统受益匪浅，此刻他终于认识到，能够忍耐贫寒的生活，其实也是一个具有才干的人应该具备的高尚品德。只有能够耐得清寒，才能在名利面前做到心如止水。因此，庞统马上向司马微道谢说：“我一直生活在中原的边陲地带，因此很少有机会听到这样精奥的道理。今天若不是叩响了你这座洪钟，敲响了你这面能够发出雷声的大鼓，我还真是不知道天下竟有如此激昂慷慨的音响啊！”

司马微的一席话，让庞统知道了能够忍受贫穷，安贫乐道，其实也是人生的一大美德和修养。只有能够耐得住清贫的生活，才能真正有所作为。因此，庞统最终成为刘备手下的军师中郎将，帮助刘备成就大业，从而也实现了他的人生价值。

富之忍第十一

※ 原文

富而好礼，孔子所诲；为富不仁，孟子所戒。盖仁足以长福而消祸，礼足以守成而防败。

怙富而好凌人，子羽已窥于子皙；富而不骄者鲜，史鱼深警于公叔。

庆封之富非赏实殃，晏子之富如帛有幅。

去其骄，绝其吝，惩其忿，窒其欲，庶几保九畴之福。噫，可不忍欤！

※ 译文

《论语》记载，子贡询问孔子对富有而不骄横的人的评价，孔子认为富而不骄、富而好礼应是富人的操守；《孟子》记载，孟子也曾引用鲁国季氏家臣阳虎之话来告诫滕文公，希望他不要为富不仁，要扩天理，遏人欲。富有且有仁爱之心，就能长久幸福而消除灾祸；富有且能礼待他人，这样才能保持已有的成就而防止失败。

《左传》记载，郑国子皙因富有而无礼，欺压别人，而被抛尸野外，子羽早就预料到了子皙的下场；富有而不骄奢的人很少，卫公叔文子因富有骄横得罪卫灵公而流亡他国，史鱼早就严肃地警告过公叔了。

《左传》记载，齐国庆封的富上加富并不是上天对他的赏赐，实际上是一种惩罚，最终难逃被杀害的命运；而齐国宰相晏婴就拒绝更加富有，因为他明白“富者不可妄益，益则取亡”的道理。

富有并不是罪过，但如不加以克制，就会招致灾祸。如果能够去除矜夸之态，去其鄙吝之心，消其心中之怒，禁其淫欲贪念，则能保享五福。唉！一个人拥有了财富的同时，怎能不忍住自己的骄奢之心呢？

※ 事例

公元前 259 年，秦军围困赵国都城邯郸。赵国贵族平原君回到赵国后，楚国派了春申君率兵来救赵国，魏国信陵君也假传魏王的命令夺得晋国的兵权，前往救赵。援军未到，而秦军加紧围困邯郸，邯郸危急，准备投降，平原君为此忧心忡忡。

邯郸旅舍官吏的儿子李谈对平原君说：“您不担心赵国灭亡吗？现在邯郸的百姓用死人骨头当柴烧，交换孩子烹食充饥，可以说是困苦至极了，而您的后宫还有一百多名妇女，她们身穿绫罗绸缎，厨房里有吃剩的鱼肉。兵士百姓武器都用完了，有人砍下头做长矛戟，而您的宝器钟磬仍然好好地保存着。如果秦攻破赵，您哪能有这些？如果赵国能够得以保全，您还怕不能拥有这些吗？您如果能将夫人以下的妇人编入士卒当中，分别做些工作，再把家里所有的东西都拿出来犒劳困苦的士兵，在这关键之时，人们是很容易被您的恩惠所感动的。”

平原君听后，觉得言之有理，于是就按李谈的计谋做了，立刻有三千名勇士站出来，决心以死报国。他们跟着李谈奔赴前线与秦军作战，秦军因而退却三十里。适逢楚、魏援军来到，秦军便罢兵撤退。

贱之忍第十二

※ 原文

人生贵贱，各有赋分；君子处之，遁世无闷。

龙陷泥沙，花落粪溷；得时则达，失时则困。

步骘甘受征羌席地之遇，宗悫岂较乡豪粗食之羞。

买臣负薪而不耻，王猛鬻畚而无求。

荀充诎而陨获，数子奚望于公侯。噫，可不忍欤！

※ 译文

人生贵贱，其实早在冥冥之中就已经有了定数；君子即使处于困境之中，也能做到顺应天命，泰然处之，而不烦闷。

扬雄在《法言·问神篇》中说：“当蛟龙身陷泥土中时，连蜥蜴都可以凌辱它。”南齐范缜对竟陵王萧子良说：“人生贵贱，像树上的花，一起开放，随风飘落，有的落入席子上，有的掉入粪坑中，前者是你，后者是我。”得到时机就会事事顺利，尽享荣华富贵；失去时机就会陷入贫贱的境地。

三国时的步骘，心甘情愿地接受了征羌为他在窗外席子上摆下一小盘蔬菜作为酒席的待遇；南朝宋时的宗悫，不计较同乡人庾信曾在丰盛宴会上施舍给他小米蔬菜所带来的耻辱。后二人都飞黄腾达。

西汉的朱买臣在妻子因生活贫困而离开他之后，仍怡然自得，边卖柴边读书，并不以卖柴为耻；晋朝王猛靠卖畚箕为生，却仍然不拘小节，悠然自得。后二人都转贱为贵。

一个人在贫贱之时，不因困窘而失志，在富贵之时亦不骄喜而失节。贫贱之时悠然自处，不怨天尤人，不攀仰富贵，而时机到来，则善于抓住机会，使自己成为一个成功者。啊！贫贱而不失志，就能位至公侯，处于贫贱的人，怎能不安心忍受这种困境呢？

※ 事例

战国中后期，秦国越来越强大。面对日益强大的秦国，有人开始主张其他六国联合抗秦，即合纵；也有人主张六国中的任何一国联合秦国攻击其他国家，即连横。因此，很多能言善辩的游士、食客就靠游说进入了仕途，得到了俸禄。苏秦也想这样。

出身于农民家庭的苏秦，生活一直以来就非常艰苦，在饥饿难耐之时，他就把自己的长发剪下来去卖钱，还经常帮人抄写书简，因为这样既可以得到饭吃，又可以学到很多知识。后来，苏秦觉得自己的学识已经差不多了，就外出游说。

他想见周天子，以当面陈述自己的政见以及对时事的看法，但是苦于没有人为他引荐。于是他就来到西方的秦国，求见秦惠文王，向他献计怎样兼并六国，实现天下统一。但是秦惠文王客气地拒绝了他的意见，说："你的意见非常好，但是我现在还没法做到！"他在秦国耐着性子等了一年多，仍然希望能够获得一官半职，但是直到家里带来的盘缠都花光了，皮袄穿破了，他还是什么也没得到。无可奈何的苏秦，只好又回到了家中。

他回到家里，样子狼狈不堪，家人都很不高兴，不理睬他，他的嫂嫂还当面奚落他一番。这一切，使得苏秦非常难过。于是他想：我难道就这么没出息吗？出外游说，宣传我的主张，但是人家为何就不接受呢？是不是自己没有把书读透，没有把道理讲清楚呢？他越想越感到惭愧，但是他却没有灰心。他发誓要继续苦读，日后出人头地。

决心一定，他便开始行动了。白天，他跟兄弟一起劳动，晚上就刻苦学习到深夜。为了使自己晚上读书时不犯困，他甚至找来一把锥子，当有了困意的时候，就用锥子往大腿上刺，以让疼痛驱走困意。

就这样，苏秦苦读了一年多，掌握了姜太公的兵法，还研究了各诸侯国的特点，以及它们之间的利害冲突。为了方便自己游说，使自己的意见、主张能被采纳，他还特意研究了各诸侯的心理。这时的苏秦觉得自己已经具备成功的条件了，于是就再次离家，风尘仆仆地走上了游说之路。

这次苏秦获得了很大的成功。公元前333年，六国诸侯正式订立合纵的盟约，并一致推苏秦为“纵约长”，把六国的相印都交给了他，让他专门管理联盟的事。

苏秦忍受了贫困卑贱的生活，并矢志不渝，刻苦读书，最终获得了成功。

贵之忍第十三

※ 原文

贵为王爵，权出于天；洪范五福，贵独不言。

朝为公卿，暮为匹夫。横金曳紫，志满气粗；下狱投荒，布褐不如。

盖贵贱常相对待，祸福视谦与盈。鼎之覆餗，以德薄而任重；解之致寇，实自招于负乘。

讼之鞶带，不终朝而三褫；孚之翰音，凶于天之躐登。静言思之，如履薄冰。噫，可不忍欤！

※ 译文

人有爵禄谓之贵，天子最高贵；但《尚书·洪范》中提到了五福，分别是寿、富、康宁、攸好德、老终命，其中唯独不提“贵”，是什么原因呢？原来贵贱可以相互转化。

这些身居爵位的贵人，朝可能贵为公卿，暮却贱如匹夫。他们得势时，腰金衣紫，志满气粗；他们失势时，下狱投荒，连平民百姓都不如。

贵贱祸福并不是一成不变的，而是相互转化的。是祸是福取决于一个人是谦逊还是傲慢。《易经》曰：“鬼神害盈而福谦，人道恶盈而好谦。”人鬼同心，都是憎恶骄傲自满，喜欢谦虚谨慎。如果一个人道德浅薄而窃居高位，就会因承受不住，而“打翻鼎中的食物”；智力小却谋划大事，就会招来强盗，就好像背负东西的人却要乘坐君子之车。

《易经》说：“王侯赐给他衣带，但一天之内下三次命令夺回。”声音本来不能飞上天，却硬要飞上天，怎么可能长久？《诗·小弻·小旻》中说：“战战兢兢，如临深渊，如履薄冰。”这句诗用来告诫那些贵为公爵的人是最适合不过的。啊！贵并不是福，怎能不忍一忍追求富贵之心呢？

※ 事例

西门豹治理邺都时严肃法纪，铁面无私。他不仅把装神弄鬼的大巫小巫投入漳河祭了河神，还从重制裁了地方上几个祸国殃民的贪官污吏，邺都百姓都拍手称快。在西门豹的带领下，百姓们兴修水利，务农经商，很快便使邺都繁荣起来。

西门豹起初为官清廉，勤政爱民，从不逢迎上司，从不贿赂官员，但是，正因为如此，即使他政绩显著，也还是没有受到魏文侯的赏识。相反，魏文侯左右的大臣或因西门豹触及私党的利益，或因他一毛不拔缺少贡品，总是想方设法贬损他、诬陷他，以至于魏文侯偏听偏信，打算罢去他的官职。

西门豹得知此消息后，向魏文侯请愿道：“以前，臣才疏学浅，不懂得如何才能有效地治理地方政务。现在，臣听了国君您和诸位大人的‘教诲’，受益匪浅。希望您再给我一个机会，让臣换另外一个地方治理一年。如果臣仍然治理不好，那么，您可以取下我的首级。”魏文侯答应了他的请求。

西门豹出任新的地方官后，一改往日政风，开始课罚百姓重税，并且不断地贿赂魏文侯的亲信大臣。一年任期满后，他去晋见魏文侯，魏文侯满面笑容地赞美他，左右大臣也都对他称赞不已。

这时，西门豹脸色突变，怒气冲冲地骂道：“臣以前忠心耿耿地为国君治理地方政务，得到了百姓们的拥戴，但是国君却要罢去我的官职。这一年来，臣开始贿赂国君左右的大人，为贪臣聚敛财富，因此而遭到百姓们的唾骂，但是却得到了国君的赞美和夸奖。这岂不是很矛盾、很愚蠢吗？我西门豹不能屈节求荣，做愧对百姓的贪官。臣请求告老还乡，请国君恩准！”说罢，当场奉交官印，辞官为民。

宠之忍第十四

※ 原文

婴儿之病伤于饱，贵人之祸伤于宠。

龙阳君之泣鱼，黄头郎之入梦。

董贤令色，割袖承恩，珍御贡献，尽入其门。尧禅未遂，要领已分。

国忠娣妹，极贵绝伦；少陵一诗，画图丽人；渔阳兵起，血污游魂。

富贵不与骄奢期，而骄奢至；骄奢不与死亡期，而死亡至。思魏牟之谏，穰侯可股栗而心悸。噫，可不忍欤！

※ 译文

婴儿生病多是因为吃得过饱的缘故，这是因爱而致病；富贵之人招祸多是因为骄横奢侈的缘故，这是因宠而致祸。

《战国策》载，龙阳君担心自己失宠的时候，就像多余的鱼一样被抛弃，因此当他和魏王乘舟钓鱼时，对着钓上来的鱼哭泣；西汉邓通无功而受到文帝宠幸，赏赐巨万，但最后他却饿死。因此，没有真才实学，只是靠别人的宠幸而荣华富贵，那么即使是帝王之爱，也是靠不住的。

西汉董贤，英俊潇洒，与哀帝昼夜同寝，恩爱无比，哀帝曾为不惊动他睡觉而割断被压的衣袖，董贤受赐的珍宝财产无数。哀帝还想像尧一样将帝位禅让给他，但哀帝一倒台，董贤便家破人亡。

唐代杨国忠、杨贵妃兄妹，承受恩泽，势倾天下，极其富贵；唐朝诗人杜少陵作《丽人行》一诗，鞭挞了杨氏家族得宠而骄横奢侈的现象；结果后来安禄山在渔阳起兵叛乱，杨国忠、杨贵妃被杀，杨门败落。

官位没有与势力约好，势力自己会来；势力没有和财富约好，财富自己会来；富贵没有和骄横约好，骄横自己会来；骄横奢侈没有和死亡约好，死亡自己会来。魏国公子牟曾对穰侯说的这些话，穰侯铭记于心。其实，因宠而贵，因贵而富，因富而骄，因骄而亡命，这是一条必然的规律啊！啊！宠之害如此，怎么不忍一忍对宠幸的向往之心呢？

※ 事例

清朝年羹尧，汉军镶黄旗人，进士出身，颇具将才，曾经担任川陕总督多年，替西征大军办理后勤。他早年就已经是胤禛（雍正）集团的成员，并且将自己的妹妹送给胤禛当侧福晋，以此来表示对主子的亲近和忠心。

康熙末年，由于太子被废，众皇子因此而加紧争夺皇位，胤禛当然也在暗中较劲着。他开始极力拉拢拥有兵权的朝中重臣，因为他非常清楚，要夺得皇位，除了自己要用精明务实的办事能力来博取父皇的信任外，还必须有朝中重臣的支持。于是，胤禛选择了隆科多和年羹尧二人。这二人一内一外，在胤禛争夺皇位的斗争中帮了大忙。

雍正即位之初，年羹尧成为新政权的核心人物，恩宠有加。雍正多次给年羹尧加官晋爵，还将军务大权等交给他来掌握。年羹尧率师平定青海地方的叛乱后，雍正帝诏受年羹尧一等公爵。

除此之外，雍正帝还极其关心年羹尧家人，笼络备至。他甚至把年羹尧视作“恩人”，非但他自己嘉奖，还要求“朕世世子孙及天下臣民”对年羹尧“共倾心感悦，若稍有负心，便非朕之子孙，稍有异心，便非我朝臣民也”。还口口声声对年羹尧说：“从来君臣之遇合、私意相得者有之，但未得如我二人之耳！总之，我二人做个千古君臣知遇榜样，令天下后世钦慕流涎就是矣。”

雍正就这样以其过分的姿态、肉麻的言语，蒙骗、迷惑着年羹尧，而年羹尧则真以为皇帝将他视为知己，因此他以皇帝为后台，居功恃傲、骄肆蛮横。当年羹尧凯旋之时，军威甚盛，盛气凌人。雍正亲自到郊外迎接他，百官则伏地参拜，对于这一切，年羹尧却不为所动，与雍正并肩而行。这时的雍正见年羹尧对自己如此不恭，非常生气，开始对年羹尧产生嫌恶之意。

后来，雍正仅仅因为年羹尧在奏表中字迹潦草、成语倒装这种小小的错误，便下诏免去其大将军之职，调补杭州将军，以解除其兵权。其他臣僚们见年羹尧失宠，纷纷上奏皇上，检举揭发年羹尧的种种违法罪行。一时间，对年羹尧的诋毁四起，生性猜忌的雍正便决意要杀掉年羹尧。

最后，议政大臣等罗列了年羹尧几条罪状，对其判处死刑，家属连坐。雍正念在年羹尧平定青海等地叛乱有功，令其赐死自裁。其父以年老免死，其子年富立斩，其余 15 岁以上的男子都发往广西、云南等烟瘴之地充军。族人全部革职，连亲近年家子孙的人，也以党附叛逆罪论处。

年羹尧在自己得宠的时候，恃宠自傲，目中无人，对皇上都不讲究最起码的礼节。结果不慎得罪皇上之后，待遇竟一落千丈，最后落得个家族灭门的下场。

辱之忍第十五

※ 原文

能忍辱者，必能立天下之事。圯桥匍匐取履，而子房韫帝师之智；市人笑出胯下，而韩信负侯王之器。

死灰之溺，安同何羞；厕中之箦，终为应侯。盖辱为伐病之毒药，不瞑眩而曷瘳。

故为人结袜者廷尉，唾面自干者居相位。噫，可不忍欤！

※ 译文

《说苑·丛谈篇》说：“能忍耻者安，能忍辱者存。”能够忍受侮辱者，必定能成就大事业。西汉张良，忍辱为黄石公到桥下捡鞋，得其赠送的《太公兵法》，后靠太公良策辅佐刘邦取天下，被刘邦封为留侯；西汉韩信，少时曾忍辱从别人胯下钻过，遭到市人耻笑，但他却具有王侯将相的气度，辅佐刘邦成就汉朝大业。

西汉韩安国，因罪入狱后，被狱吏用不可复燃的死灰做比喻，可见韩安国受到的耻辱达到何种程度，但他后来却做了梁王内史；战国时，魏国的范雎曾被人卷入席子抛入厕所，让醉鬼往他身上撒尿，但他最终被封为应侯。由此看来，侮辱确实是祛除疾病的毒性良药，不感到头昏眼花，病就不能完全好。因此，一个人如果不能忍受耻辱，就难成大器。

所以，西汉张释之为别人系袜而最终当上廷尉，唐代娄师德做到了被别人往脸上吐唾沫却任其干掉，最终担任宰相三十年。啊！忍受一时之辱，最终有所成就，面对屈辱为何不能忍一忍呢？

※ 事例

吴国和越国同处江南，相互交战，积下了很深的矛盾。先是越国杀死了吴王阖闾，后来阖闾之子夫差又将越王勾践俘虏了。勾践为了保住自己的性命，由他的大臣文种买通了吴王的大臣，以割地、赔款、进献美女等极为优厚的条件向吴王投降。

在这些利益的驱使之下，夫差同意越国投降，但仍把勾践作为俘虏押往吴国，这样越国就会陷入困难，再也不会对吴国构成威胁。

夫差将勾践押回吴国都城后，将他软禁于一间石室之中，让他干最脏最累的活，勾践整天蓬头垢面地干活，没有丝毫怨言，似乎忘记了屈辱，已甘心为奴了。夫差还经常派人去察访，察访的人向他报告说勾践生活非常艰辛，但干活却很勤快，从不偷懒，并没有看到不轨的举动。

夫差出门时，还让勾践为他牵马。来到大街时，侍从还高声大喊：“快来看呀，现在站在你们面前的是越王勾践，他现在已经沦落为大王的马夫了。”于是街人纷纷上前对勾践又是推搡又是打骂。尽管勾践受尽了羞辱，但并没有异常的行为，似乎已麻木了。

时间一长，夫差认为勾践已经胸无大志，对他的管束也逐渐松懈了。

一次，夫差受了风寒，在宫中养病。勾践知道后，带着焦急的神情前来探望。当他进门时，夫差正在大便，为避免尴尬，夫差赶紧钻进被窝。勾践走到跟前，揭开马桶盖子，观察了一下粪便的颜色，再探出头去闻粪便，最后竟蘸了粪便放在嘴里尝了一下，然后对夫差说：“恭喜大王，大王的病已无大碍，马上就会好的。”

夫差被他的异常之举搞糊涂了，忙问：“你怎么知道的？”

勾践回答说：“我看大王的粪便是黑色的，闻了以后有奇臭，尝了以后却带了一丝苦味，说明肚中的毒物已经经过粪便排出。毒物既出，大王的病也就没有大碍了。”

夫差听了非常高兴，说：“难得你如此真心。”勾践煞有介事地回答说：“儿子为父亲尝便，古时候就已经有了。臣子为君王尝粪，就从我开始吧。”

夫差听了十分感动，说：“等我病好了以后，就会放你们回国。”

几天之后，夫差的病好了，他履行了自己的诺言，放勾践回国，这时在越国代王主政的大臣文种已带人来接了。

回国以后，勾践卧薪尝胆，励精图治，使越国恢复了元气。后来他趁吴王夫差出兵与中原大国争霸之时，攻打吴国，经过多次战斗，终于把吴国打败了，夫差走投无路，只得自杀。勾践忍小谋大，发愤图强，不仅打败了吴国，而且一度称霸诸侯。

安之忍第十六

※ 原文

宴安鸩毒，古人深戒；死于逸乐，又何足怪。

饱食无所用心，则宁免博弈之尤；逸居而无教，则又近于禽兽之忧。

故玄德涕流髀肉，知终老于斗蜀；士行日运百甓，习壮图之筋力。

盖太极动而生阳，人身以动为主。户枢不蠹，流水不腐。噫，可不忍欤！

※ 译文

一心追求安逸的生活，则比鸩毒更加害人，古人早就深以为戒；因为安逸会使人变得懒惰，丧失志向，放纵自己，那么死于安逸，也就不足为奇了。

《论语》记载，孔子说：“吃饱了饭就无所事事，这怎么能行？就算是下棋也比闲着强啊！”《孟子》也说：“那些饱食暖衣却没有受到教育的人，则如同禽兽。”

三国刘备曾因腿上长出肥肉，却又老之将至，功业未建而感到悲伤，不禁泪流满面；晋朝的陶侃，早上将百个甓搬至屋外，晚上又搬进屋内，只是为了锻炼身体，日后可有筋力称霸中原，后来陶侃督察八州，威名赫然。

周敦颐在《太极图说》中说：“太极运动能够产生阳气。”人的生命在于运动。赵宋的苏颂说：“由于运动的原因，运转着的门轴不会被虫蛀，流动着的水不会发臭。”所以说，安逸如同鸩毒一样害人，人们为何不在安逸的生活中追求一种积极向上的情趣，以充实自己的生活呢？

※ 事例

春秋时期的鲁国，有个叫公父文伯的大夫。他的母亲叫敬姜，是一位很有见识的妇女。公父文伯年轻的时候，就做了大官。别人都夸奖他，他也非常得意。

有一天，公父文伯办完公事，兴冲冲地回家拜见母亲。他一进家门，就看见母亲正在摇着纺车纺麻线。那操劳不息的样子，活像穷苦百姓家的老婆婆。公父文伯“哎呀”一声走向前去，低头对母亲说：“像我们这样做官的人家，要是让人知道主人还要摇车纺麻线，非笑话不可，还会怪我不孝敬、不侍奉母亲呢！”

敬姜听了，停下手里的活计，抬起头来，惊讶地上下打量了一番做了大官的儿子，摇摇头说：“你连怎么做人还不懂呢！让你这样幼稚无知的人做官，鲁国就有灭亡的危险啦！”公父文伯惊讶地问：“母亲，您为什么这样说？真有这样严重吗？”敬姜叫儿子坐在纺车对面，郑重地说：“从前，圣明的君主安置黎民百姓，常常要选择贫瘠的地方让他们去居住，让他们在那里生息。这是什么道理呢？那是因为大家为了生活，就得干活；为了生活得好，就得创造；要想创造，就得用心思考，思考就会产生智慧。反过来说，安逸享乐的生活，常常会使人放荡；放荡就会忘记了好的德行；忘了好的德行，就必然产生坏心。”

公父文伯听得入了神儿。敬姜停了停，又继续说：“你可以细想一下，在土地肥美的地方往往有许多人不能成才，原因就是他们安逸放荡啊！在土地贫瘠的地方倒有许多聪明善良的人，原因就是他们能吃苦耐劳啊……”敬姜问儿子：“我希望你天天勤勤恳恳地做事，要不断上进，培养好的德行，还多次提醒你：‘千万不能毁了前辈艰苦创下的功业。’你还记得吗？”公父文伯说：“记得。”敬姜又说：“那你现在为什么又认为当了官就要享乐了呢？依你这样的态度，去做君主委任的官职，怎么能不叫我忧心忡忡呢？我深怕你会因失职而犯罪啊！”公父文伯赶忙安慰母亲说：“我一定听从母亲的教诲，不贪图享乐。可这跟您纺麻线有什么关系呀？”

敬姜有点不高兴地说：“我看你做了官以后，整天显出得意的样子。不知约束自己，总喜欢讲排场，把先辈艰苦创业的事都忘了。动不动就说：‘怎么不自我享乐呢？’这样下去，早晚有一天，你会犯罪的！我正是为你担心，才起早贪黑地纺麻线，为的是不让你忘了过去，让你能遇事谦让勤俭。你懂了吗？”公父文伯红着脸说：

“懂了，母亲。”敬姜说：“这就好。你不要因为少年得志，就贪图眼前享乐，否则将来犯了罪，自己倒霉不说，我们家也要断了后啊！”

危之忍第十七

※ 原文

围棋制淝水之胜，单骑入回纥之军。此宰相之雅量，非元帅之轻身。盖安危未安，胜负未决，帐中仓皇，则麾下气慑，正所以观将相之事业。

浮海遇风，色不变于张融；乱兵掠射，容不动于庾公。盖鲸涛澎湃，舟楫寄家；白刃蜂舞，节制谁从。正所以试天下之英雄。噫，可不忍欤！

※ 译文

晋军和秦军淝水之战中，晋军大胜，宰相谢安并没有被喜讯冲昏头脑，而是继续镇静地与客人下围棋。唐朝郭子仪曾单骑深入回纥大军，与其签订誓约，不战而胜。谢安，晋之丞相；郭子仪，唐之元帅，这是宰相恢宏的气度，而并不是元帅拿自己的生命开玩笑。一般当两军对峙，安危未定、胜败未分的时候，若帐中主帅仓皇失措，则麾下兵卒就会惧怕胆怯。在此危急关头，正好可以考察将相之器量如何。谢安之镇静，郭子仪之雅量，垂范百世。

南朝齐的张融渡海遇风，毫无惧色；晋代的庾亮面对劲敌的白刃乱舞，从容不迫。巨浪滔天，波涛汹涌的时候，寄身于船上；战场厮杀，一片混乱，正好可以考验天下的英雄豪杰。啊！危急之中才能识英雄豪杰，人们面对危急怎能不忍一忍胆怯之心呢？

※ 事例

武则天，并州文水（今山西省文水县）人，十四岁的时候就已经艳名远播，因此而被唐太宗召入宫中，封为才人。她的性情柔媚无比，因此，唐太宗亲昵地叫她“媚娘”。

当时，宫中观测天象的大臣们纷纷警告唐太宗，说唐皇朝将遭“女祸”之乱，将由某个女人取代李姓家族，成为唐朝皇帝，而且种种迹象都表明，这个女人多半姓武，并且已经进入宫中。唐太宗听了这些警告，为了子孙后代着想，逐一检点姓武之人，并且对她们都做了可靠的安置。但是对于武媚娘，唐太宗由于爱之刻骨，始终都不忍心对她加以处置。

唐太宗曾经受了方士蒙蔽，服用了大量丹丸，虽然当时精神陡长，使自己纵欲尽兴一时，但是没过多久，便身形枯槁，行将就木。然而此时的武媚娘，风华正茂，唐太宗一旦离世，她便要老死于深宫中，所以，她时时留心择靠新枝的机会。太子李治异常仰羡武媚娘的美貌，因此两人一拍即合，山盟海誓，等唐太宗去世后，二人便可以仿效比翼鸳鸯了。

唐太宗此时也自知死期将至，但是他还在想着李氏家族的江山。为了确保李家江山的长久万代，他决定让颇有嫌疑的武媚娘跟随自己一同去见阎王。临死的时候，他当着太子李治的面问武媚娘："朕这次患病，一直医治无效，而且病情日益加重，估计是治不好了。你在朕身边已经有很长时间了，朕实在是不忍心撇下你而去啊。你不妨自己想想，朕死后，你该如何自处呢？"

武媚娘非常聪明，怎能听不出唐太宗这番话的用意呢？她深知自己现在是身临绝境，异常危险。她也知道，只要此时能保住自己的性命，将来就有机会夺权。然而要保住性命又岂是一件容易的事？于是她赶紧跪下说："委蒙圣上隆恩，本该以一死来报答。但圣躬未必即此一病不愈，所以妾才迟迟不敢就死。妾只愿现在就削发出家，长斋拜佛，到尼姑庵去日日拜祝圣上长寿，聊以报效圣上的恩宠。"

唐太宗本想处死武媚娘，但心里多少有点不忍。现在听武媚娘说要抛却一切，脱离红尘，去当尼姑，那么对于子孙皇位而言，活着的武媚娘等于死了的武媚娘，应该不会有什么危害了。因此，唐太宗连声说"好"，并命她即日出宫。

武媚娘拜谢而去。站在一旁的太子李治却如遭晴天霹雳，一动不动了。到后来他缓过神来，便借机溜了出来，去了武媚娘的卧室。一进门，就看见武媚娘在收拾东西，李治心痛万分，对武媚娘呜咽道："卿竟甘心撇下了我吗？"媚娘道："主命难违，只好走了。""了"字未毕，眼泪已如雨下，泣不成声了。李治说："你何必说愿意去当尼姑呢？"武媚娘镇定了一下情绪，说："我如果不主动说出家当尼姑，那么，只有死路一条。留得青山在，不怕没柴烧。只要殿下登基之后，不忘旧情，那么我总会有出头之日的……"

果然，太子李治登基之后不久便再次将武媚娘接进宫里。武媚娘也从小小的才人一步步成为皇后，最终将大唐的政权牢牢地握在自己手中，成为一代女皇——武则天。

忠之忍第十八

※ 原文

事君尽忠，人臣大节；苟利社稷，死生不夺。杲卿之骂禄山，痛不知于断舌；张巡之守睢阳，烹不怜于爱妾。

养子环刃而侮骂，真卿誓死于希烈。忠肝义胆，千古不灭。在地则为河岳，在天则为日月。

高爵重禄，世受国恩。一朝难作，卖国图身。何面目以对天地，终受罚于鬼神。昭昭信史，书曰叛臣。噫，可不忍欤！

※ 译文

尽心尽力侍奉君主，乃人臣之大节；为了国家利益，生死可以置之度外。唐代颜杲卿，讨伐叛贼安禄山，城池失守，被俘之后大骂安禄山，安禄山割掉他的舌头，他仍然骂不绝口；唐代张巡起兵于雍上讨伐安禄山，城中食尽，张巡杀爱妾给士兵煮食。颜杲卿、张巡忠心事主、赤胆报国值得尊崇。

颜杲卿弟弟颜真卿面对欲叛变朝廷的李希烈三千养子的环身辱骂和拔刀威胁，面不改色。他的耿耿忠心，高尚气节，永世都不会消失。其赤胆忠心在天上就像日月一样光芒四射，在地就像山岳一样宏伟壮观。

有些人，享受着高爵厚禄，世代蒙受皇恩，然而一旦国家有难，他们就卖国求生。这种不忠不义之人有什么面目对天下？他们终会受到来自鬼神的惩罚。光明正大的史书中都明显地记载着他们的名字，把他们称作“叛臣”，为后世人所唾骂。啊！忠臣流芳百世，叛臣却遗臭万年，无论面对何种困境，怎能动摇自己对君主、国家的赤胆忠心呢？

※ 事例

战国时魏国有个隐士叫侯嬴，已经七十多岁了，还在干着守城门的差事。魏王有个弟弟魏无忌被封为信陵君。信陵君是一个非常仁义的人，他听说侯嬴是个隐士，就多次前去拜访请教，并请侯嬴出山做自己的门客，在生活上多方接济他，侯嬴感激不尽。

公元前257年，秦昭王在长平大败赵国军队，并残酷地活埋赵军士卒四十多万人，继而兴兵围住赵国都城邯郸。

魏赵两国早已缔结了姻亲，信陵君的姐姐嫁给了赵王的弟弟平原君为妻。为此，平原君多次派人向魏王求救。但魏王惧怕秦国，只派大将晋鄙率十万大军在边境上按兵不动，虚以应付。

赵国都城被围，国家社稷危在旦夕，这可急坏了信陵君，在反复劝说魏王无效的情况下，信陵君私自带了一些门客兵马向赵国驰援而去。临行向侯嬴辞行，侯嬴只是淡淡地说了句："您好自为之吧，我已年老力衰，不能跟随您了！"这侯嬴平日足智多谋，遇到大事总是献计献策，今天却不咸不淡地说了这几句莫名其妙的话。信陵君越想越不是滋味，就掉转马头原路折回，再次征求侯嬴的意见。

侯嬴笑着说："我就知道您会回来的，如今您只带些许门客去与强秦作战，无异于投肉虎口。我这里有一计可解赵国之围……"侯嬴告诉信陵君，魏王调动军队的兵符分成两半，君王与统帅各拿一半，只有两符相合，才能调动军队。侯嬴要信陵君设法窃符救赵。

"可是，兵符平时放在大王卧室，我怎么能够拿得到呢？"信陵君万分焦急地问道。

"这个老夫早已为您安排好了……"

原来，魏王最宠爱的妃子是如姬，信陵君曾遣门客为如姬报了杀父之仇，如姬感恩戴德却报恩无门，这次机会终于来了。信陵君按照侯嬴的计策去求如姬，果然如愿地盗出了兵符。然后他日夜兼程地赶往边境，调动魏国军队向秦国发起了攻击。秦军抵挡不住，便退出了邯郸。

而侯嬴自知献计盗符犯了死罪，便在信陵君启程的时候自杀了。

孝之忍第十九

※ 原文

父母之恩与天地等。人子事亲，存乎孝敬，怡声下气，昏定晨省。

难莫难于舜之为子，焚廪掩井，欲置之死，耕于历山，号泣而已。

冤莫冤于申生伯奇，父信母谗，命不敢违。祭胡为而地坟，蜂胡为而在衣？

盖事难事之父母，方见人子之纯孝。爱恶不当疑，曲直何敢较？

为子不孝，厥罪非轻。国有刀锯，天有雷霆。噫，可不忍欤！

※ 译文

父母的养育之恩比天高比地厚。子女服侍父母时要孝顺尊敬，用最轻细和悦的声音、最亲切恭敬的态度与父母说话，晚上安置父母入睡，早上还要问候父母。

在所有的孝子中最难做的莫过于虞舜，他的父母凶悍、嚣张，焚烧仓库，用土填井，欲置虞舜于死地，虞舜在历山耕种，每天对着苍天哭泣，情愿承担父母的罪行以行孝。

在所有的孝子中最冤屈的莫过于申生和尹伯奇了。他们的父亲都是听信后母的谗言，欲加害于他们。春秋时的申生遭后母骊姬设下的大坟之计的诬告，为了父亲晋献公满意，自缢而死。周朝尹伯奇欲为后母赶走身上的毒峰，被后母陷害，受到父亲怀疑，因不能洗刷羞辱而自杀。晋献公祭地，为什么地会凹起来？毒蜂为什么会系在尹伯奇后母的衣服上？

因此，《中庸》载："侍奉最难伺候的父母，才能看得出身为人子的淳淳孝心。"对于父母的爱恶，不应当有所怀疑和抱怨，对于父母的是非曲直，更不该与父母计较。

作为儿子却不孝顺父母，这个罪可是不轻啊！国家有刀锯之刑，上天有雷霆之威。唉！父母恩情比海深，做孝子怎能不忍受父母对自己的责难呢？

※ 事例

汉武帝刘彻自小由乳母带大。一直以来，乳母对他的照顾可谓是无微不至，饿了做饭，冷了添衣，出门怕碰着，在家怕闷着。小刘彻对乳母十分感激，发誓自己长大后一定要好好报答乳母对他的恩情。乳母膝下无儿无女，丈夫也早早地过世，因此，听了小刘彻发誓要报答她的话，激动地把刘彻抱在怀里，久久都不松开……

年逝岁长，刘彻终于即位称帝了。但是，即使他已经登上至尊宝座，在乳母眼里，他永远都是一个需要照顾的小孩子。因此，乳母仍然一如既往地照顾他的起居生活。有天，乳母在外面犯了罪，武帝将要按法令治罪乳母。

乳母正在担心之际，忽然想起东方朔来。东方朔是武帝的弄臣，天天在武帝身边，调笑取乐，与武帝无话不说。乳母想托东方朔给自己求情，或许会让武帝改变主意。因此，乳母找到东方朔，向他讲明事情原委。说着说着，又流下泪来。东方朔答应帮助她，说："明天你当着我的面去向皇上辞行，走时，你回头多看皇上几次，我就有办法了。"

第二天，乳母听说东方朔正在后花园陪武帝博弈，就装模作样地收拾起包袱，去向武帝辞行。武帝心正在棋局上，头也没回，挥挥手说："你走吧。"乳母闻听，又流下泪来，但她没有忘记东方朔的嘱咐，一边回头看武帝，一边向外走去。东方朔抬起头来，高声说："乳母，你快走吧。皇上现在已经用不着你来喂奶了，你还有什么放心不下的呢？"这话惊动了武帝，他抬头一看，乳母正一边频频看自己，一边向宫外走。武帝良心发现，大为感动，想起了乳母对自己的种种照料，连忙收回成命，让乳母继续留在宫中，并派人照顾她。

仁之忍第二十

※ 原文

仁者如射，不怨胜己；横逆待我，自反而已。

夫子不切齿于桓魋之害，孟子不芥蒂于臧仓之毁。人欲万端，难灭天理。

彼以其暴，我以吾仁；齿刚易毁，舌柔独存。

强怒而行，求仁莫近；克己为仁，请服斯训。噫，可不忍欤！

※ 译文

《孟子》说："为仁者如射箭，射箭者应先正己而后发箭，如发而不中，则不应怨胜己之人而应责备自己。"这是劝仁之话。《孟子》还说："如有人非常骄横不恭顺地对待我，我必反省自己是否有所不仁。"这都是为仁之道啊！

春秋时，宋国的桓魋欲加害于孔子，孔子不以为意；《孟子》中记载臧仓诋毁孟子，并阻止鲁君见孟子，孟子也不在乎。这是因为孔子、孟子都认为在己者有义，在天者有命，人欲怎能战胜了天理呢？

孟子曾引用曾子的话来回答景丑氏，说晋楚两大国靠它的财富，我则靠我的仁德；《说苑》中常枞和老子关于齿毁舌存的对话说明刚硬的牙齿容易崩坏，而柔软的舌头就能保存下来。刚硬的牙齿是指暴横，柔软的舌头是指仁德。

鼓励自己以忠恕之道作为行为准则，这样求仁就没有比它更近的了。《论语》记载，孔子在回答颜渊怎样才能为仁时说："克制自己的私欲，使一切都复归于礼，这就是仁了。"一定要记住这个道理。啊！仁德是人性中如此美好的品德，实施仁德怎能不忍住自己的私欲呢？

※ 事例

有一年冬天，卫灵公下令调集民工在宫中挖一个大池塘。天气严寒，百姓劳作非常辛苦，但却敢怒不敢言。

大臣宛春知道了这件事后，便劝谏卫灵公说：“天气如此寒冷，还要兴办工程，恐怕会损害老百姓。”

“我不觉得天很冷呀。”卫灵公不以为然地说。

宛春说：“国君您穿着狐皮裘，坐着熊皮席，屋里又有火炉，当然不会觉得冷了。而现在老百姓的衣服捉襟见肘，破旧不堪，鞋子坏了都来不及修补。您是不觉得冷，而百姓却感到冷得很！”

卫灵公称赞地点点头道：“你说得很好，我马上下令停工。”他立即下令停止了修池工程。

宛春告退后，侍从们都在一旁劝说道：“国君您下令要民工挖池，如果百姓知道是因为宛春劝谏大王，而下令停止工程，这样做会使百姓感激宛春，而怨恨您的。这恐怕对国君您不利吧！”

卫灵公对此不以为然，淡然一笑，说：“你们过虑了，怎么会这样呢？宛春不过是鲁国的一个平民而已，而我任用了他，老百姓对他的了解还很少。现在我要让老百姓通过这件事了解他。而且宛春有善行就如同我有善行一样，宛春的善行不就是我的善行吗？”

义之忍第二十一

※ 原文

义者，宜也。以之制事，义所当为，虽死不避；义所当诛，虽亲不庇；义所当举，虽仇不弃。

李笃忘家以救张俭，祈奚忘怨而进解狐。

吕蒙不以乡人干令而不戳，孔明不以爱客败绩而不诛。

叔向数叔鱼之恶，实遗直也；石碏行石厚之戮，其灭亲乎？

当断不断，是为懦夫。勿行不义，勿杀不辜。噫，可不忍欤！

※ 译文

义，道义，指恰当准确地处理事情的标准。以义为准绳来处理事务，事务就能得到适宜的处理；道义上当为的事情，即使是牺牲性命也在所不惜；道义上该处死的人，即使是亲人也不包庇；道义上该举荐的人，即使是仇人也不舍弃。

东汉李笃舍生忘死以救正直却被诬为党人的张俭，是为义；祈奚尽释前嫌举荐仇人解狐，是为义。

三国吕蒙不因犯法之人是自己的同乡而不斩，诸葛孔明不因败绩之人是自己的爱将而不诛。

《左传》记载，叔向数落兄弟叔鱼的罪恶，毫不包庇遮掩，确实留下了正直之人的名声；《左传》又记载，隐公四年，石碏杀掉儿子石厚，应该可以算是大义灭亲吧？

该做决定的时候犹豫不决，这样的人是懦夫。不要做不道义的事情，不要杀无辜的人。啊！义是一个人处事的准则，舍生取义，大义灭亲，是大家所推崇的，为了义，怎能不忍住自己的一些私情呢？

※ 事例

元朝，董文炳出任县令。正赶上朝廷开始普查百姓的户数，以便按户数征收赋税，同时朝廷还下令，谁要敢隐瞒实际户数，就处以死刑，没收家财。董文炳深知老百姓负税太重，想为老百姓谋利益，因此让老百姓聚居在一起，以减少户数。众官吏反对他这样做，董文炳却说："为百姓犯法而获罪，我心甘情愿。"因此，当地的赋敛大为减少，百姓都很富足。

董文炳的声誉波及四邻八县，外县的人，如果诉讼不能得到公正地判决，就来请董文炳裁决。董文炳到大府去述职的时候，外县的人纷纷前来看他，想看看这位董县令究竟是人还是神，否则，他断案为何能那么神明呢？

他还多次慷慨地为百姓捐私产。《元史·董文炳传》载：当地十分贫穷，再加上干旱，蝗虫肆虐，朝廷又"征敛日暴"，百姓难以生存，董文炳就拿出私粮数千石分给百姓，以使百姓的困境有所宽解。又因为前任县令"军兴乏用，称贷于人"，而贷家索取利息数倍，县府没法还贷，欲将百姓的蚕丝和粮食拿来偿还。这时，董文炳又站出来替百姓说话："百姓实在是太困苦了，我现在当任县令，义不忍视百姓再遭搜刮，由我来代偿吧！"于是将自己的"田、庐若干亩，计值与贷家"，同时"复籍县间田以民为业，使耕之"，使得流离失所的百姓逐渐回来安居乐业，数年间便达到"民食以足"。

他关心百姓疾苦，为民做主，为民谋利，他说："我到死也不会剥削百姓去得利益。"后来有个贪婪的府臣向他索贿不成，便借机对董文炳加以陷害，董文炳当即弃官而去。

董文炳为官期间，不谋私利，不敛钱财，为民请命，体察民情，他并没有像其他世俗的官吏那样，为官一任，富己一人。也许在那些官吏眼中，董文炳是大大的糊涂，但是百姓却不会忘记这样的“糊涂”之人。

礼之忍第二十二

※ 原文

天理之节文，人心之检制。出门如见大宾，使民如承大祭。当以敬为主，非一朝之可废。

鉏麑屈于宣子之恭敬，汉兵弭于鲁城之守礼。

郭泰识茅容于避雨之时，晋臣知冀缺于耕馌之际。

季路结缨于垂死，曾子易箦于将毙。噫，可不忍欤！

※ 译文

礼是根据上天的意志所制定的一些行为规范，也是对人的行为的一种制约。《论语》记载，孔子曾说：“出门时要像见地位很高的长者一样恭敬，用民时要像亲临重要的祭祀一样有礼。”礼的核心就是敬，这不是一朝一夕就能废除掉的。

《左传》记载，宣公二年，义士鉏麑受晋灵公之命刺杀赵宣子，但因见赵宣子对晋灵公特别恭敬而深受感动，决定不杀赵宣子，触槐而死；汉高祖五年，汉出兵围攻鲁国，却发现鲁国是遵守礼义的国家而罢兵不战。

东汉郭泰在避雨的时候结识了茅容，因见茅容杀鸡做菜送给母亲，然后和郭泰用蔬菜喝酒而深受感动，佩服茅容的有礼；《左传》记载，喜公三十三年，晋国白季经过冀地，看见正在除苗的郤缺与给他送饭的妻子相敬如宾，故赏识郤缺的有礼而向晋文公推荐郤缺做了大夫。

《左传》载，哀公十五年，孔子的弟子子路在临死时还不忘系好帽子。《礼记·檀弓》载，曾子临死时还记着要更换身下季孙所赐的席子。他们都是不敢忘记礼数啊！他们对礼的恪守和实践可以垂教后世啊！唉！恪守礼教，是遵天意顺民心的，在这个礼仪之邦，我们怎能不忍住无礼行为呢？

※ 事例

郑均，字仲虞，东汉河北任县人，少年时喜欢黄、老学说，仗义而诚实。他的哥哥是县衙里的官吏，经常收受他人的贿赂。郑均多次劝阻兄长，丝毫不起作用，于是他就到外地去给别人做佣工。

一年之后，他把挣来的钱带回家全部交给哥哥，并对哥哥说："财物用完了，可以再挣回来；名声失去了，是永远也找不回来的。你做官吏却贪赃枉法，是会被人一辈子都瞧不起的，更会为后世人所唾骂。哥哥你好好想想我的话有没有道理？"

哥哥听了，很受感动，猛然惊醒，放弃了以前的不齿行为，重新做人，后来竟然以廉洁著称于世。哥哥去世后，郑均又悉心照顾嫂子和侄子，不敢有一点怠慢。人们对他的品行都称赞不已，官府知道后也特召其为官。到建初年间，他担任了尚书一职。汉章帝非常敬重他，他因病告归后，章帝东巡专门到他家，赐他终身享受尚书俸禄，当时人称他为"白衣尚书"。

郑钧的一言一行，完全出于礼数。哥哥的一意孤行，郑均非但没有效仿，反而常常良言相劝，最后以自己的行动来打动哥哥，使其醒悟。在哥哥去世后，他又悉心照顾嫂子和侄子，尽到了应尽的义务，恪守了礼节。他用自己的"礼"，引导了亲人的道德取向。

智之忍第二十三

※ 原文

樗里、晁错俱称智囊，一以滑稽而全，一以直义而亡。

盖人之不可智用之，过则怨集而祸至。故宁武之智，仲尼称美；智不如葵，鲍庄断趾。

士会以三掩人于朝，而杖其子；闻一知十之颜回，隐于如愚而不试。噫，可不忍欤！

※ 译文

秦国的樗里和西汉的晁错都号称"智囊"。樗里善于用滑稽的行为掩盖自己的智慧，因此保全性命并得到善终；而晁错却因性情耿直、敢说敢为，而腰折于市。

人不可以无智谋，但用智太过，就会招来别人的怨恨，甚至灾祸。所以卫国的宁武在国家太平的时候就表现得很聪明；在国家动乱的时候，便装作糊涂，孔子称赞他善用智谋。《左传》载，成公十七年，鲍庄将齐国大夫庆克和皇太后私通的事告诉别人而被皇太后设计陷害砍了脚，孔子感叹鲍庄的智慧不如葵花，葵花还能向着太阳，用叶子保护自己的根。

《国语》载，春秋时范武子的儿子范文子凭猜出三个哑谜的谜底而在朝廷逞能，范武子于是杖打儿子；孔子的弟子颜回，听到一件事能知道十件事，但他从来不显现和任用这种智慧。有智慧的人还要善于运用自己的智慧，做到大智若愚，这样才能不断增长智慧。同样，有智慧也可能导致不同的结局，怎能不忍忍炫耀聪明才智的心呢？

※ 事例

许攸是曹操的一个谋士，他自谦避祸，很善于隐蔽锋芒。

他担任军师，跟随曹操征战疆场，筹划军机，克敌制胜，立下了汗马功劳。曹操非常器重他，对他的贡献给予了很高的评价。后来，他又转任中军师。曹操成为魏公之后，他又被任命为尚书令。

许攸有着超人的智慧和谋略。他在朝二十余年，处理政治旋涡中上下左右的复杂关系，从容自如；处于极其残酷的人事倾轧中，始终地位稳定，立于不败之地。曹操向来以爱才著称，但是他作为封建统治阶级的铁腕人物，在铲除功高盖主和略有离心倾向的人方面，从来都不犹豫和手软。一个很典型的例子就是一号谋臣荀彧。荀彧力保汉室，因不支持曹操做魏公，被逼迫自杀。但是许攸就很注意将自己超人的智谋应用到防身固宠、确保个人安危方面。

曹操有一段反映许攸具有特别谋略的话，很形象，也很精辟，是这样写的：“公达外愚内智，外怯内勇，外弱内强，不伐善，无施劳，智可及，愚不可及，虽颜子、宁武不能过也。”可见，许攸平时非常注意周围的环境，对内对外、对敌对己都有不同的方式。参与军机的谋划之时，他总是智慧过人，迭出妙策；迎战敌军之时，他总是奋勇当先，不屈不挠；面对曹操、同僚之时，他却注意不露锋芒、不争高下，将自己的才能、智慧、功劳谨慎地掩藏起来，显得很谦卑、文弱，甚至愚钝、怯懦。

许攸这种大智若愚、随机应变的处世方略，虽然不免有故意装“愚”卖“傻”之嫌，但是却不能不说其效果甚佳。他与曹操相处了二十余年，一直深受宠信，双方关系非常融洽，而且从来没有人对他进行谗言陷害，最后善终而死。到他死后，曹操还痛哭流涕，对他的品行推崇备至，并且赞誉他为谦虚的君子和完美的贤人。

信之忍第二十四

※ 原文

自古皆有死，民无信而不立。尾生以死信而得名，解杨以承信而释劫。

范张不爽约于鸡黍，魏侯不失信于田猎。

世有薄俗，口是心非。颊舌自动，肝膈不知。取怨之道，种祸之基。诳楚六里，勿效张仪；朝济夕版，曲在晋师。噫，可不忍欤！

※ 译文

《论语》载，子贡向孔子询问治国之道时，孔子答道："自古以来，人都会死，但是一个人没有信用就不能立身，一个君主如没有百姓的信任就不能立国。"《庄子·盗名篇》载，尾生曾和一个女子约定在桥下见面，那个女子没来，大水来了，尾生还不离去，就抱着桥柱淹死了，尾生守信的名声便流传百世。《左传》载，宣公十五年，晋国大夫解扬虽被敌国楚国所俘，但他坚守信用，抓住机会，让宋人知道晋国将起兵救宋的消息，完成了晋君的命令，楚人为他守信的精神所折服，将他释放回国。

东汉时的范式和张邵分离时，范式曾许诺两年后他会去张邵家。两年后，他们没有违背分别时做出的承诺，兑现了诺言。《战国策》载，魏文侯跟虞人约好出去打猎，但到了这天酒意正酣，天又下雨，魏文侯仍然如期赴约。

人世间有轻薄的风俗，往往口是心非，言不由衷，不守信用，这是招致怨恨的原因，也是招致祸害的根苗。《战国策》载，战国时的张仪以六里换六百里之辞欺骗楚怀王，使楚国大败，后人不要仿效他的口是心非；《左传》载，僖公三十年，晋惠公得到秦国帮助才得以回到晋国为王，但他背信弃义，没有兑现割让焦瑕给秦国的诺言，与秦国为敌，结果遭到秦国的征伐，是咎由自取。啊！有信才能立身、立国，不信则会取怨种祸，怎能不忍一忍对"信"的背弃之心呢？

※ 事例

晋文公攻打原国，和大夫们约定十天为期限，要攻下原国，因此只携带了可供十天食用的粮食。可是十天过去了却没有攻下原国，晋文公便下令敲锣退军，准备收兵回晋国。

这时，有战士从原国回来报告说："再有 3 天就可以攻下原国了。"这是攻下原国千载难逢的好机会，眼看就要取得胜利了。晋文公身边的群臣也劝谏说："原国的粮食已经吃完了，兵力也用尽了，请国君再等待一些时日吧！”

晋文公语重心长地说：“我跟大夫们约定了十天的期限，若不回去，就失去了我的信用啊！为了得到原国而失去信用，我办不到。”于是下令撤兵回晋国去了。

原国的百姓听说这件事，都说：“有君王像晋文公这样讲信义的，怎可不归附他呢？”于是原国的百姓纷纷归顺了晋国。

卫国的人也听到这个消息，便说：“有君主像晋文公这样讲信义的，怎可不跟随他呢？”于是也向晋文公投降。

孔子听说了，就把这件事记载下来，并且评价说：“晋文公攻打原国竟获得了卫国，是因为他能守信啊！”

喜之忍第二十五

※ 原文

喜于问一得之，子禽见录于鲁论；喜于乘桴浮海，子路见诮于孔门。

三仕无喜，长者子文；沾沾自喜，为窦王孙。

捷至而喜，窥安石公辅之器；捧檄而喜，知毛义养亲之志。

故量有浅深，气有盈缩；易浅易盈，小人之腹。噫，可不忍欤！

※ 译文

《论语》载，孔子门生陈子禽，通过向孔子的儿子孔鲤问问题而得知要学诗，要学礼，圣人不偏爱自己的儿子这三个答案。陈子禽能“问一得三”感到非常高兴；孔子另一弟子子路因为听孔子说要带他乘坐木筏浮海远航而得意扬扬，殊不知这是孔子哀叹主张不行的假托之词，所以子路的言行遭到孔子的责备。

《论语》载，楚国的子文，三次当了令尹，却毫无喜色，三次被罢免，也毫无愠色，乃宽大长者之度量；西汉的窦婴，被封为魏其侯而沾沾自喜，终没被重用。

晋朝的谢安在淝水之战捷报传来时，正与客人下棋，不动声色，客人走后，他高兴过甚，连木屐上的齿都折断了，当时的人说他确实有公辅的器量；东汉的毛义，以孝闻名，接到官府的委任状时，毛义喜不自胜，被张奉瞧不起，后来毛义母亲去世，毛义辞官服孝，拒绝再度做官，由此可见毛义奉养母亲的心志。

因此，人的度量有深有浅，志气有大有小；子文、谢安、毛义的欣喜与子禽、子路的沾沾自喜是不可同日而语的。前者含蓄、宽容、恢宏广大，是君子的品格；而后者的见识短小、气量狭隘、容易满足，乃是小人之腹。啊！人逢喜事精神爽，从对待喜事的态度可以判断一个人的胸襟。面对喜事，你怎能不忍住自己的过分得意呢？

※ 事例

有个宋国人叫曹商，从小父母双亡，家徒四壁。

一个偶然的机会，他替宋王出使秦国，宋王给了他几辆马车。到了秦国，曹商有意讨好秦王，专拣秦王爱听的话说，秦王听得晕乎乎的，又赏给他 100 辆马车。

曹商得到这么多马车，十分得意。回到宋国，他为了炫耀自己，便去见庄子，对庄子说："居住在穷闾陋巷，住着漏雨的房子，穿着破旧的衣服，饿得脖子又细又长，脸色发黄，一副穷困潦倒的模样，那是我的短处。一旦我为秦王所信任，说服万乘之主，一下子就得到了 100 多辆车子，从此衣食不愁，安步当车，这是我曹商的长处啊！"说完他得意地大笑起来。

庄子是个很有志气的人，最看不起这种得志便猖狂的小人，于是想狠狠地教训曹商一番，便笑着说道："您是比我有本事，稍微摇唇鼓舌就得到了这么丰富的馈赠。我听说秦王患有痔疮病，请了许多人为他医治，秦王下了一道赏令，能为他挤脓疮、挑粉刺的得赏车一辆，能用舌头给他吸吮痔疮的，赏赐马车 5 辆。看来，所医治的病越下贱肮脏，得到的赏车就越多，这对某些人来说，似乎也是一桩美差。你现在得到秦王这么多赏车，大概不只是给秦王舔痔疮吧？要不然怎么会得到这么多的马车呢？"说完，庄子哈哈大笑起来。

曹商被庄子嘲笑了一番，脸上一阵红一阵白，灰溜溜地走了。

怒之忍第二十六

※ 原文

怒为东方之情而行阴贼之气，裂人心之大和，激事物之乖异，若火焰之不扑，期燎原之可畏。

大则为兵为刑，小则以斗以争。太宗不能忍于蕴古、祖尚之戮，高祖乃能忍于假王之请、桀纣之称。

吕氏几不忍于嫚书之骂，调樊哙十万之横行。

故上怒而残下，下怒而犯上。怒于国则干戈日侵，怒于家则长幼道丧。

所以圣人有忿思难之诫，靖节有徒自伤之劝。惟逆来而顺受，满天下而无怨。噫，可不忍欤！

※ 译文

怒是七情六欲的一种，阴阳家称之为“东方之情”，怒极了就会做出阴险盗窃的事情。所以发怒的结果是破坏内心的和气，激发事物朝不正常的方向发展，做事就不会顺心如意。《尚书·盘庚》说，如果内心的怒火不被扑灭，那么它就犹如原野上燃烧的大火，其气势和后果是非常令人恐惧的。

大怒会导致冲突引起战争，小怒会导致纷争引起殴斗。唐太宗听信谗言无心辨别张蕴古的是非，一时意气用事，错杀张蕴古，还因卢祖尚拒绝君命，一时大怒又下令杀了卢祖尚，后来唐太宗意识到自己因一时怒气而杀人是暴行，自我悔过；汉高祖刘邦曾忍怒立韩信为王，以守故土，也曾怒刑萧何，但之后认错，自比桀纣。

西汉的吕后几乎忍受不了匈奴冒顿单于送来的那封言辞无礼下流的信的羞辱，心中大怒，欲折调樊哙发兵十万进攻匈奴，后经季布劝说而改变主意，以礼待敌，结果冒顿单于派人前来谢罪。

所以居于高位的人，凡事不能容忍，动辄发怒，就会残虐下位的人；居于下位的人，不顾礼义，而逞强发怒，就一定会冒犯上位的人。对于国家来说，一旦双方产生怒气则会引发战争；对于家庭来说，一旦内部产生怒气就会失去伦理之道。

所以孔圣人告诫：“忿思难。”是说人如果要发怒的时候，应当考虑由此而来的患难来抑制自己的愤怒；陶潜对怒气这样形容：“怒气剧炎火，焚和徒自伤。触来勿与竞，事过心清凉。”是说发怒只会对自己的身体造成伤害。只有逆来顺受，才能行满天下而不会受到怨恨。唉！怒有如此多的恶果，面对不顺之事时，怎能不忍一忍心中的怒气呢？

※ 事例

东汉初年，大将贾复率军屯驻汝南。他的部将在颍川杀了人，被颍川太守寇恂问斩。

当时，由于法治混乱，军人犯法，大多姑息宽容，因此贾复认定自己的部将被杀是寇恂有意在和自己作对。不久，他接到命令率军开赴洛阳，途中将经过颍川。临行前，贾复对左右人说：“我与寇恂同样是将帅，我的部下却被他陷害治罪，大丈夫岂能受此耻辱？来日再见到寇恂，我一定杀死他。”

寇恂听说贾复要经过这里，已经猜测到了他的心理，因此不想与贾复相见。他的部下非常不理解，寇恂则以廉颇和蔺相如的故事来劝导部下，并命令属县准备酒肉饭菜慰劳贾复的部队，等贾复部队到达时，发给每个士兵双份的饭菜。

当贾复率部到来时，作为颍川太守，寇恂不得不出来恭候大军。然而，没等与贾复相见，寇恂便谎称有病回去了。贾复想集合士兵追杀寇恂，然而由于士兵们自进入颍川地界，一路酒足饭饱，而且个个喝得醉醺醺的，根本没有办法进行追杀，贾复无可奈何，只好作罢。

事后，光武帝得知此事，便亲自出面为他们和解。于是，二人冰释前嫌，结为朋友。

疾之忍第二十七

※ 原文

六气之淫，是生六疾。慎于未萌，乃真药石。

曾调摄之不谨，致寒暑之为衅。药治之而反疑，巫眩之而深信。卒陷枉死之愚，自背圣贤之训。

故有病则学乖崖移心之法，未病则守嵇康养生之论。

勿待二竖之膏肓，当思爱我之疾疢。噫，可不忍欤！

※ 译文

《左传》载，秦国医和在为晋侯治病时曾经说，阴、阳、风、雨、晦、明为六气，过剩了就会产生疾病。人们用来治疗各种疾病的草药和砭石很多，但真正的药石却是用在无病之时的谨慎预防。

如果衣食调理不当，持身不谨，就会致风寒暑热侵入体内而生疾。药是圣贤制造出来专门用于治病的，但愚昧的人不信医药而信巫术，结果枉送性命，这是违背了圣贤的教训。

所以有病的时候要学习宋代张咏的移心之法，长久保持安静，病就会好；而在无病的时候则要遵守晋朝嵇康的养生之法，清净虚无，清心寡欲，这才是养生之道。

不要等到病入膏肓才去医治，要在无病的时候就谨慎预防；还应当常常想到别人对我的宠爱也有可能成为危及健康的疾病。唉！疾病危及健康，对那些导致疾病的事怎能不忍一忍呢?

※ 事例

扁鹊是古代一位名医。有一天他去见蔡桓侯，在仔细端详了蔡桓侯的气色后，说：“大王，您得病了。现在病只在皮肤表层，赶快治，容易治好。”

蔡桓侯不以为然地说：“我没病，用不着你来治！”扁鹊走后，他对左右说：“这些当医生的人，成天想给没病的人治病，好用这种办法来证明自己医术高明。”

过了十天，扁鹊再去探望蔡桓侯。他焦急地说：“您的病已经发展到肌肉里了，需要抓紧治疗！”蔡桓侯把头一歪，说：“我根本没病！”扁鹊走后，他很不高兴。

又过了十天，扁鹊再去看望蔡桓侯，更加焦急地说：“大王，您的病已经进入了肠胃，不能再耽误了！”蔡桓侯仍然连连摇头：“我哪有什么病？”扁鹊走后，他更不高兴了。

又过了十天，扁鹊再去看蔡桓侯，见面后只看了一眼，就掉头走了。蔡桓侯心里很纳闷，就派人去问他。扁鹊说：“有病不怕，只要及时治疗就会治好；只怕有病说没病，不肯接受治疗。病在皮肤，用热敷方法就能治好；病在肌肉，用针灸方法可以治好；病在肠胃，用汤药方法可以治好。但现在大王的病已深入骨髓，病得这样重，只能听天由命了。所以，我也不敢再请求给他治病了。”

不久，蔡桓侯的病果然发作了。他派人去请扁鹊，但扁鹊已经走了。没过几天，他就死了。

俗话说：“不听老人言，吃亏在眼前。”一味固执己见，听不进有经验的人的劝告，只相信自己的主观判断，肯定会失败。

当然，除了注意听取别人的意见和建议外，还要及时总结自己的经验，做到“吃一堑，长一智”，不重复犯以前的错误。

变之忍第二十八

※ 原文

志不慑者，得于预备；胆易夺者，惊于猝至。

勇者能搏猛兽，遇蜂虿而却走；怒者能破和璧，闻釜破而失色。

桓温一来，坦之手板颠倒；爰有谢安，从容与之谈笑。

郭晞一动，孝德彷徨无措；亦有秀实，单骑入其部伍。

中书失印，裴度端坐；三军山呼，张泳下马。噫，可不忍欤！

※ 译文

意志坚定，不因突发的事情而轻易动摇，是因为事前做了充分的准备工作；而那些胆量容易丧失的人，在突然来临的变故面前只能惊慌失措。

有勇之人因为事先有思想准备，所以能够和猛兽相斗，但遇到突然而至的蜂蝎时却逃跑；蔺相如有勇气让自己与和氏璧共存亡，却在听到锅被打破的时候吃惊不小。这说明充分的心理准备能使人勇气倍增，而意外的变故会使人手足无措，风度尽失。

传言西晋大司马桓温要杀王坦之、谢安，当桓温来朝见皇帝的时候，王坦之吓得汗流浃背，连上朝的手板也拿倒了；而谢安态度从容，言语机智，令桓温大为敬佩。

唐朝元帅郭子仪的儿子郭晞在邠州驻守时放纵士卒为暴，节度使白孝德敢怒不敢言；都虞侯段秀实捕捉了为恶士兵，单骑前往郭晞军营痛陈利害，最后郭晞请求谢罪改过。

唐代裴度听说官印丢失，安坐不动，照样喝酒；一会儿有人报告官印复得，裴度依旧端坐如故，因为他认为追查过紧印就有可能被毁，反之则有可能归还。裴度的胸怀、度量和冷静令人佩服。宋朝张泳阅兵时，军士大声起哄，三次高呼；张泳下马，也同样大声高呼三声，再骑马阅兵，起哄的军士被镇住了。啊！世事多变，只有做到事前准备充分，才能有足够的勇气和冷静的心态来应付。当意外变故来临时，怎能不忍一忍心中的胆怯和惊慌呢？

※ 事例

汉代将军李广与百余名骑兵出行时，远远望见前方有数千名匈奴骑兵。匈奴骑兵认为他们是在使诱兵之计，惊慌之中跑到山上列好了阵势。李广的百余名骑兵都很害怕，想要驱马返回。

李广说：“我们距离大部队有很远的路程，眼前的形势是敌众我寡。如果我们这百余人马往回赶，匈奴兵追着用箭射击，我们就会马上死光。现在我们停下来不走，匈奴兵一定以为我们是大部队的先遣队，而不敢轻举妄动。”于是他命令骑兵继续向前进发。等他们来到距匈奴阵地约两里的地方，李广又命令部队停下来，全部下马，卸下马鞍。

“我们距离敌人这么近，而且他们人数又那么多，万一发生紧急情况怎么办？”

部下有些担心地问。

李广说："那是敌人以为我们要退却，现在我们解除鞍具表示我们不会退却。"

匈奴骑兵果然不敢进攻。有个匈奴将领骑着白马出阵监护他手下的兵卒，李广上马与十几个骑兵边驰边射，将那个骑白马的匈奴将领射死，之后又回到自己的骑兵队伍当中，解下马鞍，让士兵们随意卧倒。天色已到了黄昏时分，匈奴兵对他们的举动感到很奇怪，仍然不敢进攻。半夜里，匈奴兵怀疑汉朝军队有埋伏，要趁夜色袭击他们，于是都撤退了。天亮以后，李广才带人安全回到大部队。

侮之忍第二十九

※ 原文

富侮贫，贵侮贱，强侮弱，恶侮善，壮侮老，勇侮懦，邪侮正，众侮寡，世之常情，人之通患。识盛衰之有时，则不敢行侮以贾怨；知彼我之不敌，则不敢抗侮而构难。

汤事葛，文王事昆夷，是谓忍侮于小。太王事匈奴，勾践事吴，是谓忍侮于大。忍侮于大者无忧，忍侮于小者不败。当屏气于侵杀，无动色于睚眦。噫，可不忍欤！

※ 译文

富有者常欺负贫困者，高贵者常欺负低贱者，强壮者常欺负柔弱者，凶残者常欺负善良者，年轻者常欺负年老者，有勇者常欺负懦弱者，邪僻者常欺负正义者，势众者常欺负势弱者，这是世之常情，人之通病。然而也应该认识到，富贵贫贱、强盛衰弱都是相对的，也是可以互相转换的。所以不要欺负别人以结怨；知道自己敌不过对方的时候，也不要顽强对抗对方的欺侮以惹祸。

商汤王不计较葛国的不恭，还送给其牛羊，并派人帮助耕种；周文王以自己高尚的道德来感化匈奴，使其停止侵略，这是他们忍侮于比自己弱小的对手。古公亶父礼遇入侵的匈奴，势力逐渐强盛；越王勾践忍侮做吴国的奴隶，卧薪尝胆终于灭掉了吴国，这是他们忍侮于比自己强大的对手。忍侮于比自己强大的对手时不会招来灾害；忍侮于比自己弱小的对手时不会失败。应该在面对侵杀的时候，屏住气息，不动怒；面对别人的冷眼时，不动声色，不生气。以德报德，是一个君子应该做的；以怨报德，是小人的行为；以怨报怨，是愚蠢之人的做法；以德报怨，是仁者的行为。

唉！为了自己不结怨，为了国家不惹祸，面对欺侮，怎能不忍一忍呢？

※ 事例

秦汉时期，匈奴冒顿杀死了自己的父亲，顺利地登上了单于的宝位。没过多久，强盛的东胡便派使者对冒顿说，希望能得到头曼单于生前的千里马。于是冒顿就把大臣们召到一起，向他们征询意见，大臣们都说："不能把千里马给他们，这可是匈奴的宝马。"冒顿摆了摆手说道："和人家做邻居，怎么能舍不得一匹马呢？"冒顿就把千里马送给了东胡。

一段时间过后，东胡人以为冒顿害怕自己，就又派使者对冒顿说，希望单于献上一个阏氏。冒顿又召来了大臣，向他们说了这件事，大臣们愤怒地说道："东胡得寸进尺，竟敢索要阏氏，请您允许我们率兵讨伐他们。"冒顿仍旧说："和人家做邻居，怎么能吝惜一个女人呢？"就把自己所爱的阏氏送给了东胡。

这样东胡就更加狂妄了，竟向西发动侵略。原来匈奴和东胡之间有一片荒芜地带，无人居住，双方各在自己的边缘地带设立守望哨所，但东胡却想独自占有它。

一天，东胡派使者对冒顿说："匈奴和我们边界哨所相接壤的荒弃地区，匈奴人不能到达那里，我们想拥有它。"冒顿征询大臣们的意见，有的大臣说："这块地方没有多大用处，让给他们也没有关系。"这时冒顿非常生气地说："土地是一国之本，怎么可以随便送人呢？"接着他又把凡是说可以给东胡土地的人都杀掉了。于是冒顿上了战马，率领军队攻打东胡，并下达命令：退后者皆斩。

冒顿率兵直奔东胡，由于东胡过于骄傲而没有多加防备，因此很快就被击溃了，于是冒顿很顺利地打败东胡军队，杀死东胡王，并掠走了东胡的人民和牲畜。回国以后，又向南吞并了娄烦和白洋河南王，向西赶跑了月氏。

谤之忍第三十

※ 原文

谤生于雠，亦生于忌。求孔子于武叔之咳唾，则孔子非圣人；问孟轲于臧仓之齿颊，则孟子非仁义。

黄金，王吉之衣囊；明珠，马援之薏苡。以盗嫂污无兄之人，以笞舅诬娶孤女之士。

彼何人斯，面人心狗。荆棘满怀，毒蛇出口。投畀豺虎，豺虎不受。人祸天刑，彼将自取。我无愧怍，何慊之有。噫，可不忍欤！

※ 译文

诽谤来自仇恨，也来自忌妒。《论语》载，孙叔武叔诋毁孔子，如果向孙叔武叔询问孔子的为人，则孔子不是圣人；《孟子》载，臧仓说孟子坏话，使鲁平公和孟子不能相见，如果向臧仓询问孟子的言行，则孟子不行仁义。

西汉王吉祖孙三代都以清廉著称，每当搬家时只有一袋衣服，却有人传谣说他能造黄金；东汉马援征讨交趾时，带回了一车能强身健体的薏苡，但有人诬陷说他带回的是一车明珠。西汉直不疑本来连兄长都没有，却有人诽谤他与嫂子私通；东汉第五伦三次娶妻，娶的都是孤女，却有人中伤他殴打岳父。

这些无中生有、造谣诽谤的人，真是人面狗心。他们满肚子的阴谋诡计，满口恶言恶语，就算是把他们扔到豺狼虎豹那里，豺狼虎豹都不愿吃他们。这些人作恶多端，老天必定会惩罚他们，这都是他们咎由自取。孟子说，上不负天，下不负人，那么就会心底坦荡，有什么可遗憾的呢！啊！诽谤者自会受到上天的惩罚，人们怎么能不忍一忍诋毁别人之心呢？

※ 事例

陈平投降汉朝以后，汉王刘邦任命他为都尉，对他百般亲近信任。这时周勃、灌婴等嫉贤妒能之人就无中生有地诋毁陈平说："陈平虽然长相姣美，像戴着帽子的玉石一般，但他肚子里没什么奇谋异策。我们听说陈平在老家时，和他的嫂子私通；在魏国做事不能容身，才逃出来归顺了楚王；归顺楚王后因不合心意，就又逃出来投降汉王。现在大王器重他，让他做了高官，派他监督各部籍领，可我们听说陈平接受将领们的行贿，行贿多的就得到好待遇，少的待遇就差。总之，陈平是个反复无常的乱臣，希望大王不要轻信他，应该对他的言行进行认真审查。"

汉王于是招来陈平责问："先生侍奉魏王未能投合，就离开魏国来投奔楚国，现在又跟随我做事，讲信用的人怎么能这样三心二意呢？"

陈平说："我追随魏王，魏王不能采纳我的主张，我因此离开他。而楚王不能信任别人，他所任用的不是项氏本家就是他老婆的兄弟，即使是奇谋之士他也不能重用，我为此才离开他。我听说汉王重用人才，因此前来归降大王。我孤身一人前来，形单影只，不接受钱财便无法生活。如果我的计谋确有值得采纳的，希望大王加以采纳；如果没有什么值得采纳的，我收受的金钱还在，可以封存起来送交官府，我也请求辞职回家。"

汉王听完这一席话，看出陈平是胸怀大志、深谋远虑的人，忙向陈平道歉，重重地赏赐他，任命他为护军中尉，所有将帅都受他监督。之后，将领们再也不敢对他指手画脚了。

别人的责难和诽谤对一般人而言是一种伤害，而对于有大智慧的人而言却恰恰是能证明自己的一次机会。陈平正是抓住了这次机会而使汉王真正认识到他的能力，并且为以后的成功奠定了坚实的基础。

誉之忍第三十一

※ 原文

好誉人者谀，好人誉者愚。夸燕石为瑾瑜，诧鱼目为骊珠。

尊桀为尧，誉跖为柳。爱憎夺其志，是非乱其口。

世有伯乐，能品题于良马；岂伊庸人，能定驽骥之价。

古之君子，闻过则喜。好面誉人，必好背毁。噫，可不忍欤！

※ 译文

《孔丛子》载，子思回答公丘懿子时说："不遵礼义而一味地讨好奉承别人的人，是最谄媚的人；不明察是非而喜欢别人赞美自己，是最愚蠢的人。"《新序》载，宋国的傻子把普通的燕石当作美玉来夸赞，遭人耻笑；《庄子》载，河上公的儿子把鱼目当骊珠来赞美，成为笑柄。

尧是一代明君，史称其仁如天，其智如神；而桀是一代暴君，史称其贪婪暴虐，琼宫瑶台，殚竭民财。柳下惠，是一名谦谦君子，孟子称他为"圣之和者"；而盗跖是秦国大盗，小人之流。如果把桀夸赞成尧，把盗跖赞誉为柳下惠，这难道不是爱憎不分、善恶不明、颠倒是非吗？

世有伯乐，然后有千里马。唯有伯乐，能辨别马的好坏，判定马的高下；岂能允许那些平庸之人随意去评价马之优劣？

古代圣人，听到别人指出自己的缺点和过失，就非常高兴。喜欢当面奉承别人的人，必定也喜欢在背后诋毁别人。啊！自己赞美别人，一定要分清是非；别人赞美自己，一定要格外小心。所以在赞誉面前怎能不忍一忍，再三思而行呢？

※ 事例

战国时期，魏国发兵大举进攻中山国。魏文侯的弟弟任主帅，仅用 3 个月，便把中山国消灭了。

魏文侯于是大摆宴席，热烈庆贺，并决定由自己的儿子去管理中山国的土地。

众大臣们惊愕不已，面面相觑，一言不发。因为按照当时魏国惯例，中山国应该交给魏文侯的弟弟管理，这是对功臣的一种奖励。魏文侯的弟弟听了这个宣布后，也起身拂袖而去。

魏文侯做了这件事后，心虚，害怕人们议论自己，就召集大臣们，故意问：“我是个什么样的君主呢？请大家直说无妨。”

许多大臣都恭维地说道：“大王功在千秋，百姓们爱戴，当然是仁君。”

魏文侯听了，半信半疑，瞅着各位大臣笑着说道：“是吗？难道我就没有一点过错吗？”

众大臣又附和着说：“大王英明神武，哪里会有过错呢？”

大臣任痤说道：“国君夺取了中山国之后，不封给有功的弟弟，却封给了自己的儿子，这怎么可以称为仁君呢？”

魏文侯一听，正好触到自己的痛处，顿时满脸生出愤怒之色。任痤见魏文侯恼羞成怒，急忙离座而去。

“你认为我是一个什么样的君主呢？”魏文侯又问身边的大臣翟璜。

翟璜平静地施了一礼说道：“我认为您是仁君。”

“你为什么这样认为呢？”

翟璜知道大王必有这一问，于是把准备好的回答全盘托出：“我听说，哪个国家的君主贤明仁厚，哪个国家的大臣就正直不二，从不隐瞒自己的观点。刚才任痤说话十分坦率，句句在理，所以我认为您是位贤明仁厚的君主。”

魏文侯听完，方才悔悟，便立即派人把任痤请回，又亲自下堂迎接，待之为上宾。

人贵有自知之明，魏文侯在别人揭他短处时，恼羞成怒，深感不快。但他的明智之处就在于他能够很快认识到错误，并马上改正错误。这样不仅使自己留住了一个直言敢谏的忠臣，也在群臣面前做了一个表率，为以后广开言路打下了基础，更在群臣中树立起贤明的形象。

谄之忍第三十二

※ 原文

上交不谄，知几其神。巧言令色，见谓不仁。

孙弘曲学，长孺面折，萧诚软美，九龄谢绝。

郭霸尝元忠之便液，之问奉五郎之溺器。朝夕挽公主车之履温，都堂拂宰相须之丁渭。书之简册，千古有愧。噫，可不忍欤！

※ 译文

《易·系辞》中说：“与比自己地位高的人交往不阿谀奉承，与比自己地位低的人交往也不盛气凌人。”这样的人就领会了与人交往的关键。《论语》曾说：“那些会说漂亮话、善于装扮自己的人，实际是放纵本能、丧失仁德的人。”

西汉辕固教导公孙弘要用正直的道理来说话，不学歪门邪道来欺世盗名。西汉汲黯，字长孺，性情倨傲，很少讲情面，当面指责汉武帝的过失。唐代张九龄刚正不阿，因萧诚柔美善言，不再和萧诚交往。辕固的正学、汲黯和张九龄的正直，成为后世的榜样，真令那些谄媚者汗颜。

唐代郭弘霸探视生病的御史中丞魏元忠，用手指蘸魏元忠的大小便来放在口里尝，以判断病势轻重，但魏元忠相当厌恶他的谄媚；唐代宋之问极力巴结武则天的宠臣张易之，甚至在张易之大小便时，宋之问都给他端便器，但在张易之失势时遭贬谪。唐代赵履温脱下朝服当绳子，用脖子为安乐公主拉牛车，以此来讨好公主；宋代的丁渭在都堂上为宰相寇准擦拭胡须上的汤渍。以上几个人的谄媚之举，都被载入史册，遭受后世的耻笑和唾弃。唉！谄媚之人遭世人唾弃，怎能不忍住自己的谄媚之心而以此为戒呢？

※ 事例

忽必烈是元朝的创建者，是为元世祖，是个有作为的皇帝。灭宋之前，他就已任用汉儒作为自己的谋士。灭宋之后，他更是广泛搜求宋朝名士任官，以帮助自己理政治民。

公元 1258 年，忽必烈奉蒙哥大汗之命，进军围攻鄂州，当时的宋朝则派贾似道前往救援。军队出发后不久，忽必烈便得知其兄蒙哥已死，因此，他急于回去争夺王位。正在这个时候，贾似道又派使来向忽必烈求和，忽必烈便顺势答应了对方，然后率领大军北返。结果，贾似道回到朝廷，却谎报说“鄂州大捷”，说蒙古兵已经肃清。

就这样，宋理宗被骗，将贾似道提拔为宰相。但是，朝野上下都是清楚事情的真相。留梦炎在明知贾似道欺骗皇上的情况下，不仅不揭发贾似道的恶行，反而依附并取悦于贾似道。当时，叶李只不过是个太学生，他对贾似道害国害民的行为颇为气愤，带头与同学八十三人，伏阙上书揭露贾似道的罪恶，遭到贾似道的追捕，因此逃匿，归隐于富春山。

宋亡之后，忽必烈多次派人征召，叶李都坚持不出，后来不得已才入见。忽必烈很赏识叶李，向他请教治国之道，叶李向忽必烈陈述古代帝王的得失成败，忽必烈颇为赞许，后提拔叶李担任资善大夫、尚书左丞。而对留梦炎这个宋朝丞相、有名的状元，忽必烈虽赏识其文才，但认为此人有私心而缺德行，因此对他降级使用。

后来，忽必烈向赵孟頫询问叶李、留梦炎两人的优劣，赵孟頫回答元世祖说："梦炎，臣之父执，其人忠厚，笃于自信，好谋而能断，有大臣器；叶李所读之书，臣皆读之，其所知所能，臣皆知之能之。"忽必烈说："汝以梦炎贤于叶李耶？梦炎在宋为状元，位至丞相，贾似道误国罔上，梦炎依阿取容；叶李布衣，乃伏阙上书，是贤于梦炎也。汝以梦炎父友，不敢斥言其非，可赋诗讥之。"因此，孟頫赋诗一首，其中有"往事已非那可说，且将忠直报皇元"的语句，忽必烈颇为赞赏。

笑之忍第三十三

※ 原文

乐然后笑，人乃不厌。笑不可测，腹中有剑。

虽一笑之至微，能召祸而遗患。齐妃嗤跛而郤克师兴，赵妾笑躄而平原客散。

蔡谟结怨于王导，以犊车之轻诋；子仪屏去左右，防鬼貌之卢杞。

人世碌碌，谁无可鄙。冯道兔园策，师德田舍子。噫，可不忍欤！

※ 译文

因为快乐而发自内心地笑，此乃人之常情，谁也不会讨厌。然而唐代宰相卢杞的笑，就让人莫名其妙。他的言语如口中有蜜一样甜，内心却如藏了一把剑一样狠毒。

笑一笑虽然是一件很小的事，却能招致灾祸留下隐患。《左传》载，宣公十七年，晋与齐会盟，齐国的后妃们嘲笑前来会盟的晋国使臣郤克的跛足，郤克大怒，兴师伐齐，齐国大败；《史记·平原君列传》载，平原君的美妾嘲笑跛脚的邻居，平原君答应邻居杀掉这个美妾，却迟迟未能实现承诺，导致其门下宾客逐渐减少。

东晋的王导害怕大老婆，急忙用牛车把小老婆送到别处安置，司徒蔡谟因此而笑谑他，王导大怒，两人便结下了怨仇；唐代郭子仪每次会见来访的宰相卢杞时都把所有的小妾丫鬟打发走，以防女人见了卢杞丑陋的相貌会发笑，从而得罪卢杞。

人生平庸，多是碌碌俗人，有谁会没有鄙俗之处呢？五代时的冯道担任要职，但外貌较为粗野质朴，因任赞和刘岳用《兔园册》来嘲笑他的农民出身而大怒，贬掉二人的官职；唐人娄师德为人性情敦厚，并没有因李昭德称他“庄稼汉”而发怒。啊！一笑可以结怨，一笑亦可以泯仇。面对可笑之事或可笑之人时，我们是不是该忍一忍欲笑为快之心呢？

※ 事例

战国时期平原君所居住的是楼房，高居在老百姓的房子上面。邻居家有个人是跛子，走路一瘸一拐的。

有一次，这个跛子一瘸一拐地出去打水，此时，平原君的美人正站在楼上，因此看到了跛子走路一瘸一拐的样子，忍不住大声嘲笑起来。跛子对此感到又羞又气，决定去找平原君讨个说法。

第二天早上，跛子来到平原君家里，请求平原君说：“平原君爱惜有才之士，有很多智者都不远千里来到这儿拜见您，就是因为您一直把士看得很珍贵，而把女子看得很低贱。这是尽人皆知的事。我早年不幸残废，成为跛子，走路的样子难看，您的美人看见我走路的样子便嘲笑我，这让我非常难堪。因此，我想得到那个嘲笑我的美人的头。”

平原君爽快地回答跛子说：“好！”

等跛子走后，平原君便用嘲笑的口气说：“哼！就这个小子，居然因为被嘲笑了一次，就想杀掉我的美人，真是太过分了，不知道天高地厚的家伙！”

因此，平原君迟迟没有杀掉那个美人。

一年多过去了，平原君发现自己门下的宾客莫名其妙地渐渐离去了，因此很是不解，于是就向别人询问这其中的原因。一个人回答平原君说：“您始终没有杀那个嘲笑跛子的美人，因此人们都在说您喜爱女色胜过喜爱有才之士，所以宾客们都离开了您。”

平原君听后，感到非常惭愧，于是狠狠心，将那个嘲笑跛子的美人杀掉了，并且亲自到跛子家中谢罪。而原来离开了他的那些士人们，也都渐渐地回来了。

妒之忍第三十四

※ 原文

君子以公义胜私欲，故多爱；小人以私心蔽公道，故多害。多爱，则人之有技若己有之；多害，则人之有技媢疾以恶之。

士人入朝而见嫉，女子入宫而见妒。汉宫兴人彘之悲，唐殿有人猫之惧。

萧绎忌才而药刘遴，隋士忌能而刺颖达。僧虔以拙笔之字而获免，道衡以燕泥之诗而被杀。噫，可不忍欤！

※ 译文

君子能以公理克服私欲，所以有博爱之心；小人放纵私欲不明天理，所以存害人之心。有博爱之心的人，看见别人有才能，就好像是自己有才能，对别人的美德总是真诚地爱慕；而小人则从一己私心出发，看见别人有才能就妒忌憎恶，看见别人有美德，就诋毁中伤，这种人比妖魔鬼怪更可怕！

西汉的邹阳因遭及诬陷而入狱时曾感叹："士人不管贤明与否，只要入朝就会遭到妒忌；女人不管漂亮与否，只要入宫就会遭到妒忌。"汉代吕后妒忌汉高祖所宠幸的戚夫人，因此百般残害戚夫人，并称戚夫人为"人猪"；唐代李林甫口蜜腹剑，嫉贤妒能，残害俊杰，人称他"李猫""人猫"。

南朝梁的萧绎忌妒刘之遴的才能超过自己，派人送毒药将刘之遴毒死；隋朝的老儒们忌恨年轻的孔颖达学识超越他们，便暗中派刺客杀死孔颖达。南朝刘宋王僧虔因宋孝武帝想以书法闻名天下，便故意把字写得很差，不敢露出自己的真迹，以求平安；隋朝薛道衡因文才出众而遭隋炀帝忌恨，被借故绞死。唉！妒忌之人如此毒辣，怎能不忍住自己的表现欲且隐藏自己的才干呢？

※ 事例

楚汉之争，汉高祖刘邦逼得西楚霸王项羽在乌江自刎，然后夺取了天下。建立汉朝以后，汉高祖在洛阳南宫设酒宴，说道："今日设宴，各位列侯将领不用隐瞒我什么，都说说自己的真实看法吧。我夺得天下的原因是什么？项羽失去天下的原因又是什么？"

高起、王陵沉思了一下，回答说："陛下性情随便、爱羞辱人，项羽仁慈且爱护人，但是陛下派人攻占城池夺取土地，打下的城池土地就会封给有功的人，和天下人共同享受利益；而项羽嫉妒有才能的人，有功劳的就杀害他们，有才干的就怀疑他们，打了胜仗却不给人记功，夺得土地却不给人好处，这就是他失天下的原因。”

高祖说：“你们两位只知其一，不知其二。如果说运用计谋策略，决定战争的胜利，我不如张良；镇守国家，安抚百姓，供应粮饷，不断粮路，我不如萧何；组织指挥百万大军，战无不胜，攻无不克，我不如韩信。这三位，都是人中的豪杰。我虽不才，但是我善于使用他们，而且用人不疑，疑人不用，这就是我得到天下的原因。项羽只有一个范增，却不能给予他足够的信任和重用，这就是他失败的原因。”

忽之忍第三十五

※ 原文

勿谓小而弗戒，溃堤者蚁，螫人者虿。

勿谓微而不防，疽根一粟，裂肌腐肠。

患尝消于所慎，祸每生于所忽。与其赞赏于焦头烂额，孰若受谏于徙薪曲突。噫，可不忍欤！

※ 译文

不要因为事情微小就没有戒心，不加提防。千丈之堤，常因蚁穴而溃坏；蜂蝎很小，却能使人中毒身亡。

不要因为细微之处就大大略过，不加警惕。疽初发时也不过一粒米那么不起眼，但是治迟了就会破裂肌肤，腐烂肠胃，丧失性命。

人谨慎的时候，祸患自然就会消失，但祸患往往是发生在人疏忽大意的时候。与其在发生大火之后奖赏救火者，忙得焦头烂额，不如当初听从别人弯曲烟囱、搬开柴草的建议。啊！小事能酿成大祸。未雨绸缪，防患于未然，才能将灾祸消灭在萌芽状态，怎能让自己疏忽大意呢？

※ 事例

东晋的时候，有个人叫温峤，自幼聪明颖慧，有胆有识，博学善文，尤其以孝顺著称乡里。十七岁时，他就开始做官，由于业绩突出，因此官职不断上升。晋明帝即位后，温峤任侍中，朝廷里的机密大事他都能够参与。因为受到明帝重用，所以他也受到权臣王敦的嫉恨，但是王敦仍然让他担任左司马。

温峤心里清楚，王敦用他并不是信任他，而是要将自己置于手下加以控制。于是，温峤就假装顺从，以使王敦高兴。同时，对于王敦的心腹钱凤，温峤也常在人前夸赞他才华横溢，满腹经纶。钱凤听后从心里感到高兴，也与温峤相友好。

这时丹杨尹的职位空缺，温峤主动推荐钱凤，而钱凤亦推举温峤。王敦听从钱凤的建议，请求朝廷任命温峤为丹杨尹，还亲自为温峤饯行。温峤担心钱凤在自己走后从中作梗，在王敦面前说自己的坏话，就在宴席上装作醉酒，用手将钱凤的巾帻击落在地，满脸怒色地大叫："钱凤是什么人，我温峤行酒他敢不喝！"以此先发制人。

王敦以为温峤真的喝醉了，也不责怪，一笑置之。温峤又担心王敦中途变卦，临行时与王敦洒泪告别，还故意装作恋恋不舍的样子，三出三入，然后才上路赴任。等温峤出发后，钱凤就入见王敦劝谏说："温峤与朝廷关系甚密，与庾亮也是深交，此人未必可信。"

王敦笑曰："温峤昨天醉酒得罪了你，你是不是因此而来谗毁他呢？"钱凤的阴谋没有得逞。而温峤得以安全还都，向朝廷汇报了王敦的逆谋，请求朝廷早做准备，以备不测。

忤之忍第三十六

※ 原文

驰马碎宝，醉烧金帛，裴不谴吏，羊不罪客。

司马行酒，曳遐坠地。推床脱帻，谢不瞋系。诉事呼如周，宗周不以讳。是何触触生，姓名俱改避？

盖小之事大多忤，贵之视贱多怒。古之君子，盛德弘度，人有不及，可以情恕。噫，可不忍欤！

※ 译文

唐人裴行俭的下人私自骑皇上赏赐给裴行俭的宝马并摔坏了珍贵的马鞍，裴行俭并未责怪他；又有一次，裴行俭的手下军士在宴会上不慎摔碎了所展示的珍贵玛瑙盘，裴行俭也没惩罚他；南朝梁人羊侃设宴，客人张孺才醉酒导致失火，损失不计其数，羊侃并没有怪罪这位客人。裴行俭和羊侃对他人的过失如此宽宏大量，确实难得。

晋人裴遐在周馥家下棋，周馥的司马劝酒，不慎把裴遐拉倒在地，裴遐慢慢爬起来，举止如故，表情无异，继续下棋；晋人谢安和蔡系因一个座位发生争执，被蔡系从座位上推了下去，把帽子和头巾都快弄掉了，谢安慢慢站起来又回到座位上，并没有怪罪蔡系。北魏度支尚书宗如周曾做过如州官，有人上诉时呼其“如周官”，他并没有介意；而五代人杨延郎因自己姓石而将石昂的姓改成了右，以避讳。是什么产生了触犯忌讳这一说法，而使人的姓名都要改换呢？

小人物在侍奉大人物的时候经常会不小心发生一些意外，高贵的人对待卑贱的人也常常会生气。如果大人物能为人宽宏大度一些，那么他就有君子之腹了。正如晋代卫蚧所说：“别人有没达到要求的地方，可以凭人情宽恕他。”唉！谁都会有犯错的时候，犯了错都希望别人能谅解。面对别人的过失，怎能不忍一忍自己的不满之心呢？

※ 事例

有一天，唐太宗李世民满脸怒气，要杀为他养马的人，旁人没有一个敢替养马人说话的。这时，长孙皇后走过来，她看见皇上的脸色不好，知道又有了不愉快的事，于是柔声问道：“皇上在为什么事生气呢？”

李世民告诉她说：“我的那匹最心爱的马好端端的突然死去，一定是养马人不负责任，让马吃了什么东西。你知道这匹马跟着我南征北伐，立下赫赫战功，现在无病而死，叫我怎么不伤心呢？因此，我一定要杀死这个养马人，看谁以后还敢不负责任！”

长孙皇后很不满意李世民的做法，想说几句好话救下养马人，可是握有至高无上权利的皇上正在气头上，恐怕帮不了这个忙了。她突然想起历史上发生过类似的事，不妨讲给皇上听听，也许能让他回心转意。

“陛下，你听说过齐景公杀养马人的故事吗？”长孙皇后的第一句话就把李世民的注意力拉过来了，他饶有兴趣地听着皇后说下去，“齐景公的一匹马死了，要杀养马人。有个叫晏婴的臣子站出来说，养马人有三条罪状。齐景公催着晏婴快说哪三条，晏婴说：‘第一条罪，养马人失职，没有养好马而被杀；第二条罪，养马人使国君因马死而杀人，全国的老百姓知道了，必然会埋怨国君把马看得比人还重要，这会损害国君的声誉；第三条罪，诸侯知道了这个消息，必然会看不起齐国，降低齐国的威信。’齐景公一听，说：‘杀一个养马人会带来那么多的麻烦事，那不杀就是了。’”

李世民听到这里，知道皇后是在借说故事批评自己，想想也确有道理，于是改变了主意，释放了那个养马人，仍让他为自己养马。

自此以后，养马人更尽心尽职地喂马，再没有发生过差错。

仇之忍第三十七

※ 原文

血气之初，寇仇之根。报冤复仇，自古有闻，不在其身，则在子孙。人生世间，慎勿构冤。小吏辱秀，中书憾潘。谁谓李陆，忠州结欢？

霸陵尉死于禁夜，庾都督夺于鹅炙。一时之忿，异日之祸。

张敞之杀絮舜徒，以五日京兆之忿；安国之释田甲，不念死灰可溺之恨。

莫惨乎深文以致辟，莫难乎以德而报怨。君子长者，宽大乐易，恩仇两忘，人己一致。无林甫夜徙之疑，有廉蔺交欢之喜。噫，可不忍欤！

※ 译文

血气方刚的时候，容易与人结怨，因此要防止结下仇恨的根苗。自古以来就有大量的报仇雪恨的例子，即使冤仇没有发生在本人身上，那么在其子孙身上也会得到报应。所以人生在世，要谨慎行事，不要轻易与人结下冤仇。晋朝孙秀在当小吏的时候多次受到潘岳的侮辱打骂，后孙秀以潘岳追随南天司马允作乱为由状告潘岳，潘岳及其族人因此获罪；三国时吴国太常潘濬担心中书郎吕壹利用职权、罗织罪名陷害忠良的做法会给国家带来祸患，就在孙权面前陈说吕壹的罪行，吕壹终被孙权所杀。唐代李吉甫受陆贽所害，多次被贬，却在被贬忠州后化干戈为玉帛，和陆贽结为莫逆之交。

霸陵亭尉被杀，是因为西汉李广被贬为百姓后，有一次晚上回家走到霸陵亭，他阻止李广通行；晋代人庾悦被夺去兵权，是因为先前他曾在刘毅向他讨要鹅肉的时候欺负刘毅。霸陵亭尉和庾悦都是由于一时之愤与人结下冤仇，结果遭到了报复，酿成灾祸。

西汉张敞杀了絮舜，是由于絮舜挖苦他只当了五天的京兆尹，办案能力值得怀疑；西汉韩安国原谅了那个在狱中曾以“溺死灰”之言欺负辱骂他的田甲，显示了其宽阔的胸怀。

天下最惨的事莫过于无端罗织罪名而置人于死地，天下最难的事莫过于以德报怨不计前嫌。君子和品德高尚的长者，胸怀博大，为人宽厚，不计个人恩仇，待人如待己，人们亲近这样的人。唐代宰相李林甫嫉贤妒能，结下许多仇怨，所以他每天都戒备森严，改换住处，担心刺客杀他；而战国时的廉颇和蔺相如摒弃前嫌，终成刎颈之交。冤仇宜解不宜结，不与人结怨，生活便快乐而轻松。一旦与人结怨，也应该采取以德报怨的行为来化解仇怨。面对挑衅，怎能不忍一忍冲突之心呢？

※ 事例

齐襄公是个无道的昏君。当时的齐国，有两位高瞻远瞩、经天纬地的人才：一个是管仲，一个是鲍叔牙。他们两人商议说："国君如果再这样昏庸下去，必然会丧失政权。齐国的各位公子中值得辅佐的，只有公子纠和公子小白。我们各侍奉一人，先得志的一个就招揽另一个。"

他们说的公子纠是齐襄公的长子，是鲁国女子所生；公子小白是次子，是莒国女子所生。于是，鲍叔牙跟随公子小白到了莒国，管仲跟随公子纠到了鲁国。

齐襄公的昏庸终于引起了群臣的愤怒，发动兵变，杀了齐襄公，立公孙无知为国君。随后，公孙无知也被刺杀了。众大臣派人去鲁国迎公子纠为君，公子纠就带着管仲，在鲁军的护送下向齐国进发。

公子小白在莒国听说齐国国乱无君，就与鲍叔牙计议，向莒国借得兵车百乘，也回齐国争做国君。

这样，兄弟二人之间发生了一场恶战。战斗中，管仲亲手射了公子小白一箭，使他受了伤。但最终还是公子小白杀死了公子纠，做了齐国国君，这就是齐桓公。

鲍叔牙是齐桓公的功臣，很受齐桓公的信任和敬重，齐桓公任命他做了军队统帅。他没有忘记管仲，找机会向齐桓公推荐管仲。起初，齐桓公不肯任用管仲，因为他曾经与自己为敌，还差点儿要了自己的命。鲍叔牙向他解释："管仲和我当初是各为其主，并没有错；要想干大事，就必须心胸开阔。"

于是，齐桓公不计前仇，接受了鲍叔牙的建议，任命管仲为宰相，最终成就了一代霸业。

争之忍第三十八

※ 原文

争权于朝，争利于市，争而不已，瞀不畏死。

财能得人，亦能害人。人曷不悟，至于丧身。权可以宠，亦可以辱。人胡不思，为世大僇？

达人远见，不与物争。视利犹粪土之污，视权犹鸿毛之轻。污则欲避，轻则易弃。避则无憾于人，弃则无累于己。噫，可不忍欤！

※ 译文

争权的人在朝廷上争权，争利的人在市场上争利，争来争去永不罢休，犹如夺财之人逞强而不怕死。

钱财能够对人有利，就如仁义散财而得民心；钱财同样也能害人，就如不仁不义之人，为了聚财不择手段而丢命。人为什么还不觉悟，以至于为了争夺钱财而丧命呢？权势可以使人得宠，也可能使人受辱。人为什么不仔细思索一下，以至于为了权势而断送自己的性命呢！

豁达的人有远见卓识，不与别人争名夺利。他们把利看得如同粪土一样污浊，把权看得比鸿毛还轻。对于污浊的东西，自然会想方设法地避开它，对于轻贱的东西，也会很容易地抛开它。避开了利则可以使人无恨，抛开了权则可以使自己轻松。唉！名利能利于人亦能害于人，面对名利，怎能不忍住自己的占有之心呢？

※ 事例

清朝末年，有一名知县叫陈树屏。他机智灵活，才思敏捷，尤其擅长为别人调解纠纷。他所言不多，却字字切中要害。只要他出面，不论什么事情，用不了一会儿工夫，保证大事化小，小事化了，所以人们都夸赞他的口才和机敏。

这一年的春天，阳光明媚，水光潋滟。陈树屏不由诗兴大发，兴致勃勃地邀请了一帮文人朋友到黄鹤楼上游玩。当时的湖北督抚张之洞和抚军大人谭继询是他的上司，两个人也乘兴而来。大家相互寒暄后，一边欣赏着黄鹤楼下的美妙春光，一边把酒谈笑。清风拂面而来，裹挟着花的芬芳；远处的长江风景秀丽，在阳光的照射下，闪烁着粼粼的波光，江面上帆来帆去。大家兴致高涨，宴席气氛非常融洽。

忽然，有个客人问：“你们看这江水浩浩荡荡，气势宏大，却不知这江面有多宽？”

大家都讨论起来。有的引经据典，有的猜测估计，还有的等着倾听别人的回答。张之洞和谭继询两个人是死对头，表面上合得来，心里却谁也不服谁。两个人很快就因为这件事情针锋相对起来了。

谭继询清清嗓子，说：“我曾经在一本书上看到过有关长江的记载，我记得是五里三分。”

张之洞听后，故意说：“不对，我记得很清楚，怎么会是五里三分呢？书上明明写的是七里三分。你说的那么窄，江水怎么会有这样大的气势呢？”

谭继询见对方和自己不仅意见相左，而且明摆着说自己引用有误，一时觉得面子下不来，就梗着脖子和对方争执起来，两个人闹得脸红脖子粗。

陈树屏眼看着这场争执就要破坏宴会的气氛，心里看不起他们的这种行为。他知道两个人是互相拆台，借题发挥。因为这个问题本来就是说不清楚的，即使说清楚了也没有多大意义。为了不扫来客的兴致，他灵机一动，不紧不慢地拱拱手，谦虚地说：“水涨时，江面就宽到七里三分，落潮时就降到五里三分。二位大人一个说的是涨潮时分，一个是指落潮而言，可见你们说的都有道理。这是没有什么好怀疑的！”

陈树屏放下手，端起自己的酒杯，高举着说：“这个问题暂时不用再说了。今日难得大家赏脸，也难得这么好的天气，来来来，为了今天的好景致，我们喝一杯。”

众人听完这不偏不倚的圆场话，都会心地笑了。张之洞和谭继询都知自己是一派胡言，只是和对方较劲。两个人一看东道主给自己台阶，赶紧顺势而下，举起酒杯。一场争辩就这样不了了之。

“横看成岭侧成峰，远近高低各不同。”由于每个人观察事物的角度不同，得出的结论也不一样，所以常常会发生一些争执。但是，对于许多无关紧要的事情和争论，最好的回应就是不偏不倚，没有必要较真；否则，既达不到一致的意见，又伤害了双方的感情，得不偿失。

欺之忍第三十九

※ 原文

郁陶思君，象之欺舜。校人烹鱼，子产遽信。

赵高鹿马，延龄羡余。以愚其君，只以自愚。丹书之恶，斧钺之诛。

不忍丝发欺君。欺君，臣子之大罪。二子之言，千古明诲。

人固可欺，其如天何！暗室屋漏，鬼神森罗。作伪心劳，成少败多。

鸟雀至微，尚不可欺。机心一动，未弹而飞。人心叵测，对面九疑。欺罔逝陷，君子先知。波遁邪淫，情见乎辞。噫，可不忍欤！

※ 译文

舜的弟弟象用土埋井，想活埋了舜，但未能得逞，便掩饰说，我万分想念你。《孟子》载，管池沼的人把子产吩咐放生的鱼煮熟吃掉，却欺骗子产说鱼自行游走了，子产相信了那人的话。象和管池沼的人实在欺人太甚了！

秦朝丞相赵高，指鹿为马，欺骗二世和世人；唐代裴延龄无中生有，欺骗德宗皇帝，说是在粪土中找到了十三万两银子，其他的东西价值一百多万。这些人愚弄他们的君主，只能是自欺欺人，没有好下场。赵高的“指鹿为马”成为欺骗的代名词，赵高的恶名也被载入史书；裴延龄无中生有更令人憎恶，其死后，举国上下互相庆贺。

赵宋人胡宿从不忍心在极细微的事情上欺骗君主；宋真宗朝的东宫谕德鲁宗道认为，欺君是臣子的大罪。胡宿和鲁宗道的话可以作为永久的教导，成为千古格言。

人固然可以被欺骗，但怎么能骗得了上天呢？即使在别人看不到的黑屋里或是房屋的角落里做亏心事，以为没有人会看见，但鬼神到处都有，神明是无所不知的。做欺骗他人的事情还得想法掩盖真相，这样会使人心力交瘁，而且谎言终会被拆穿，所以行骗的人失败的多、成功的少。

鸟雀虽然微小，但也不可被欺骗。弩机刚一动，镗中的弹丸还未来得及发出，它就会飞走。人心不可估测，即使面对面你也会难辨真假，就像埋藏舜的九疑山，九个山峰几乎都一样，根本分不清舜究竟葬在何处。《论语》载，孔子曾说：“可以让人远远地离开，却不可以陷害；可以欺骗，但不可以愚弄。”对此君子圣人总是先知先觉。孟子认为言为心声，言辞有不全面、过分、不合正道、躲躲闪闪的四种毛病，那么人就会有片面、失误、歪邪、理屈这四种行为，从语言的毛病就可以知道思想的失误。啊！谎言是无法长久的，欺人却欺不过天，如果有欺人之念，怎能不忍住呢？

※ 事例

战国时期，楚国三间大夫屈原回到自己的家乡秭归，在那里举行了一场考试，准备选拔人才。

“楚地多才子”，这是全国闻名的。一回到家乡，屈原就感受到了莘莘学子强烈的求知欲和良好的学风。这天晚上，屈原正在拟定考题，一群学生又来拜访。他把定好的试题搁在一边，和蔼地招呼他们。看着他们兴高采烈地指点江山，激扬文字，屈原颇感欣慰。

考试结束后，结果却让他出乎意料。因为有九十九个考生的成绩相同，这样就有九十九个并列第一，还有一个成绩稍稍逊色的，排列第二。这一下仅取前两名就有一百个人，显而易见，这个结果不正常。

屈原前思后想，把各个环节都回忆了一遍，心想肯定是那个拟定文题的晚上，前来拜访的学生中有人偷看了试题，并且泄露了出去。屈原一边埋怨自己的粗心大意，一边思考重新考试的方法。不久，他就想出了一个好主意。

新一次的考试开始了，面对学生，屈原高声宣布：“你们的成绩都很好，但是国家更需要全面发展的通才。现在这场复试的题目就是‘种谷子’。今天是谷雨，正是播种的好季节，你们每人都将获得一百粒谷种。回去后，细心照料，考试结果以秋后收谷多少为准。”

转眼间，秋收到了。九十九个获得第一名的学生有的背筐挑担，有的用车装载，看样子都是大丰收。只有那个考第二名的农家小伙子，最后一个走进来，手捧着一个小瓦罐，看到大家都满载而来，觉得很丢脸，垂头丧气地站在门口，不敢进来。

屈原逐个检查他们丰收的谷子，脸色越来越阴沉。当他看到站在门外的农家小伙子时，眼睛兴奋得发亮，问道：“你收的谷子呢？”

年轻人不安地回答：“学生无能，只收了九百多粒。我已经尽了自己最大的努力，但是只有三颗种子发了芽，就结了这么点粮食。”说完，便羞愧地低下头。

大家都哄堂大笑起来。屈原却严肃地宣布：“这次选拔他是唯一的贤才，因为他是最诚实的一个。我发给你们的谷种里有九十七粒都是煮熟的，而你们交来的粮食却这么多，这不是欺骗我吗？”

谎言是经不起推敲的，尤其是在智者面前。真正的贤才又岂能是靠欺骗的手段来立足于世的呢？

淫之忍第四十

※ 原文

淫乱之事，易播恶声。能忍难忍，谥之曰贞。

路同女宿，至明不乱；邻女夜奔，执烛待旦。

宫女出赐，如在帝右。面阁十宵，拱立至晓。

下惠之介，鲁男之洁。日磾彦回，臣子大节。百世之下，尚鉴风烈。噫，可不忍欤！

※ 译文

淫乱，最容易动摇人的性情，也最容易传出坏名声。淫欲对于有着七情六欲的人类来说是最难以忍耐之事，能够忍耐得了淫欲的人，别人都敬佩地称他们为贞节之人。

柳下惠是古代公认的贞节之人，其坐怀不乱的故事到现在还被人们津津乐道。有一次他出门回来晚了，只好睡在城门外，不久有个女子来同睡，柳下惠唯恐女子被寒冷的天气冻着，便让她坐在自己的怀中，用衣服盖着她，直到天亮，柳下惠没有一丝越轨的行为；鲁国颜叔子曾经遇到因大雨冲倒房屋而深夜投宿其家的邻居女子，颜叔子让那个女子睡，自己手持蜡烛，之后又烧屋上的茅草，以保持火光不灭，直到天亮，颜叔子都不生邪念。

西汉的金日磾，面对汉武帝赏赐给他的宫女，他能够做到就像在皇帝身边一样严肃；南朝刘宋时的褚渊相貌英俊，身形魁梧，被山阳公主安排在西上阁睡了十天，面对公主的诱惑，仍能做到恭敬地站着到天明，始终不动心。

柳下惠的忠直贞节世人敬佩，鲁国男子的洁身自好令人赞赏。金日磾不近所赐宫女，褚渊不从公主私欲，二人都不失大臣之操节。千百年来，他们的高风亮节确实是人之楷模。啊！淫欲最为难忍，但只有忍住淫欲，才能受人尊敬。面对情欲的诱惑，我们怎能不忍一忍淫乱之心呢？

※ 事例

公元 1643 年 9 月 20 日，皇太极病死于沈阳清宁宫。虽然在临终前，皇太极对皇位继承的问题已经有了安排，但是在他死后，还是因为这个问题，闹了一场不小的风波。当时，多尔衮拥有比较强大的势力，在他的操控下，福临被立为皇帝。多尔衮做这一切，都是为自己日后能登上皇位考虑的，因为当时福临年仅六岁，即位后必然先由他来辅政。

福临即位，是为顺治皇帝。其生母庄妃被尊为皇太后，多尔衮摄政，被尊为皇父。而庄妃为了保住权位，也希望有人能尽心辅佐顺治帝，所以对多尔衮百般笼络。而多尔衮也“兢兢业业”地辅政，凡事无论大小，都一一禀告皇太后，皇太后也让多尔衮随便出入宫廷。于是，多尔衮随意出入禁宫，有时甚至留宿于宫中。

据说多尔衮长得一表人才，精干秀拔，但是，他却是一位好色之徒。皇太后当时正值盛年，时间一久，二人便有了苟且之事，宫廷内外也有了一些闲言碎语。但是，多尔衮还不满足于与皇太后的苟且之事。

一次，他在皇太后那里见到了一位十分美丽的妇人，简直与皇太后之美不相上下。后来一打听，原来是皇太极长子豪格的福晋。此时的多尔衮已经迷上这位福晋了。

正在这个时候，多尔衮的原配妻子死了，她是因为多尔衮在外与别的女人鬼混而极为气愤，日久生疾而死。多尔衮办完了丧事，竟明目张胆地娶了豪格的福晋。

皇太后生怕自己同多尔衮的关系难保，于是将多尔衮请来，二人密谈了半日。多尔衮回去之后，忙找来范文程等几位老成持重而又大有学问的老臣商量此事，最后终于得出一计。范文程等人几天后给顺治帝上了一道奏章，大概内容是：皇父（多尔衮）刚刚死了老婆，而皇太后又独居寡偶，秋宫寂寂，这不合我们皇上以孝治天下的办法。根据我们这些愚陋的臣下的见解，应该请皇父皇母住到一个宫室里，以尽皇上的孝敬之道。

这一奏章交由内阁讨论，大家都畏惧多尔衮的权势，皇太后本人又同意，那还有谁敢反对？于是大家都随声附和，连连说好。

皇太后与多尔衮结婚之后，多尔衮还忘不了豪格的福晋，经常偷寒送暖，皇太后只得让多尔衮把豪格的福晋立为侧福晋。

后来，多尔衮又宠爱朝鲜的两位公主，经常外出打猎，让两位朝鲜公主陪伴，很长时间不回宫廷。

不久，多尔衮就因纵欲过度，在喀喇城围猎时，得了咯血症，不久身亡。

多尔衮在朝中专横跋扈而又好色成性，终因纵欲过度而得了不治之症，实在是罪有应得。

惧之忍第四十一

※ 原文

内省不疚，何忧何惧？见理既明，委心变故。

中水舟运，不谄河伯。霹雳破柱，读书自若。

何潜心于《太玄》，乃惊遽而投阁。故当死生患难之际，见平生之所学。噫，可不忍欤！

※ 译文

自己反省自己的内心，如果没有感到有所愧疚，那么还有什么值得忧虑和恐惧呢？如果明白事理，那么当意外情况发生时也能应付自如、处之泰然了。

《说苑·修文篇》载，韩褐子渡洛河，不祭祀河伯，船在河中央摇晃起来，他也镇定自若，毫无惧色；晋代人夏侯玄，靠着柱子读书，忽然暴风雨来了，雷电劈破了他所靠的柱子，烧焦了他的衣服，但他神色不改，读书依旧。

西汉扬雄潜心创作《太玄》来模仿《易》，时人刘棻犯案，牵涉扬雄，使者在他专心校书时来捉他，惊慌之中扬雄跳阁摔伤。所以只有在生死攸关的危急时刻，才能显示一个人的所学及其性情与雅量。啊！只要我们坚守道义和正确的信念，当意外变故发生时，又有什么可恐惧的呢？

※ 事例

檀道济是南朝刘宋的一位高级将领。宋文帝元嘉八年，宋攻打北魏，道济率军与魏军打了大小三十余场仗，多数以胜利告终。后来转战到历城，因军粮不够，被迫返回。当时，有投降北魏的人将此事详细告知魏军。于是，道济军中人心动摇，士卒忧惧。道济并没有慌乱，他命令士兵用沙当作粟，称量时高声呼数，又以所剩少量的米洒在装好的沙上，以迷惑敌军。

次日早上，魏军见此情景，果然中计，以为道济有很多的粮食，所以不再追击，并认为是降者不据实禀报军情，将其拉出斩首。

道济率军撤退时，兵力薄弱，军中人心浮动。道济命令军士都披上铠甲，身穿白色的衣服，乘坐兵车，慢慢退兵。魏军担心宋军有伏兵，不敢靠得太近，因而宋军得以顺利回师。此次北伐，虽然道济没有拿下黄河以南之地，但能在困境中率兵平安归来，因此威名大振。

好之忍第四十二

※ 原文

楚好细腰，宫人饿死。吴好剑客，民多疮痏。

好酒好财好琴好笛好马好鹅好锻好屐，凡此众好，各有一失。人唯好学，于己有益。

有失不戒，有益不劝，玩物丧志，人之通患。噫，可不忍欤！

※ 译文

《战国策》载，楚王喜欢腰细之人，因此有许多宫女为了求得细腰而饿死；吴王喜欢剑客，所以老百姓身上便有了许多伤痕。

喜欢喝酒，喜欢钱财，喜欢弹琴，喜欢吹笛，喜欢马，喜欢鹅，喜欢打铁，喜欢木鞋，所有这些爱好，每一种都使人有所失。晋人毕卓因为嗜酒而误事，被免了官职；晋人祖药喜欢钱财，又怕别人看见，表情常有不满；晋人戴逵琴技高超，却因不为司马晞弹琴而惹怒司马晞；晋人桓伊爱好吹笛，其笛声使谢安泪流满襟；晋人王济喜欢马，曾重金购买赛马，修建赛马场，人称“马癖”；晋人王羲之喜欢鹅，用《黄庭经》与山阴道士的鹅交换；晋人嵇康喜欢打铁，因打铁怠慢了都督钟会，结果被杀；晋人阮孚喜欢木头鞋子，以至于客人来访时仍摆弄其鞋子，显示出他人品的低下。在所有的爱好中只有好学，才是对自己真正有益。

心中明白嗜好会给自己带来过失，却不戒除掉；明明看到对自己有益的东西，却不去努力学习，结果玩物丧志，自甘堕落，这是人类的通病。唉！不良的嗜好会给人造成损失，人们怎能不戒除那些不良的嗜好呢？

※ 事例

春秋时期，卫国有位君主叫卫懿公。他在位 9 年，期间骄奢淫逸，贪图享乐，当时人人都知道，卫懿公爱好的玩物是鹤。他那只鹤，色洁形清，能鸣善舞，因此深得卫懿公的喜爱。

百姓中都在传说卫懿公好鹤，而且所有献鹤的人都会得到卫懿公的重赏，因此，百姓争相寻找优良品种，前来进献给卫懿公。一时间，从苑囿到宫廷，处处都在养鹤，总计不下几百只。

有一次，卫懿公正要带着鹤出游，边关忽有人来报“狄人侵边境”。卫懿公闻之大惊，立刻在全国征召兵士，准备抵御外敌的侵犯。但是老百姓都不愿意应征，纷纷逃亡，四处躲避。卫懿公因此凑不齐一支抗敌的队伍，只得命令司徒去强制抓丁。最终，好不容易抓来了一百余人。

卫懿公问他们为何都逃避征召，他们回答说：“大王只需要有一样东西，就可以抵抗狄人了，何必要我们去抵抗呢？”

卫懿公奇怪地问：“是什么东西？”

众人回答：“鹤。”

卫懿公更加不解了，说：“鹤能抵抗狄人吗？”

众人又说：“鹤既然不能参加战斗，那么就是没有用的东西！大王对老百姓刻薄，而对这些没有用的东西却花大力气来喂养，这又是什么道理呢？”

卫懿公这时才深感后悔，不知该说什么了。

其实，鹤本来是一种珍禽，一直被视为福寿的象征，为历朝历代名人雅士所喜爱。卫懿公爱鹤，本不失为一种高雅的行为，但是，作为一国之君的卫懿公，居然爱鹤甚于爱民，分不清是非，抓不住重点，以至于荒废政务，民心离散。可见，再高雅的爱好，如果不分轻重主次，盲目爱好，也会招来祸患。

恶之忍第四十三

※ 原文

凡能恶人，必为仁者。恶出于私，人将仇我。

孟孙恶我，乃真药石。不以为怨，而以为德。

南夷之窜，李平廖立；陨星讣闻，二子涕泣。

爱其人者，爱及屋上乌；憎其人者，憎其储胥。

鹰化为鸠，犹憎其眼。疾之已甚，害几不免。

仲弓之吊张让，林宗之慰左原，致恶人之感德，能灭祸于他年。噫，可不忍欤！

※ 译文

《论语》载，孔子说："只有仁义之人才能喜欢人，才能讨厌人。"以公平正义的心态厌恶别人的人，必定是仁义之人；从一己私心出发而厌恶别人的人，将会受到别人的仇视。

《左传》载，孟孙讨厌臧孙，但臧孙明白孟孙讨厌他，其实是药。臧孙不将孟孙过去讨厌他一事视为怨恨，反而将之视为恩德。

三国丞相诸葛亮将李平和廖立贬到南夷；但诸葛亮去世的消息传到他们这里时，他们都痛哭流涕。

太公曾说："喜欢一个人时，就会连他屋上的乌鸦也喜欢；憎恨一个人时，就会连他住的房子也憎恨。"

老鹰即使变成了斑鸠，但认识它的人，还是恨它的眼睛。孔子说："憎恨别人如果过了度，那么就不免会伤害到自己。"

东汉陈寔在张让父亲去世时前去吊丧，成为唯一一个前去吊丧的名士，张让感激不尽；东汉郭林宗劝慰教导左原，使得左原打消了刺杀别人的念头。陈寔慰问张让，林宗劝慰左原，使恶人对他们感恩戴德，消除了日后的灾祸。啊！用恰当的态度去对待自己所厌恶的人，就会避免不必要的灾祸。面对自己讨厌的人，人们怎能不忍一忍厌恶之心呢？

※ 事例

韩非是战国末期的思想家，原为韩国公子，与李斯同出于荀卿门下。此人天生口吃，因此与别人说话时总是结结巴巴。但是他擅长写文章，对人性心理的观察很敏锐，是荀卿门下最为优秀的门生。

韩国当时日渐衰败，受到他国的侵略，领土愈来愈小。韩非忧国忧民，为了国家社稷着想，屡次向韩王提出建议，要求打破现状，倡导变法图强。但是，韩王不喜欢口吃的韩非，甚至还很厌恶他，因此无视他的建议，也不想进行改革。

韩王身边所围绕着的都是些只会阿谀奉承的俗人，韩王对这些人加以重用，使他们更加肆无忌惮、为所欲为。但是对当时的韩国来说，最为重要的是制定法令制度，以王权来治理国家，富国强兵，并且寻求真正有才能的人，对真正的贤者加以提拔。

韩非为人廉明正直，因此对自己君主的行为也无可奈何，只能感叹小人当道，自己不得志。他认清了自古以来王者的政治得失与成败，因此写了《孤愤》《五蠹》《内外储说》《说林》《说难》等十余万字的书，即我们所知道的《韩非子》。他受到了韩王的疏远，在韩国感到非常孤独，觉得自己若留在韩国，前途很渺茫。而就在此时，秦王看到了他的著作，对他非常赏识，遣书韩王，强邀韩非使秦。韩非也认为秦国将会有利于自己的发展，因此只身前往秦国去实现他的抱负。

到了秦国，他向秦王上书，建议打破六国合纵的盟约，阐述统一天下的策略，秦王对此非常高兴，对韩非加以重用。韩非终于在秦国找到了自己的位置，得以施展自己的才华。

韩王只因韩非口吃而厌恶韩非，使韩非在韩国找不到自己的容身之地，最后前往秦国，辅助秦王。最后，秦王采用了韩非的法家思想，建立了一整套法令体系，使得秦国逐渐强大，最终吞并六国，统一天下。而韩王在亡国的时候，才后悔自己当初对待韩非的态度，但那又有什么用呢？

劳之忍第四十四

※ 原文

有事服劳，弟子之职。我独贤劳，敢形辞色。《易》称劳谦，不伐终吉。颜无施劳，服膺勿失。

故黾勉从事，不敢告劳，周人之所以事君；惰农自安，不昏作劳，商盘所以训民。疾驱九折，为子赣之忠臣；负米百里，为子路之养亲。噫，可不忍欤！

※ 译文

《论语》载，孔子说："有事，做儿子做徒弟的尽其勤劳就叫作孝。"孔子认为有事的时候，做儿子做徒弟的就应尽其勤劳，这是他们应尽的职责。如果只有自己一个人劳动，那么无论自己干得多么辛苦，也不敢有任何怨气表现出来。《易经》说勤劳和谦逊的君子，终究会得到好结果。《论语》载，颜回说："希望不要因为有善德而矜持，有功劳而声张。"他自己就信奉中庸之道，只要遇见一件善事，他就会牢记在心上而不会遗忘。

《诗经·小雅·十月之交》中说："辛勤努力地做事，不敢倾诉我的辛劳。"这是周大夫所遵从的事君事父的准则；懒惰的农民只求安逸的生活，不愿意辛勤劳作，那么他就没有收获，也不会获得安逸，这是《尚书·盘庚》中盘庚用来训诫老百姓的话。

西汉王子赣为及时赴任，快马加鞭通过了险要之地九折坡，因此他被赞誉为忠臣；子路为了奉养双亲，从百里之外背米回家，因此他被称颂为孝子。辛劳是一种职责，更是一种美德，面对劳作时，怎能抱怨呢？

※ 事例

战国时期的梁国与楚国交界，因此，两国各自在边境上设置了界亭来标记双方的边界。界亭的亭卒们分别在自己的地界里栽种了西瓜。

梁亭的亭卒非常勤劳，按时给西瓜锄草浇水，精心照料，因此，瓜秧的长势很好；而楚亭的亭卒非常懒惰，整日游手好闲，不事瓜事，因此，瓜秧又瘦又焉，无法与梁国瓜田的瓜相比。为此，楚亭的亭卒感觉非常丢脸，决定想办法报复梁亭亭卒。

在一个没有月色的夜晚，楚亭亭卒偷偷跑到对面，把对方的瓜秧全部扯断。第二天，梁亭亭卒发现自己的瓜秧全部被毁，气愤难平，于是就将此事报告给边县的县令宋就，说："我们也过去扯断他们的瓜秧好了！"宋就立刻反对这种做法，说："诚然，楚国人的行为很卑鄙，但是，既然我们都不愿意让他们扯断我们的瓜秧，那为何我们要反过去扯断他们的瓜秧呢？明知别人做得不对，我们还要跟着学，那岂不是显得太狭隘了？你们都听我的话，从今晚开始，你们每天晚上都去给他们的瓜秧浇水、锄草，让他们的瓜秧快快长好。另外，还要确保你们的行动不能被他们知道。"

梁亭亭卒听了宋就的一番话后，觉得很有道理，于是就照宋就所说的办法去办了。楚亭亭卒发现自己的瓜秧长势一天比一天好，非常奇怪，于是就暗中观察，想弄个究竟。通过仔细观察，他们才发现每天早上瓜地都被人浇过了，而且给瓜地浇水的人不是别人，正是楚亭亭卒，他们每天都是在黑夜里悄悄地浇。

楚国的边县县令听到楚亭亭卒报告这件事后，感到非常惭愧，同时又非常敬佩梁国的行为，于是又把这件事报告给了楚王。楚王听后，有感于梁国人修睦边邻的诚心，特意准备了厚礼送给梁王，既表示对梁国的谢意，又表示深深的自责，就这样，一对敌国成为友好的邻邦。

苦之忍第四十五

※ 原文

浆酒藿肉，肌丰体便。目厌粉黛，耳溺管弦。此乐何极？是有命焉。

生不得志，攻苦食淡；孤臣孽子，卧薪尝胆。

贫贱患难，人情最苦。子卿北海之上牧羝，重耳十九年之羁旅。呼吸生死，命如朝露。

饭牛至晏，襦不蔽骭；牛衣卧疾，泣与妻决。天将降大任于斯人，必先饿其体而乏其身。噫，可不忍欤！

※ 译文

把酒当作水，把肉当作菜，这些人把自己养得丰盈富态，大腹便便。他们的眼睛看厌了涂脂抹粉的美女，耳朵听腻了歌舞管弦的声音。这难道就是快乐到极限了吗？只恐怕，这是命运的安排吧。

人在不得志的时候，才能忍受得了粗茶淡饭的苦，刻苦攻读；只有失宠的臣子和庶出的儿子，才能像勾践那样卧薪尝胆。

贫穷低下，受苦受难，这是人世间最为痛苦的事情。西汉苏武被匈奴扣留，在荒无人烟的北海放羊，度过了十几年饮雪水、吃毡毛的非人一样的生活；春秋晋公子重耳受继母陷害，流亡在外十九年。他们的生死只存于呼吸之间，其生命就像朝露一样易逝。

卫国的宁戚穿着单衣短褂，喂牛一直喂到半夜，齐桓公赏识他，给他送来衣帽，并给他封了官；西汉的王章，曾在生病时连被子也没有，只好睡在牛衣中与妻子相对流泪，后来，王章官至京兆尹。这大概是上天要交给某个人重任的时候，就必定要先让他忍饥挨饿，受尽各种艰难困苦，以此来使他受到磨炼。唉！苦难是一笔享用不尽的精神财富，当处于苦难中时，怎么能不忍受逃避苦难之心呢？

※ 事例

战国时期，孙膑和庞涓师出同门学习兵法。庞涓入世心切，早早下山去了魏国，被拜为军师，指挥魏军东征西伐，屡建奇功，魏王十分倚重他。但他心里总是有点不安，他知道，自己走后，孙膑又跟师傅学了三年，又听说孙膑还有祖传的兵法，若他有一天下山来，便会成为自己的劲敌。思谋良久，庞涓忽生一计。

第二天，他入宫去见魏王，大吹了一通孙膑的才能，并自愿修书召他来为魏国出力。魏王大喜，忙命使者持书带重金前去相聘。孙膑见师兄不忘旧好，果然欣然而来，想助师兄成就大业。到魏后，魏王忙把孙膑请进宫面谈，果然见其才学不凡，想委以重任，便与庞涓商议。庞涓假意高兴，但又说师弟刚来，没有半点功劳，不如等有功时再封，以服众心。魏王见他说得有理，只好依此而行。

庞涓第一步阴谋得逞后，又模仿孙膑笔迹写了一封情报信，让人带到齐国，又命边防将士把他捉住，给孙膑扣上了一顶通敌的帽子。魏王大怒，欲斩孙膑，庞涓百般求情，最后孙膑被处以膑刑（砍去膝盖骨），还在脸上刺了“私通外国”四字。庞涓见孙膑已成废人，便假意同情，精心护理，孙膑感到过意不去。庞涓求他传示兵法，孙膑慨然应允。庞涓给他木简，要他缮写。孙膑写了不到十分之一时，一名叫诚儿的仆人看不下去，将实情告诉了他。孙膑大吃一惊：“原来庞涓如此无情无义，怎么能传给他《兵法》？”他又想，“如果不写，他一定会发怒，我命在旦夕。”孙膑左思右想，欲求一条生路。他忽然记起老师临行前给他的一个锦囊，赶紧打开看，只见上面写着“诈风魔”。孙膑自言自语说：“原来如此！”

晚饭时，下人送饭来，孙膑突然扑倒在地。众人救起，只见他口吐白沫，半日方醒。一睁开眼便大哭大闹，将所写的木简全部投入炉火中，等庞涓赶到，所写之书已尽数化为灰烬。孙膑在庞涓面前仍疯疯癫癫，言语失常。庞涓认为他有诈，命人将孙膑拖入猪圈。孙膑便与猪争食，又捡起猪粪吃。庞涓命人端来酒饭，孙膑摔在地上，又去抢猪食吃。庞涓长叹一声：“看来是真疯了。”此后，孙膑疯疯癫癫，胡言乱语，以猪圈为家。日久天长，人们都说他真疯了，庞涓也放松了警惕。后来，齐国使者到魏国，同孙膑接触，一番畅谈，齐使知孙膑乃难得之奇才，遂秘密用车将孙膑载到齐国，从此，孙膑摆脱厄运，开始施展才华。尽管孙膑遭此戕害，蒙受奇耻大辱，却大难不死，并不坠鸿鹄之志，立誓以自己的满腹才学和韬略，寻找时机与“同窗好友”较量。后来孙膑被拜为齐国军师，在马陵道战役中大败魏军，杀死庞涓，报了大仇。

俭之忍第四十六

※ 原文

以俭治身，则无忧；以俭治家，则无求。

人生用物，各有天限。夏涝太多，必有秋旱。

瓦鬲进煮粥，孔子以为厚；平仲祀先人，豚肩不掩豆。季公庾郎，二韭三韭。

脱粟布被，非敢为诈；蒸豆菜菹，勿以为讶。食钱一万，无乃太过。噫，可不忍欤！

※ 译文

修身养性，以节俭为美德，就不会有忧虑；治理家业，以节俭为原则，就不会有过分的要求。

赵宋时，司马光认为人们生活中所用的各种物品，都是有一定的限度。就如同夏天雨水过多，秋天就一定会干旱一样。

《说苑·反质篇》记载，鲁国有个很节俭的人，用瓦鬲盛粥给孔子吃，孔子将之视为贵重的馈赠；《史记》载，齐国贵族晏婴即使在祭祀先人的时候，猪肩都盖不住笸子；魏国人季尚，家常只吃腌韭菜和生韭菜，门客谓之“二韭一十八”；庾之澄，常吃腌韭菜、煮韭菜和生韭菜，友人戏称“三韭二十七”。

西汉公孙弘官至丞相，却只吃刚脱壳而没有舂的粟饭，盖着布做的被子，一点都不敢做假；唐代卢怀慎一生俭朴不求资产，他只吃蒸豆和酸菜也用不着感到惊讶。而晋代的何曾，每天在吃饭上就要花费一万钱，这实在是太过分了。唉！勤俭节约是修身治家之本，怎能不忍受俭朴的生活呢？

※ 事例

北宋著名文人范仲淹，一生为官清正廉洁，勤劳奉公，生活非常节俭。其父范墉就为官清廉，从来都不奢侈享乐，范仲淹受其父影响很深。他从小就立下了远大志向，不论贫贱还是富贵，都丝毫动摇不了他的志向。

范仲淹早年曾在醴泉寺求学，当时他的家境非常贫寒，他每天只能靠吃粥度日。到了晚上，他就用少量的米煮一盆稀粥，并将之凝固成块，到第二天早上就将已凝固了的粥用刀划成四块，吃掉其中的两块，剩下两块留到晚上再吃。没有钱买菜，他就把少许菜叶菜根用盐水腌渍，然后将之切碎，就粥吃。后来，一位南京留守的儿子看到了范仲淹的艰苦生活，就送给范仲淹一些饭菜。但是几天之后，留守的儿子再次见到范仲淹的时候，发现他送给范仲淹的饭菜一点都没动，已经变质了，因此感到很不高兴，生气地问范仲淹为什么不吃。范仲淹诚恳地答谢道：“我并非不感激您的厚意，只是，我平常吃稀饭已经成为习惯了，并不觉得那样很苦。现在如果我贪图这些佳肴，将来怎能再吃苦呢？”

后来，范仲淹显贵了，但是他的生活仍然很节俭。他对自己的家人说：“吾贫贱时，无以为生，还得供养父母。吾之夫人亲自添薪做饭。如今吾已为官，享受厚禄，但吾常忧恨者，汝辈不知节俭，贪享富贵。”因此，家人在他的教导下，也都衣着朴素，生活俭朴。

他的儿子范纯仁娶亲时，范仲淹主张一切从简。当他听说新媳妇将饰以锦罗帷幔时，很不高兴，教训范纯仁道：“罗绮非帷幔之物，吾家素清俭，安能以罗绮帷幔坏吾家法？若将帷幔带入家门，吾将当众焚之于庭。”最后，范纯仁的媳妇听从了劝告，朴素清简地嫁入了范家。

贪之忍第四十七

※ 原文

贪财曰饕，贪食曰餮。舜去四凶，此居其一。

纨如打五鼓，谢令推不去。如此政声，实蓄众怒。

鱼弘作郡，号为四尽；重霸对棋，觅金三锭。

陈留章武，伤腰折股。贪人败类，秽我明主。

口称夷齐，心怀盗跖。产随官进，财与位积。游道闻魏人之劾，宁不有靦于面目。噫，可不忍欤！

※ 译文

贪财叫饕，贪食叫餮。相传舜除掉了四个危害天下的恶人，饕餮就是其中之一。

晋代邓攸，为官清廉，百姓爱戴。因病离职时，老百姓拉着他的船不让他走，他只好趁着夜色逃跑了。邓攸的清廉，的确让百姓感动。

南朝梁的鱼弘为官时，曾扬言要搜刮水中鱼鳖，山中獐鹿，田中米谷，村里人口，做到“四尽”；蜀人安重霸以邀人下棋为由，最终收受贿金三锭。

后魏的陈留李崇和章武王元融，因贪财而尽全力背赏赐的布，终因背得太多，李崇闪了腰，元融断了腿。他们这些贪得无厌的败类，因此而玷污了君主的名声。

北魏尚书郑述祖等人上书弹劾宋游道，说他口口声声要向伯夷和叔齐学习，实际上心肠像盗跖一样。他的家产随着官位的升高越来越多，钱财随着官位的升高越来越多。宋游道听了郑述祖等人弹劾他的这些话，脸上难道没有惭愧之情吗？啊！贪欲是人生的一大坏品德，人们怎能不忍住贪欲呢？

※ 事例

广州依山傍海，是个出产奇珍异宝的地方。魏晋时期，凡是担任广州刺史的人，都有过贪赃枉法的行为，因为那些奇珍异宝，只要带上一匣，就可以几世享用。但是，广州又是一个流行瘴疠疾疫的地方，一般人都不愿意到那里去做官，去那儿做官的人，基本都是些难以自立又想发财的人。

晋安帝隆安年间，朝廷决定革除广州的弊政，于是，派有清官美称的吴隐之担任广州刺史。

吴隐之年轻的时候就是一个孤高独立、操守清廉的人。当时，虽然家中穷困，每天只有到傍晚的时候才能煮豆子当晚餐，但他再饿再穷，也决不吃不属于自己的饭菜，不拿不合乎道义的东西。后来他虽然担任了各种显要的职务，却仍能保持俭朴的优良品质。他曾经把自己得到的俸禄和赏赐，都拿出来分给亲戚和族人，以至于冬天的时候自己都没有被子盖。有时候因为缺少替换的衣服，洗衣服的时候，他就披上棉絮待在家里。

吴隐之奉命去广州上任。在离广州治所二十里的一个叫作石门的地方，他看到了一道泉水淙淙流去。于是，有人便告诉他，这条泉水称作“贪泉”。传说，只要喝了这“贪泉”的水，无论是谁，都会产生贪婪的欲望。吴隐之听后不信，跨下马来，对随从们说：“如果不看见能够让人产生贪欲的东西，人的心境就不会慌乱。我们一路上见到了那么多的奇珍异宝，现在，我终于知道了为什么一越过五岭，人们就会丧失清白的原因了！”说完，便跑到“贪泉”边，舀起泉水，非常坦然地喝了起来，还当即吟诗一首：“古人云此水，一饮怀千金。试使夷齐饮，终当不易心。”他用此诗，清楚地表达了自己要向伯夷、叔齐一样坚守节操的决心。

到了广州任上，他果真一尘不染，而且更加清廉。他平常的食物不过是些蔬菜和干鱼，而帷帐、用具、衣服等物品全都交付外库。刚开始，许多人见他这样，都在背后议论说他是故意这样做的，以显示自己的俭朴，做个样子给别人看看。但是时间一长，人们就发现，原来他真的是一个清官，之前的一切也并不是故作姿态。他从广州回京城的时候，随身也没有带走任何东西。当他看到妻子刘氏带了一斤沉香的时候，马上把它取出来，扔到了河里。

由于他以身作则，广州地区常年以来的贪污陋习大为改观。朝廷为了嘉奖他，晋封他为前将军。

贪婪者虽富亦贫，知足者虽贫亦富。为了获取财富，不择手段，贪得无厌，最终沦为财富的奴隶的话，人生也便失去了意义。吴隐之虽然生活清贫，但他精神上富有，获得了“清官”的美称。

躁之忍第四十八

※ 原文

养气之学，戒乎躁急。刺卵掷地，逐蝇弃笔。录诗误字，啮臂流血。觇其平生，岂能容物。

西门佩韦，唯以自戒。彼美刘宽，翻羹不怪。

震为决躁，巽为躁卦。火盛东南，其性不耐。雷动风挠，如鼓炉鞴。大盛则衰，不耐则败。一时之躁，噬脐之悔。噫，不可忍欤！

※ 译文

欲培养自己的浩然之气，一定要戒除急躁的性格。晋人王述曾用筷子夹鸡蛋来吃，因夹不住而愤然将鸡蛋摔在地上，又用脚去踩蛋，因踩不住而愤然将之捡起放入口中嚼烂后吐在地上；三国时魏国的王思因一只苍蝇不停地在其笔端飞舞而扔掉笔，拔出宝剑来驱赶苍蝇。唐人皇甫湜因儿子抄诗错了一个字，一时又没找到用来惩罚儿子的棍棒，就将自己的手臂咬得鲜血直流。由此可以猜想得出，这三个人在生活中怎能做到宽容为怀呢？

战国时魏国人西门豹，自知性急，因此经常佩带皮鞭，用以自我警戒。东汉的刘宽，性情平和，被丫鬟用肉汤泼到朝服上，他都没有怪罪。

《易·说卦》中说：“震，指东方，为雷为决躁。巽，指东南，为木为风，其终为躁卦。”巽的性质柔且刚，想有所为又不能成，此为偏躁，不能安于常情的卦象，叫不耐。巽是木，能生火，位置又在东南方，碰上雷风鼓动，就好比是通过风箱给炉里煽风，火越烧越旺，终致不可扑灭。任何事物在达到最盛的时候便开始衰落；如果不合常情，也必然会提前凋残。一时的急躁，换来的可能是无法挽救的悔恨。唉！急躁乃人性的一大弱点，它只能使事情欲速而不达，人们怎能不修身养性，戒除急躁之心呢？

※ 事例

春秋时期，楚国的储君，也就是楚庄王在登基后，为了观察朝野的动态，也为了让别国对他放松警惕，当政三年以来，没有发布一项政令，在处理朝政方面没有任何作为，朝廷百官都为楚国的前途担忧。

楚庄王不理政务，每天不是出宫打猎游玩，就是在后宫里和妃子们喝酒取乐，并且不允许任何人劝谏，他通令全国："有敢于劝谏的人，就处以死罪！"

楚国主管军政的官职是右司马。当时，有一个担任右司马官职的人，看到天下大国争霸的形势对楚国很不利，他就想劝谏楚庄王放弃荒诞的生活，励精图治，使楚国成为继齐桓公、晋文公之后的诸侯霸主。然而，他又不敢触犯楚庄王的禁令，去直接劝谏。他绞尽脑汁也没有想出使楚庄王清醒过来的办法。

有一天，他看见楚庄王和妃子们做猜谜游戏，楚庄王玩得十分高兴。他灵机一动，决定用猜谜语的办法，在游戏欢乐中暗示楚庄王。

第二天上朝，楚庄王还是一言不发，这位右司马陪侍在旁。就在楚庄王准备宣布退朝的时候，他给楚庄王出了个谜语，说："奏王上，臣在南方时，见到过一种鸟，它落在南方的土岗上，三年不展翅、不飞翔，也不鸣叫，沉默无声，这只鸟叫什么名呢？"

楚庄王知道右司马是在暗示自己，就说："三年不展翅，是在生长羽翼；不飞翔、不鸣叫，是在观察民众的态度。这只鸟虽然不飞，但一飞必然冲天；虽然不鸣，但一鸣必然惊人。你回去吧，我知道你的意思了。"

楚庄王觉得大臣们要求富国强兵的心情十分迫切，自己整顿朝纲，重振君威的时机已经到来。半个月后，楚庄王上朝亲自处理政务，废除十项不利于楚国发展的刑法，兴办了九项有利于楚国发展的事物，诛杀了五个贪赃枉法的大臣，起用了六位有才干的读书人当官参政，把楚国治理得很好。

国内政局好转，于是发兵讨伐齐国，在徐州战败了齐国；又出兵讨伐晋国，在河雍地区，同晋军交战，楚军取得胜利。

最后，在宋国召集诸侯国开会，楚国便代替了齐、晋两国，成为天下诸侯的霸主。

虐之忍第四十九

※ 原文

不教而杀，孔谓之虐。汉唐酷吏，史书其恶。

宁成乳虎，延年屠伯。终破南阳之家，不逃严母之责。

恳恳用刑，不如用恩；孳孳求奸，不如礼贤。

凡尔有官，师法循良。垂芳百世，召杜龚黄。噫，可不忍欤！

※ 译文

不进行教育就将之杀掉，孔夫子称这种行为是“虐”。汉朝的郅都、张汤、杜周以及唐朝的来俊臣、索元礼，这些人都是酷吏，他们的种种暴行都被清清楚楚地记录在史书里，为后人所憎恨。

西汉的宁成，其凶暴程度如老虎一样，后来义纵成为南阳太守，查办宁成，抄了他的家；西汉的严延年，嗜血成性，人们称他为“屠伯”，他的母亲严厉地批评他。一年多后，严延年便出事了。

一味实实在在地对人用刑，不如对人施与恩情；一味认认真真地追查奸邪，不如礼遇贤明之人。

一个人一旦做了官，就应该遵循法度，效仿贤良。西汉的召信担任南阳太守时，躬耕农桑，户口倍增，视民如子，教化大行，禁止奢侈，提倡节俭，政绩卓著，百姓爱戴他，亲切地称其为“召父”；东汉的杜诗亦任南阳太守，在任期间政治清平，兴利除害，郡内百姓富足；西汉的龚遂曾任渤海太守，在任期间平息盗贼之乱，并劝民种桑织布，推广种植畜养，百姓家家有了积蓄；西汉的黄霸，曾任颍川太守，在任期间号召各级官吏养猪养鸡，救济鳏寡贫穷者，教化百姓为善防奸、勤务耕桑、节用殖财、种树畜养、严宽得体，深得民心。召杜龚黄四位爱护百姓，忠于职守，因此流芳百世。啊！只有以爱心待人才能得人心，以暴虐待人只能自取灭亡，人们怎能不忍耐施虐之心呢？

※ 事例

周武王一直等待时机讨伐商纣。为了刺探殷商的虚实，他不断地派探子去朝歌刺探情况。过了一段时间，探子回来禀报说：“殷商大概要出现混乱了！”周武王问：“混乱到了什么程度？”“邪恶的人胜过了忠良的人。”“还不行。”周武王摇头说。

又过了一段时间，探子回来报告：“殷商的混乱程度加重了！”“达到了什么程度？”“贤德的人都出逃了。”“还是没有达到极点！”周武王又摇头说。

过了一阵子，探子回来禀报：“殷商的混乱已经很厉害了！”“到底怎么样了！”“老百姓已经都不敢说怨恨不满的话了。”

周武王一听，高兴极了，说：“灭商的时机终于到了。邪恶的人胜过了忠良的人，叫作暴乱；贤德的人都出逃在外，叫作崩溃；而老百姓不敢讲怨恨不满的话，那就说明是刑法过于苛刻了。殷商的混乱已经达到了极点，这才是我们出兵的好机会呀！”

于是，周武王挑选了战车三百辆，勇士三千人为先锋，会合诸侯约定以甲子日为期共同发兵。

周武王率领大军前进，纣王派了胶鬲前来刺探军情，周武王接见了他。胶鬲问：“您率领大军是要往哪里去？”“我这次率领大军讨伐商纣。”“什么时候到达？”“将在甲子日到达殷都郊外。你就如实去禀报纣王吧，我不会食言的。”

胶鬲走后不久，天空下起了大雨，日夜不停，周国大军前进很困难。周武王却下令全军加速前进。将帅们都请求说：“士兵们都已经很疲惫了，请大王让他们停下来稍微休息一下吧！”

周武王叹了口气，说：“我何尝不想这样呢？但我已经让胶鬲把甲子日到达殷都郊外的消息禀报给纣王了。如果我军不能在甲子日按时到达的话，纣王会认为胶鬲欺骗他，那么按照纣王的性格就一定会杀他。我下令全军加速前进不是为了别的原因，是为了救胶鬲的命啊！”

周武王的大军果然在甲子日抵达了朝歌的郊外，这时殷商大军已经先摆好了阵势。两军一交战，周军势如破竹，殷军大败溃逃。结果周军一举攻入朝歌，纣王被迫纵火自焚。

骄之忍第五十

※ 原文

金玉满堂，莫之能守。富贵而骄，自遗其咎。

诸侯骄人则失其国，大夫骄人则失其家。魏侯受田子方之教，不敢以富贵而自多。

盖恶终之衅，兆于骄夸；死亡之期，定于骄奢。先哲之言，如不听何！

昔贾思伯倾身礼士，客怪其谦。答以四字，衰至便骄。斯言有味。噫，可不忍欤！

※ 译文

《老子·九章》中说："金银财宝堆满了屋子，没有谁能守得住。因为富贵就变得骄横奢侈，那么就会自己给自己埋下灾祸的隐患。"

魏文侯的师傅田子方教育魏文侯说："诸侯如果对人骄横就会失去他的封国，大夫如果对人骄傲就会失去他的领地，只有贫贱之人对人骄横什么也不会失去。"魏文侯将师傅田子方的这番规劝教导谨记于心，不敢因为富贵而变得狂妄自大、骄横奢侈。

《尚书》中早已指出：如果导致了恶劣的后果，那么其先兆一定是骄傲自夸；《说苑·丛谈篇》中也提到：骄横并没有与死亡相约，但死亡必定会出现；唐太宗也说过，如果骄横奢侈，那么危亡马上就会到来。以上这些先哲们的话，人们怎能不听呢？

北魏贾思伯身为皇帝的老师，拥有极高的声望，却并不骄横，反而谦恭敬贤，有人奇怪他为何这么谦虚，他回答："衰至便骄。"他的这句话，被当时的人们认为是富含哲理的话。啊！谦虚使人进步，骄傲使人落后。为人处世怎能不忍住骄傲之心呢？

※ 事例

曹操收服关羽之后，待之若上宾。在与袁绍大军交战中，袁绍部将彦良出战，连斩曹操两员大将。关羽出战，几个回合便把彦良斩首，为曹操解了白马之围，曹操因此非常高兴。正当他收兵后撤之际，手下将士忽然又报告说袁绍大军又来报仇，领兵的是袁绍手下的名将文丑。于是曹操立即传令，以后军为前军来撤退，并且撤退的时候，粮草在前，军队在后。

曹操手下的众将官、谋士们对曹操的这一安排疑虑重重，他们不同意把粮草放在前面，但曹操却坚持己见。就这样，曹军驮着粮草辎重的马队沿河堑至延津一带，一路逶迤行进，而曹操则亲自在后军指挥。正在行进中，忽然听到前军大喊大乱，原来是文丑军队冲杀过来了。曹操军队前面的押粮军大乱，士兵们纷纷抛弃粮车，四散奔逃。

但是，曹操见此情景并没有着急，他随意地用马鞭指着一个山坡说道："此处可以暂时避一避。"于是曹军人马一齐奔向曹操所指的山坡。然后，曹操又命令兵士们解除甲衣，卸下马鞍，将战马都拴到山坡下面。

这时，文丑的军队趁机夺得了曹操的大批粮草辎重，又见战马遍野，于是马上下令兵士们抢马。一声令下，兵士们马上四散抢马，刹那间人仰马翻，文丑大军乱了套。这时曹操命军队乘机杀出，文丑欲召集自己的军队，但为时已晚，只得带领数人仓促迎战，结果被关羽一刀斩于马下。曹操指挥全部人马奋力冲杀，把文丑军杀得落花流水，又把丢失的粮草、战马如数夺了回来。

这时，曹操的众将官、谋士们才明白了曹操的韬略，原来曹操采用的是骄兵之计啊。引敌上钩，再乘其乱，一举反攻。众将顿时钦佩不已，称赞他用兵如神。而文丑正是因为轻易地变得骄傲，才冲动行事，中了曹操的圈套，导致惨败的结局。

矜之忍第五十一

※ 原文

舜之命禹，汝雅不矜。说告高宗，戒以矜能。圣君贤相，以此相规。人有寸善，矜则失之。

问德政而对以偶然之语，问治状而答以王生之言。三帅论功，皆曰：臣何力之有焉。为臣若此，后世称贤。

文欲使屈宋衙官，字欲使羲之北面，若杜审言名为虚言。噫，可不忍欤！

※ 译文

舜教导禹说：“你要做到文雅而不自高自大，这样天下就没有谁能够和你相争。”傅说也曾告诫高宗，要戒除喜欢夸耀自己这个坏毛病。圣明的君主和贤能的辅相都是用这些有益的话来互相告诫劝勉，并将之视为处世的原则。如果人仅仅有了一点点善行便自高自大，炫耀自己，那么仅有的那点善行也会立刻丧失。

东汉官员刘昆为官期间，治理有方，政绩卓著，皇上询问他政绩卓著的原因，他以“完全是偶然”来回答；西汉渤海太守龚遂，治郡有方，皇帝问他治郡有什么好方法，他用属下王生教他的话回答说：“这是圣明君主德行的感召。”《左传》载，成公二年，晋国曾应鲁国和卫国的请求，派郤克、士燮、栾书三位将军前去讨伐齐国，结果大获全胜，但这三位将军在论功时，却都说自己并没有什么功劳，都将功劳冠以他人。为人臣子，能够做到如此谦虚礼让，不居功自傲、不骄不矜，后人都会称赞他们的贤能。

而唐代的杜审言恃才放旷，自夸自大，他曾对别人说：“我的文章应该让屈原、宋玉做衙门的小官，我的字应该让王羲之甘拜下风。”如此夸耀吹嘘自己，后人会认为他是一个自夸自大、自吹自擂的人，因为屈原、宋玉的文章冠绝今古，而王羲之的书法则是天下无双。啊！世上有才能的人比比皆是，人应有自知之明，当自己取得一点小小的成就时，怎么能够大言不惭地夸耀自己呢?

※ 事例

康熙登基的时候，年仅八岁，还不能料理国家大事，因此，国家的一切大事都由鳌拜、索尼、苏克萨哈、遏必隆四位辅政大臣来代理。其中，权力最大的是鳌拜。

鳌拜这个人专横跋扈、野心勃勃，他利用其他三位辅政大臣的软弱退让，极力扩大自己的权势。他明目张胆地提拔重用向他巴结献媚的人，排斥陷害不肯顺从他的人。他还经常在康熙皇帝面前耀武扬威，滥用权力，多次擅自以皇帝的名义假传圣旨。而且，鳌拜的心腹党羽遍布从中央到地方的许多重要机构，谁也奈何他不得。

康熙年龄稍大一些的时候，便立志要做一个像汉武帝、唐太宗那样的有作为的皇帝，因此，他决心改变目前大权旁落的状况。康熙亲政后不久，就下令取消了辅政大臣的辅政权，鳌拜的权力因此而受到一些限制。但是，鳌拜虽然已经意识到康熙是要夺回权力，但他仍然认为“主幼好欺”，不但没有有所收敛，反而更加肆无忌惮。康熙忍无可忍，决心采取果断措施除掉鳌拜。

康熙开始行动了。他一方面把近身侍卫索额图、明珠提拔为朝廷大臣，作为自己的左膀右臂，以便通过他们联络朝廷内外反对鳌拜的势力；另一方面又给鳌拜封官加爵，以麻痹他对自己的警觉。康熙还挑选了一百余名身强力壮的贵族子弟入宫加以培养，不到一年时间，这些少年侍卫就一个个学得拳术精通、武艺高强。与此同时，一个擒拿鳌拜的计划也酝酿出来了。

在一个鳌拜入朝之日，康熙事先把少年侍卫召来，让他们待在自己身边等候命令。接着又历数鳌拜的罪状，布置擒捉之法，只等鳌拜来自投罗网。

不多时，鳌拜入朝，康熙传令要单独召见他。鳌拜一直把康熙看成是一个年幼无知、只图玩乐的纨绔之辈，因此丝毫没有怀疑，欣然前往。到了内廷，鳌拜看见康熙端坐在宝座上，两旁站立的全是一班少年侍卫，鳌拜根本不当回事，仍旧摆出一副傲慢的架势。少年侍卫们一拥而上，把鳌拜团团围住。直到此时，鳌拜才大吃一惊，全力挣扎。少年侍卫们你一拳，我一脚，轮番向鳌拜攻击，将鳌拜打得气喘吁吁、汗流浃背，最后，鳌拜不得不束手就擒。

鳌拜目中无人，自高自大，为非作歹，招来大家的怨恨，最终没有好下场，实在是咎由自取。

侈之忍第五十二

※ 原文

天赋于人，名位利禄，莫不有数。人受于天，服食器用，岂宜过度。乐极而悲来，祸来而福去。

行酒斩美人，锦幛五十里，不闻百年之石氏；人乳为蒸豚，百婢捧食器，徒诧一时之武子。史传书之，非以为美，以警后人，戒此奢侈。

居则歌童舞女，出则摩轕结驷。酒池肉林，淫窟屠肆。三辰龙章之服，不雨而雷之第。

厮养傅翼之虎，皂隶人立之豕，僭似王侯，薰炙天地。

鬼神害盈，奴辈到财。巢覆卵破，悔何及哉！噫，可不忍欤！

※ 译文

上天赋予人类的东西，诸如功名、权位、利禄等，都是有一定限度的。人类从上天那里接受的衣服、食品、器具等物品，又怎么能不加节制、用之无度呢？快乐达到了极限，悲伤就悄然而至；祸患来临，那么幸福就会悄然而逝。

晋人石崇，好用美女劝客饮酒，如果客人不饮酒，他就会杀掉劝酒的美女；石崇与王恺斗富，王恺做紫丝步障长达四十里，石崇就做锦步障五十里来与之相比。就算这样富有，也没有听说石崇家族延续百年，香火不断啊！晋人王济，风流奢侈，为了招待皇帝，用人奶来蒸猪，百余名丫鬟手捧食器在旁侍奉，但他也仅仅是让世人惊诧于一时罢了。他们的这些奢侈行为，都被详细地记载在史书上，不是用来赞美他们，而是用来警戒后人，让后世之人戒除奢侈之风。

晋人贾谧家中有顶级歌童舞女相伴，权过君主；楚王出游则结驷千乘，旌旗蔽天。商纣王用酒作池，用肉作林，奢靡至极，百姓怨恨；唐朝王元宝以金银砌房，以铜钱饰路，其家被人称为“富窟屠肆”。更有甚者，虽无一官半职，但凭借富有的家境，穿着绣有日月星三辰以及山龙华虫的服装，住着没有雨水却装有漏雨装置的豪宅。

就连富人家中的奴才也如插上翅膀的虎狼一般凶狠，跟班也如人模人样站立起来的猪一样威武。这些富贵之人权势可比王侯，气势倾天下。

鬼神会惩罚那些拥有财富却挥霍无度的人，奴仆之流都会见财眼开。等到巢覆卵破的时候，家破人亡，那就后悔也来不及了。唉！骄奢过度，人神共愤，易遭祸患，怎能不忍一忍自己的奢侈之心呢？

※ 事例

杨广在做皇太子前后，采用阴谋诡计，矫情饰节，掩人耳目，取悦父母。但是在他登上帝位之后，他的真实面目便暴露无遗，开始过起穷奢极欲、奢侈无度的荒淫生活。

大业元年三月，杨广命令宰相杨素和将作大匠宇文恺，在洛阳旧城以西十八里的地方，开始营建新都。为此，有不可胜数的民工都劳累过度而死。建成包括宫城、皇城和外郭城的东都之后，他又仿效当年秦始皇的做法，迁天下数万户富商大贾于东京。然后又命宇文恺等人修建规模宏大的显仁宫，同时又下令修筑西苑。

这个西苑方圆二百里，内有一个叫积翠池的人工湖，湖中堆积着蓬莱、方丈、瀛洲三座山，有百余尺高，而且在山上山下都遍布亭台楼阁。积翠池的北岸有迂回曲折的龙鳞渠，沿渠建有十六院，每院都有一名四品夫人管理。院中景色优美，四季如春。据说杨广喜欢携带数千宫女，于月明之夜来游西苑，而且经常弦歌达旦。

显仁宫和西苑还没有最终建成的时候，杨广又命令在临淮营造都梁宫，在太原营造晋阳宫，在汾州营造汾阳宫，后又建造毗陵宫，在涿郡造临朔宫，在北平造临榆宫，在渭南造崇业宫，在鄠县造太平、甘泉二宫，在江南造丹阳宫。为了修建这么多行宫，百姓日夜劳累，苦不堪言。

后来，杨广又为了悠游享乐以及加强对江南人民的剥削，下令开挖运河。该运河南起余杭，北抵涿郡，全长两千七百余里，宽十余丈。而且为了方便他冶游江南，沿河修建了多所离宫。为了出游的时候更加气派，他还命令大造船只，而且所造船只极尽奢华。

就这样，为了筑宫、修河、造船，数年之间，征粮派款，天下大震。一时间，生灵涂炭，遍地横尸。最终，民不堪命，铤而走险，转眼间各路义兵大军压境。

三月的一天，直阁裴虔通等人利用卫士的不满情绪，发动兵变，杀进内宫。杨广被持刀的乱兵包围，方才叹息道："我何罪之有，竟会有如此下场？"马文举说："你不顾国家安危，奢淫无度，对外征伐，天下死于战争、劳役者无以计数，百姓苦不堪言，怎能说无罪？"最终，杨广被众人在房中活活勒死。

这样一位穷奢极欲的暴君，置天下百姓于不顾，导致民不聊生，困苦不堪，最终遭到了报应。

勇之忍第五十三

※ 原文

暴虎冯河，圣门不许；临事而惧，夫子所与。

黝之与舍，二子养勇，不如孟子，其心不动。

故君子有勇而无义，为乱；小儿有勇而无义，为盗。圣人格言，百世诏诰。噫，可不忍欤！

※ 译文

《论语》载，孔子告诫子路说，不用武器而徒手去打老虎，不用船只而徒步涉水过河，我不赞成这种有勇无谋的做法；他还说，遇到事情一定要小心谨慎地思考，不要轻举妄动，这样才能够把事情做好。

北宫黝与孟施舍，二人都在培养自己的勇气，前者的目的在于与人相拼时取胜，后者的目的在于无所畏惧、保存自己，但他们二人这样培养勇气都带有片面性。他们哪里能比得上孟子的尽心知性呢？孟子能够做到道明德立，合乎礼义，自然无畏怯之心了。

所以孔子说，君子有勇却丧失道义，便会为非作乱；小人有勇却没有道义，便会沦为盗贼。圣人的名言警句，后世百代都应将之作为座右铭牢记于心。啊！人世间需要的是义理之勇，而非血气之勇。人们怎能不忍耐鲁莽之心而逞一时的无谋之勇呢？

※ 事例

公元前 203 年十月，韩信攻下齐国历下，并一举占领了齐都临淄。

齐王田广慌忙逃到楚国，向楚王项羽求救：“霸王，您是各国盟主，现在敝国情况万分危急，您总不能见死不救吧！”

楚王根本就看不起韩信：“你别把韩信吹得那样邪乎，那位钻裤裆将军竟把你吓成了这般样子，真是活见鬼。”不过他还是委派了大将龙且率两万兵卒前往与齐国联合抵抗韩信。楚将龙且也是有勇无谋的人，用兵往往只求狠冲猛打，而不讲究计谋韬略。

十一月，齐楚联军与韩信的汉军在潍水两岸濒水对阵。好战惯斗的龙且几次要向汉军发起猛攻，都被齐王田广劝阻住了。

齐王苦口婆心地劝说龙且：“将军，我们真的是再经不起大的失败了，没有必胜的把握，过河去与汉军拼，我们实在是拼不起啊！”

一谋士对龙且说：“汉兵远道而来，勇于拼战，势不可挡。齐楚两国的军队是在本地应战，士兵士气不太高，如果我们不与汉兵交战，坚守城池，同时派人到所有被汉兵占领的城市去发动齐人，让他们知道齐王还健在，要他们起来反抗汉兵。齐人反对汉兵，汉军的粮食很快就会告急，那时汉军就不战自垮了。”可是，龙且固执地认为韩信没有什么了不起，很容易对付，他很想同韩信交战，取得胜利，好向楚王报功领赏，所以，他听不进谋士的话，决定同韩信交战。

良言相劝，终究没能阻止龙且给齐楚联军带来失败的厄运。

这天，韩信突然指挥大军渡河进击龙且军。可是，部队渡过一半时，汉军便有秩序地向回撤军了。

“龙将军，汉军不战自败，而且退得并不慌乱，可能其中有诈。”田广对龙且说。

“哈哈，我早就知道韩信这人是个胆小鬼，齐王啊，您可不要一朝被蛇咬，十年怕井绳呀！”龙且以为是韩信害怕跟自己作战，更加确信韩信是胆小鬼了，根本听不进齐王田广的意见，一意孤行地指挥部队“乘胜追击”了。

当龙且的将士渡河近一半时，潍水上游发起了洪水，激流滚滚，倾泻而下，一下子把龙且的部队冲散了。汹涌而至的水流使得楚军大乱，而对岸的汉军也趁机回身反击。在急流之中疲于奔命的龙且兵卒成了汉军的活靶子。而被阻在潍水东岸的楚兵更是溃不成军，四散逃亡。汉军在韩信的指挥下过河乘胜追击，杀死了龙且。齐王田广也被韩信活捉。

原来，韩信设置了诱敌之计。早在齐楚联军赶到潍水两岸布阵之前，他在夜里让士兵做了一万多个布袋子，里面装满了细沙，堆在潍水上游；这样潍水上游便形成了一个人工堤坝。于是，他再用佯装败退的战略，把敌军引入河中，此时让士兵突然在上游把沙堤打开，汉军借助洪水之势，轻而易举地打败了齐楚联军。

直之忍第五十四

※ 原文

晋有伯宗，直言致害；虽有贤妻，不听其戒。

札爱叔向，临别相劝；君子好直，思免于难。

直哉史鱼，终身如矢。以尸谏君，虽死不死。夫子称之，闻者兴起。

时有污隆，直道不容。曲而如钩，乃得封侯。直而如弦，死于道边。枉道事人，隳名丧节；直道事人，身婴本铁。噫，可不忍欤！

※ 译文

《左传》载，晋国大夫伯宗，为人耿直，刚正不阿，直言不讳，其妻常常劝诫他“直言易招致祸害”，他听不进，后遭人诬陷而被杀。

吴公子季札曾在离开晋国时，劝告好友晋国大夫叔向说：“你为人处世十分正直，但是一定要考虑怎样才能避免灾祸的降临。”

《论语》载，孔子感慨地说：“史鱼真是正直啊，一生都像箭一样耿直。直到死了的时候，还要用尸体来继续向君主进谏，虽死犹生。”孔夫子给予了史鱼极高的评价，众人开始纷纷效仿史鱼的耿直行为。

道理有兴盛的时候，亦有亏损的时候，但正确的道理和正确的原则却很难被人们接受，总会遭到排斥。柳下惠三次被罢官的经历，使他清醒地认识到了这个道理。东汉胡广、赵戒因为世故圆滑，弯曲如钩，最终被封了侯；而李固、杜乔因为刚正不阿，正直如弦，结果被人杀害。应验了当时京都盛行的童谣：“正直如弦，死于道边；弯曲如钩，反面封侯。”用违背道义、奉迎权势的态度来处世，最终会毁坏名气、丧失气节；而用正直之道来处世，也可能会受到剪去毛发、锁在铁器上的耻辱。啊！正直虽然是美好的品行，但为了更好地坚持正义和保存自己，必要的时候还是得忍耐住率直之行啊！

※ 事例

杨炎与卢杞在唐德宗时一度同任宰相。卢杞是一个善于揣摩上意、很有心计、貌似忠厚、除了巧言善变别无所长的小人，而且脸上有大片的蓝色痣斑，相貌奇丑无比。但是与卢杞同为宰相的杨炎，却是个干练之才，受到世人的尊重和推崇，而且还是个仪表堂堂的美髯公。

但是，博学多闻、精通时政、具有卓越政治才能的杨炎，虽然具有宰相之能，性格却过于刚直。因此，像卢杞这样的小人，他根本就不放在眼里，从来不与卢杞往来。

为此，卢杞怀恨在心，千方百计谋划着报复杨炎。

正好节度使梁崇义背叛朝廷，发动叛乱，德宗皇帝命淮西节度使李希烈前去讨伐。杨炎认为李希烈为人反复无常，不同意重用李希烈，于是极力劝谏德宗皇帝放弃这个决定。但是德宗已经下定了决心，对杨炎说：“这件事你就不要管了！”可是，刚直的杨炎并不把德宗的不快放在眼里，还是一再表示反对用李希烈，这使本来就对他有点不满的德宗更加生气。

不巧的是，诏命下达之后，正好赶上连日阴雨，李希烈进军迟缓，德宗又是个急性子，于是就找卢杞商量。卢杞见这正是扳倒杨炎的绝好时机，便对德宗说："李希烈之所以拖延徘徊，正是因为听说杨炎反对他的缘故，陛下何必为了保全杨炎的面子而影响平定叛军的大事呢？不如暂时免去杨炎宰相的职位，让李希烈放心。等到叛军平定之后，再重新起用杨炎，也没有什么大关系！"

卢杞的这番话看似为朝廷考虑，而且也没有一句伤害杨炎的话，但是德宗又怎能知道卢杞的真实用意呢？德宗果然听信了卢杞的话，免去了杨炎的宰相职务。

就这样，只方不圆的杨炎因为不愿与小人交往而莫名其妙地丢掉了相位。

急之忍第五十五

※ 原文

事急之弦，制之于权。伤胸扪足，盗印追贼。诳梅止渴，抶背误敌。

判生死于呼吸，争胜负于顷刻。蝮蛇螫手，断腕宜疾。冠而救火，揖而拯溺，不知权变，可为太息。噫，可不忍欤！

※ 译文

有时事情危急，犹如在弦之箭，这时就必须以权变来控制局面，以免发生危险。汉高祖刘邦曾被项羽用箭射中了胸部，为了稳定军心，刘邦摸脚，谎称是射中了自己的脚指头；为阻止叛贼朱泚、韩旻袭击奉天，司农段秀实伪造节度使姚令言的兵符，盖上司农印，从而阻止了韩旻军队的继续前行。三国时，曹操在士兵们无水而又干渴难耐时，用前方不远处有梅林的话来安抚士气，最终找到了水源；北魏都督李穆在战场上用鞭子抽打丞相宇文泰，以此来误导敌军，使得丞相宇文泰保住性命，日后大败敌军。

生死决定于呼吸之间，胜负决定于顷刻之际。被毒蛇、毒蝎咬到了手，应马上砍掉手腕，以防毒液流遍全身。斯斯文文，整理好衣冠之后才去救火，是无法扑灭大火的；慢慢吞吞，放置好船楫才去救人，是无法拯救落水之人的。在紧急状态下不懂得改变思路，当机立断，真是令人叹息。啊！危急关头，急中生智，当机立断，才能化险为夷，怎能不忍住惊慌失措之心呢？

※ 事例

东汉明帝永平十六年，廉范被举荐为茂才，数月后，他又升任为云中郡太守。就任不久，就遇到北方匈奴大举入侵，进逼云中。

按照规定，如果来犯匈奴兵人数超过五千，本地长官就应写信向邻近的郡守告急，请求增援。但由于这次北匈奴进犯的战线拉得特别长，攻击面很宽，沿边一带烽火连天，廉范也无法肯定匈奴的攻击重点是否就是云中。因此，当部下要求他向邻郡告急时，因怕影响邻郡的防务力量，廉范断然加以拒绝。

事实上，这次匈奴的进攻重点正是云中。随着战斗的展开，敌兵的攻势越来越猛，云中的兵力非常少，很快就难以支撑了。廉范在这紧要关头急中生智，命令士兵把两支火炬交叉捆扎，做成“十字火炬”。入夜，他命令士兵将火炬的三头点燃，手持一端，遍布营中。这样，匈奴兵远远望去，以为廉范手下的士兵增加了三倍，都大吃一惊，断定邻郡的增援部队已经赶到了，因此攻势很快就削弱了下去。

廉范从匈奴攻势减弱的情况分析，知道“十字火炬”产生的效果已经把匈奴兵震住了，敌人将会在天亮后退兵。于是，廉范命令军中凌晨开饭，饭后立即开门对匈奴进行突袭。

匈奴兵正准备撤退，汉兵的反击行动大大出乎他们的意料，因此一时手忙脚乱，丢盔弃甲，溃不成军，自相践踏，死伤千余人，大败而逃。

死之忍第五十六

※ 原文

人谁不欲生，罔之生也，幸而免；自古皆有死，死得其所，道之善。

岩墙桎梏，皆非正命；体受归全，易箦得正。

召忽死纠，管仲不死，三衅三浴，民受其赐。

陈蔡之厄，回可敢死！仲由死卫，未安于义。

百金之子不骑衡，千金之子不垂堂。非恶死而然矣，盖亦戒夫轻生。噫，可不忍欤！

※ 译文

哪个人不想活着？但活着却不遵天理，违背道义，那么也只能算侥幸地活着；

人生自古谁无死？但死就要死得有价值，这样才符合正道，不留遗憾在人间。

站立在危墙之下被压死，因犯罪而被杀死都是毫无意义的死法，这些都是死于非命。父母给了我们生命和身体，那么就要完整地归还父母，我们没有理由去随意毁灭自己的生命，但是在道义面前，即使死亦无憾。《礼记·檀弓》记载，曾子临死之前，挣扎着换下了季孙送给他的席子，认为这样死才合乎道义。

管仲和召忽曾一起保护公子纠出逃，日后公子纠被杀，召忽也随之而死。但管仲却没有随公子纠一起去死，而是受齐桓公三次洗澡三次熏香隆重迎接之礼，担任宰相，助齐桓公匡正天下，为民谋利。管仲的生存就是合乎道义的。

《论语》记载，孔子被围困于陈蔡时，颜渊后来才赶来，以“您在，我怎么敢死呢！”来回答孔子对他的责怪，意为若孔子遇难，他会义无反顾随之而去；孔子的另一个弟子仲由，因参与宫廷斗争而死在卫国，孔子认为他死得没有价值。

西汉文帝曾在游玩时欲冒险驰骋，被中郎将袁盎阻止，理由是：百金之家的子弟不会骑在车辕前方的衡木上，千金之家的子弟不会靠近厅堂的边缘，因此身为一国之君，更不能抱着侥幸心理去冒险。其实袁盎并非是怕死才这样劝诫汉文帝，而是不愿因一些轻率之举而做无谓的牺牲。啊！值得死时在所不惜，不值得死时切忌用自己的生命开玩笑。生命是宝贵的，人们怎能不忍住儿戏生命之心呢？

※ 事例

明朝崇祯十四年，清兵在锦州大败明师，并且俘获了明军的统帅洪承畴。清太宗早已存有吞并中国的野心，就想让洪承畴做开路先锋，助自己实现宏伟的计划，于是派了一名说客去劝洪承畴投降。洪承畴向来以耿介名士、深明大义自诩，所以不管说客怎么劝说，他都坚决拒绝，且以绝食来明志。

清太宗对洪承畴无可奈何，在无计可施的情况下，无精打采地回到了寝宫。皇后博尔济吉特氏问清太宗道：“国主大败明师，震惊中外，为何长叹？”

清太宗不屑地说：“你们女流之辈，怎知国家大事？”

“是不是为中原还未征服而忧心呢？”

“你真是聪明，一下子就说中了我的心事。只是我打算招降明朝的将领洪承畴为我的前驱，助我征服中原，可是他却矢志不降啊！”

“怎会有如此不知趣的傻瓜？既然威逼不行，那就试试利诱吧！”

于是，清太宗与皇后密议一番之后，事态便有了进一步的发展。

皇后经过一番精心打扮，于黄昏的时候，携带一个壶秘密出宫，来到了禁闭厅。她见洪承畴正闭目危坐，一副凛然不可侵犯的神态，于是轻声问道：“此位是洪将军吗？”其声音犹如出谷黄莺，悦耳动听。

洪承畴对于任何威逼利诱都能做到毫不动心，唯独对声音婉转、吐气如兰的女人特别敏感，不知不觉地就张开了眼睛。一看才发现眼前站着的是这样一个美人儿。但他马上便清醒过来，正色问道："你是何人？是谁叫你来？有何事？"

皇后深深行了一个礼，说："洪将军！我知道将军对明朝忠心耿耿，以绝食明志，真是了不起，让我佩服。"说完嫣然一笑，姿态万千。她看了看洪承畴，接着说："其实我此来完全是一片好心，想拯救你脱离苦海。"

"什么？你拯救我？想劝我投降？哼！我心如铁石，是不会投降的，请回吧！"洪承畴有些气愤地说。

但是皇后并不介意他的这番话，继续说："将军！你不要轻视我，我虽是女子，但是颇识大义，对于将军的这种精神是衷心钦佩，岂忍夺将军之志？"

"那你来这里是做什么？"

"将军！我不是说过了吗？我是来救将军脱离苦海的。"她的话充满同情，而又惹人怜爱，"将军不是要绝食等死吗？但是绝食最起码要七八日才会气绝。因此，我已煎好一煲毒药来敬将军。现在将军只求一死，绝食与服毒死，究竟有何不同？将军如怕死则已，若不怕死，就请饮了这煲药，这样不就减少死前的痛苦吗？"说完将壶捧到洪承畴的面前。

洪承畴经她这一捧一跌、一怜一媚的摇荡，此时已身不由己，连呼："好，好！我饮，我饮，死且不怕，何怕毒药？"说完，立即接过壶，张口狂饮。不料流急气促，咳了起来，弄得药沫四处飞溅，将美人衣襟都喷湿了。

洪承畴感到惭愧，连忙向她道歉。她却若无其事的样子，谈笑自若，取出香帕来慢慢拂拭，再对洪承畴媚眼一番，说："看样子，将军的阳寿还未尽啊！"

"我立志一死，不死不休！"

"将军英勇之至，视死如归，钦佩！钦佩！只是我还有一句话想说给将军。您现在既已为国殉节，但身丧异域，去家万里，丢下家人，哭望天涯。深闺少妇，只能枕边弹泪，对着浮云发呆，情何以堪？将军岂能闭眼不顾？"

这番话勾起了洪承畴的心事，使他顿时酸楚万分，再想想此刻已经服下了毒药，不禁泪如泉涌，长叹一声，说："事已至此，还有什么可说，有什么可顾？唉，只是可怜无定河边骨，犹是深闺梦里人！"

他这一叹，暴露了自己内心已有所动。聪明的皇后便抓住时机说："绝志殉国，将军可谓忠贞不贰，无愧臣节啊！但是在我看来，将军确是笨得可以。"

"什么？难道失节投降反而是英雄好汉了？"

"将军！您身为国家栋梁，明朝对您的希望正殷。你这样一死，得了一个虚誉，对于国家又有何补益呢？如果换成是我的话，我会忍辱一时，渐图恢复。所谓忍辱负重，候机报君，方能不负明帝重托，百姓仰望。不过，士各有志，勉强不得。”

此时的洪承畴，感觉到自己血脉格外畅通，深深佩服皇后的见识。

到天明，这位曾经为万民所仰，飨过大明国祭的经略大臣、显赫将军洪承畴，入朝去参见清太宗了。

洪承畴最终在皇后的劝说下，放弃了殉节的想法。

生之忍第五十七

※ 原文

所欲有甚于生，宁舍生而取义。

故陈容不愿与袁绍同日生，而愿与臧洪同日死。元显和不愿生为叛臣，而愿死为忠鬼。天下后世，称为烈士。读史至此，凛然生风。

苏武生还于大汉，李陵生没于沙漠，均为之生，而不得并记于麟阁。噫，可不忍欤！

※ 译文

孟子认为，人们都愿意活着而讨厌死去，这是人之常情，但是如果所希望的东西超越了生存的本能时，与其损害道义地活着，不如合乎道义地死去，因此，宁愿舍生而取义。

东汉陈容眼睁睁地看着袁绍违背道义杀害了忠臣臧洪，发出了宁与臧洪同日死，也不与袁绍同日生的感慨，于是被杀。北魏元显和因不愿活着当叛徒、宁愿死后做忠鬼的豪言，招致杀害。陈容、元显和等人如此忠烈，后世百代之人称他们为烈士。他们的言行被载入史册，后世之人仍然能通过史书感受到他们的高风亮节、凛然正气。

西汉苏武，保持节操不屈服于匈奴，北海牧羊十九年，终于回到汉朝；而李陵变节投敌，保全性命。二人均得以生还，但李陵却不能像苏武一样被供奉在麒麟阁上受人敬仰。啊！生命诚可贵，但在道义面前，人们又怎能乞求苟且偷生呢？

※ 事例

公元前204年5月，楚汉战争已进入胶着状态。汉王刘邦及其部众被楚军长期围困在荥阳城里，内无粮草，外无援兵，战事对刘邦极为不利，企望依靠城中军民固守孤城，与项羽继续抗衡，已经不可能了。那么，如何杀出重围，保卫汉王摆脱绝境，保存汉军主力，不致全军覆没呢？汉王的谋士们煞费苦心，终于想出了一个偷梁换柱的计策。

这一天，夜深人静的时候，被围困在荥阳城内的汉军突然打开了东城门。楚军以为汉军夜间突围，便把军队集结在城东，大声叫喊着，立刻缩紧了包围圈。

在朦胧的夜色中，只见两千多名汉军官兵簇拥着一辆黄色伞盖的马车，朝城外冲杀出来。很快，他们便陷入了数万楚军的刀枪阵中。

“务必生擒汉王。”项羽向部将下达了死命令，楚军官兵只得放下弓弩，拎起刀剑，与汉军近身作战。

书写着斗大“汉”字的旗帜，在夜风中作声。汉军士兵十分勇猛，虽然有的人十分矮小，有的人看上去行动不便，但都具有殊死搏斗的精神。

可是，等到两军真正交战时，楚军才发现，两千多名汉军几乎都是由妇女和儿童组成的。

这支部队当然是经不起剽悍的楚军围攻。很快，汉王刘邦的马车就完全暴露在楚军面前，车前挂起了表示愿意投降的白布条。

“且慢，待大王到后亲自举行受降仪式。”一位楚军将领一把拖住正要冲上前的一名小将。不一会儿，项羽骑着战马赶到了，楚军官兵都闪在了一旁。

“哈哈哈，汉王，你终究也有今天。”项羽看到刘邦终于成了自己的手下败将，高兴极了，上前一剑挑开了汉王马车上的垂帘。

“哈哈哈，霸王，你高兴得太早了。我要告诉你，汉王早已趁你们不注意，与诸将从西门走了。”随着一阵开怀大笑，从马车上走下来一位气宇轩昂的汉军将领来。

“啊——”楚王与楚军官兵大惊失色，从汉军车里走下来的是汉军将领纪信。

就是这位纪信将军，当他看到荥阳城中已无险可守时，赶到汉王处谈了自己愿替主假降的计谋。因为情势太紧迫了，大将陈平与其他几位谋士一起苦谏汉王，采取了纪信的突围之策。

等项羽发现真相而去追击的时候，刘邦已逃回关中。项羽气急败坏，下令烧死纪信。

荥阳脱险之后，刘邦又重新集结兵力，与项羽顽强抗争。经过一年多的努力，终于在公元前 202 年，破项羽于垓下（今安徽灵璧南），项羽逃到乌江（今安徽和县东北）被迫自杀。长达五年的楚汉战争结束了，刘邦称帝，建立汉朝。

满之忍第五十八

※ 原文

伯益有满招损之规，仲虺有志自满之戒。夫以禹汤之盛德，犹惧满盈之害。

月盈则亏，器满则覆，一盈一亏，鬼神祸福。

昔刘敬宣不敢逾分，常惧福过灾生，实思避盈居损。三复斯言，守身之本。噫，可不忍欤！

※ 译文

《尚书》载，伯益赞扬大禹时，有过“满招损”的规劝，意为自满会招致失败；仲虺在助汤灭夏时，有过“志自满，九族乃离”的告诫，意为骄傲自满会使最亲近的家人都离开你。大禹和商汤都是有高尚道德的贤明之人，但依然惧怕骄傲自满所带来的严重后果，时时警诫自己。

月亮到了最圆的时候，就会开始慢慢缺损；器具装满了东西，就会倾覆。盈亏祸福，是由鬼神的意志所主宰，而非人力所能控制。

晋人刘敬宣，不敢做出超越自己本分的行为，常常恐惧因福太多而招致灾祸，所以总想着如何才能避开富足殷实而处于不足之中。有人想与他一同求取富贵而被他婉言拒绝。人们如果能够经常想想伯益、仲虺、刘敬宣的话，玩味其中的道理，那么就足以成为安身立命的根本了。唉！自满就会招致灾祸，人们怎能不忍住自己的自满之心呢？

※ 事例

唐代著名的书法家颜真卿和柳公权并称“颜柳”，他们的书法各有千秋，自成一体，对后世产生了深远的影响。

但是，柳公权小时候的书法却很糟糕，老师和父亲为之头痛不已，经常批评他。柳公权明白一些事理后，也为之羞愧，决心要写出一手好字。从那以后，他不分昼夜地勤学苦练，认真琢磨。到了十多岁的时候，一手字在方圆好几里算得上是出类拔萃的。年少的柳公权渐渐觉得自己有些了不起了。

一天，少年柳公权正在门口的大桑树下练字，不停地练习“飞”“凤”和“家”这三个字。在书法中，有一句人人皆知的话：神笔难写“飞凤家”，也就是说这三个字非常难写。柳公权写了一遍又一遍，自觉非常满意，于是在一张条幅上提笔写下“会写飞凤家，敢在人前夸”十个大字，贴在树上。

一个卖豆腐脑的老头儿看到柳公权写下的狂语，不禁觉得这个孩子年轻气盛。他捋着胡须，沉思片刻，皱起眉头，摇摇头说："你的字还差得远呢，你看看这些字就像我的豆腐脑一样，根本就没有力度，你又有什么值得骄傲的呢？"

柳公权一听就有些不高兴，不甘示弱地说："这附近没有一个能比得上我的字，别人都夸我写得好，你有什么不服气的？"

老人语重心长地说："我也不必多言，你有机会去华原县找字画汤吧！"说完就走了。

柳公权不相信还有比自己强的人。第二天一大早就来到华原县城，寻找字画汤，看看他到底是怎样的一个人，究竟有多大本事。

一进华原县城门，柳公权就看见一条白布幌子挂在一棵大槐树上，上书三个字：字画汤。树下一个老头，长得清瘦，没有双臂，正在用脚写字。只见他运笔如神，龙飞凤舞，围观的人们不住拍手叫好，喝彩声阵阵。

柳公权想起自己的那点花拳绣腿，竟然还敢口出狂言，自以为天下第一，现在幡然醒悟。他跪在老人面前，恳求老人收自己为徒。老人说："我年事已高，没有精力教学生，你还是回家去吧！"

柳公权苦苦哀求，最后，老人说："这样吧，我给你两句指点，你若真正按照我说的去做，定会有所成就。"说完，字画汤在地上铺了一张大纸，用右脚提笔写道：

写尽八缸水，砚染涝池黑。

博取百家长，始得龙凤飞。

柳公权把老人的话牢牢地铭刻在心，诚恳地拜谢老人，依依不舍地回家去了。从此以后，他更加发愤练字，既学习颜体的丰满，又学习欧体的圆润；既学习字画汤的狂放，又学习馆阁体的娟秀。他还注意观察大自然的一些现象，比如看人家屠宰牛羊，观察其中的骨架结构；看天上的大雁，水中的游鱼，把自然界各种形态都转化到书法艺术中。最后，柳公权终于成为一代大师。

柳公权后来经常感叹："要不是当年遇到那位卖豆腐脑的老头，恐怕我柳公权就被自己的狂妄埋没了。"可见博采众长才能臻善臻美，臻善臻美才能成为可造之才，而可造之才也是在勤奋刻苦中造就的，狂妄和浮躁永远不会取得长足的进步。

快之忍第五十九

※ 原文

自古快心之事，闻之者足以戒。秦皇快心于刑法，而扶苏婴矫制之害；汉武快心于征伐，而轮台有晚年之悔。

人生世间，每事欲快。快驰骋者，人马俱疲；快酒色者，膏肓不医；快言语者，驷不可追；快斗讼者，家破身危；快然诺者，多悔；快应对者，少思；快喜怒者，无量；快许可者，售欺。与其快性而蹈失，孰若徐思而慎微。噫，可不忍欤！

※ 译文

从古至今，无数人都在追求能使自己快乐的事，但这些事又常导致不好的后果，因此，听到其不良后果后人们都会引以为戒。秦始皇快意于刑法，焚书坑儒，致使扶苏因修订法律制度而遇害；汉武帝快意于征伐，穷兵黩武，到了晚年才幡然悔悟，下诏否定了屯兵轮台的建议。

人生世间，总希望事情能够如自己所愿，使自己快意，但它给人们带来的却总是无法料想的后果。以骑在马上驰骋为乐事的，往往人马俱疲；以享用美酒和亲近美色为乐事的，往往病入膏肓；以多说话为乐事的，往往言多必失；以打斗争吵为乐事的，往往家破身危；以许诺他人为乐事的，往往后悔不迭；以轻率回答为乐事的，往往缺乏思考；以大喜大悲、变脸无常为乐事的，往往气量狭小；以轻易许诺别人为乐事的，往往涉嫌欺骗。与其为图一时之快而犯下错误，使自己陷入不利境地，还不如谨小慎微行事。唉！为求一时之快，而必须做好承担祸患的准备，确实不值。人们怎能不忍耐追求快意之心呢？

※ 事例

自从刘备乘吴、曹大战之机巧夺荆州后，东吴一直耿耿于怀，伺机夺取。刘备也看透了这一点，因此，在夺取蜀川之后，刘备将自己最得力的大将关羽留下来，让其镇守荆州。

东吴一直垂涎于荆州，于是派大将吕蒙驻在陆口，以挡刘蜀进攻，并伺机夺取荆州。但是刚开始的很长一段时间，关羽都非常谨慎，不轻易对外用兵，一直保持着其军事优势，这样，吕蒙一直苦于无处下手。

但是，日久天长，关羽见东吴不敢妄动，又见入蜀诸将随着诸葛亮东征西伐，已经立下不少功劳，而自己却每天都静守在荆州，没有立下半点功劳。一时间，关羽傲心上腾，想寻机干点事业。正巧，这时不远处的曹仁驻守的樊城兵力空虚，关羽便摩拳擦掌，打起樊城的主意来，想借此机会大显身手，但又担心东吴来夺荆州，因此而举棋不定。

东吴大将吕蒙得到这个消息后，为了进一步促使关羽去战曹仁，便假装有病，回建业去了。临走时，将尚无名声、但熟读兵书的陆逊任命为右都督，代替自己镇守陆口。

这个消息很快就传到了关羽耳朵里。关羽因此认为已经除去了后顾之忧，可以大胆进军樊城了。这时，新上任的陆逊为了坚定关羽离开荆州的决心，给关羽写了一封信，说："久闻关将军威名，可与晋文公、韩信齐名。自己是一介书生，不懂军事，今后还仰仗将军看顾，保持两军相安无事便足矣。"关羽看过此信后，马上进军樊城。

陆逊又修书一封给魏曹，信中说到刘备占我荆州，怀气愤之心，愿与曹联合，共谋对付刘蜀之策。

关羽离开荆州进军樊城之后，荆州兵力空虚。吕蒙探听到可靠消息，便从建业发水军直指荆州。在与陆逊会合后，把兵船扮成商船的模样，沿汉水上溯至荆州。就在关羽正感到快意之时，吕蒙、陆逊也拿下了荆州。

取之忍第六十

※ 原文

取戒伤廉，有可不可。齐薛馈金，辞受在我。

胡奴之米不入修龄之甑釜，袁毅之丝不充巨源之机杼。计日之俸何惭，暮夜之金必拒。

幼廉不受徐乾金锭之赂，钟意不拜张恢赃物之赐。彦回却求官金饼之袖，张奂绝先零金鐻之遗。千古清名，照耀金匮。噫，可不忍欤！

※ 译文

孟子认为，获取东西时，尽力避免有伤廉洁的事情发生，有时候可以取之，有时候则不可以取之。齐国、薛国都馈赠黄金给我，但是接受还是不接受在于我自己的判断，要根据当时的情况而定。因为薛国有兵难，需为之考虑设防之事，所以接受薛国的五十金；而齐国无事送金，则别有用心，所以拒绝齐国的一百金。

晋人王修龄虽贫穷，但拒收陶胡奴送来的一船米；晋人巨源很节俭，陈郡袁毅贿赂给巨源的一百匹丝被束之高阁。东汉杨震的儿子按工作时间来接受俸禄，余下的交公，无所惭愧；杨震则更是不取不义之财，王密乘夜晚贿赂给杨震金子，被杨震严词拒绝。

北齐李幼廉对徐乾黄金百锭和二十名美女的贿赂予以拒绝，且依法判处徐乾死刑；钟离意拒绝接受皇帝所赏赐的查抄贪官之家所获的赃物。南宋人褚渊拒绝接受求官之人所送的黄金；东汉人张奂拒绝收取先零族酋长所赠的金器及马匹。这些清廉之士，流芳百世，名垂史册，被后人所敬仰。啊！取财之道，也有义与不义之分，面对不义之财，关键是要忍住自己的贪欲啊！

※ 事例

杨震是东汉时期的一位名人。他早年从事教育，在当地开办私塾，传道授业解惑，且为人正直，名誉清白，备受人们的推崇，在社会上有很高的威望。朝廷珍惜他这个人才，于是提拔他担任荆州刺史。

杨震为官有个最大的特色就是善于发掘人才，许多有才华的人因为他的推荐，后来都飞黄腾达，王密就是其中的一个。起初，王密只是荆州地区的一个名士，后来受到杨震的重用，担任了山东昌邑县的县令。

王密现在在诸侯中享有名气，时时想起杨震曾经对自己的帮助，心想：要不是杨震的推荐，自己还不知道哪天才有出头之日呢！他决定借机报答杨震的知遇之恩，以表示自己的感激之情。

两年后，杨震被调往山东东莱任太守。王密觉得这是一个再好不过的机会，因此盛情邀请杨震在上任途中务必到昌邑叙叙旧情。盛情难却，杨震只好恭敬不如从命，在昌邑停留了几日。王密生怕有所怠慢，对杨震招待得无微不至，吃穿住用行都不用杨震操心。

临行前的晚上，杨震正要入睡，王密推门进来，客气地说："没有大人您，也就没有我王密的今天，这个恩情我不知用什么来报答。这里是我的一点心意，权作送给您的盘缠。"说完，就从身后掏出一百两黄金。

杨震见状大吃一惊，好言劝道："盘缠我还是有的，你不必操心。我平生以清廉严格要求自己，你又不是不知道我的脾气！你收起来吧！"

王密回答道："这只是我的一片心意，既不是行贿受贿，也没有买官鬻爵的嫌疑，是我们个人的交情。现在天这么晚了，这件事情谁也不知道，您就放心收下吧！"

杨震在这些事情上是非常认真的，见他执迷不悟，而且说得有条有理，不禁心生怒气，训斥道：“你不要再说下去了，今天的事情已经有四个人知道了，这已经足够我拒绝你了！”

王密好奇地问：“怎么有四个人呢？”

“天知、地知、你知、我知！这难道还不够多吗？”杨震反问，掷地有声。王密只好惭愧地收起那些黄金，悻悻地离开了。

俗话说：人无横财不富。杨震在做官期间，为政清廉，从来不收受任何礼品和礼金。全家人也没有因为他做官而享受一天的安逸，仍然和以前一样，过着俭朴的生活。有人善意地劝说他应该抓住现在做官的便利，置办一些田产和房屋，也好为子孙后代留条退路。但每次杨震都坚定地说：“我一辈子都没有沾染上有损我清白的事情，一旦上了贪船，什么时候靠岸就由不得自己了。这种事情我是不会做的，当着别人我不会做，我一个人的时候也不会做！”

“那你能给你的子孙们留下什么呢？”别人问。

“他们到时候都会说自己是清官的后代，这笔遗产就够他们受用一生了！”杨震自豪地回答。

人生在世，必须保持一些最基本的处世原则和立身标准，否则，就会人云亦云，既无原则又无个性，不能成为独立之“真我”。所以，要保持真正的内心品格，永远都不要做有损自己名誉的事情，因为所谓的秘密总有一天会成为公开的丑闻。

与之忍第六十一

※ 原文

富视所与，达视所举。不程其义之当否，而轻于赐予者，是损金帛于粪土；不择其人之贤不肖，而滥于许与者，是委华衮于狐鼠。

《春秋》不与卫人以繁缨，戒假人以名器。孔子周公西之急，而以五秉之与责冉子。噫，可不忍欤！

※ 译文

衡量一个人的行为是否妥当、符合情理，就要在他富贵的时候，看他把东西送给什么样的人；在他为官的时候，看他向上举荐什么样的人。不考虑道义上应当不应当，就将东西随随便便胡乱给人，这就如同把金银布帛等物扔在粪土之中一样；不考核官员贤明不贤明，就将官员随随便便举荐上去，这就犹如把华贵的衣服穿在狐鼠之类的动物身上。

《春秋》记载，卫国赐给于奚繁缨和曲悬用来参加朝会，孔子因此而叹息，不能给人名与器；子华出使齐国，孔子周济子华之母，但冉子却私下周济其五秉粟米，因数量甚多，受到孔子责备。唉！施与别人东西，也有当与不当之分，要防止没有原则地胡乱给予。人们怎能不忍住自己随便施与的行为呢？

※ 事例

臧武仲在鲁国担任司寇，负责国家的经济和狱讼事务。他为人正直，能言善辩，鲁国国王季武子对他颇为器重。

邾国有一个名叫庶其的人背叛了自己的国家，带着一批人马前来投奔鲁国。他顺便把漆和与闾丘两座城邑偷窃过来献给鲁国国王。季武子见庶其归顺了自己，还为自己扩大了疆土，因而礼遇庶其。他不但把曾襄公的姑母赏赐给庶其为妻，而且还重重奖赏和庶其同来的人。一时间，这件事情成了鲁国内外茶余饭后的谈资，人们都在议论纷纷。

臧武仲认为国王这样做影响很不好。窃国者也是偷，季武子非但不惩处这些盗贼，反而姑息养奸，把他们奉为座上宾，那人们岂不认为偷窃是天经地义的事情？

不久，盗贼果然就在鲁国大行其道。夜半时分上房揭瓦，破门而入，甚至在光天化日之下抢钱掠财，十分猖狂，一时间民怨沸腾。臧武仲却睁一只眼闭一只眼，没有采取什么行动。

季武子听说国家现在治安混乱，于是找到臧武仲，质问他："现在盗贼无法无天，我都有所耳闻。难道你这个负责治安的还不知晓吗？你为什么不管不问？"

臧武仲漫不经心地回答说："出现这种情况是不可避免的，我心有余而力不足，我没有办法禁止！"

季武子看到臧武仲心不在焉，十分生气，厉声说："我养着大批的军队，派遣他们驻守在边境，不分昼夜地监探，就是为了抵制强盗和外寇。你反而说盗不能治！那些军队和边境有什么用！你有什么用！你连个盗贼都治不了，还谈什么才能，你还不如回家算了！"

季武子脸都气白了，一口气骂完，瞪着臧武仲，看他如何作答。臧武仲仍然不为所动，不紧不慢地说："养兵是另一回事。我虽然没有才能，但我知道国家仅凭借山河之险是不会昌盛的，最主要的是以德治国！"

季武子冷笑着说："原来你是说我没有德！你自己推说没有能力惩治盗贼、维护治安，还配谈什么'以德治国'？你若没有好的解释，我今天就赐你死！"

臧武仲故意露出惊慌的神色，说：“请您息怒。可是如果一边在消灭盗贼，而一边却在引贼入境，您认为我能禁得住吗？”

季武子一听更加生气：“谁吃了豹子胆，敢引贼进来？你告诉我，我要严加惩处，把他分尸。”

臧武仲缓缓地摇头说：“那庶其就是贼的头目，他率领着一群贼啊！您只看到了他们送来的礼物，却忽视了来源，反而还重赏他们。在百姓眼中，您养着一群盗贼。他们看到盗窃不仅可行，而且还能得到富贵，自然就改头换面做盗贼了。您说，我是不是无可奈何啊？”

季武子听完后，立刻明白了臧武仲话里的意思，原来他用辩论的手段向自己进谏啊！他刚刚升起来的怒火立刻平息了下去，他没有让人辞退臧武仲，而是把庶其施以车裂之刑。

其身正，不令而行；其身不正，虽令不从。作为领导者，要想别人端正言行，就要检点自己的行为，身先示范，才有说服力。此外，没有自知之明的人，往往会被似是而非的表面现象所迷惑。用了不该用的人，失败自然是难免的。

乞之忍第六十二

※ 原文

箪食豆羹，不得则死，乞人不屑，恶其蹴尔。

晚菘早韭，赤米白盐，取足而已，安贫养恬。

巧于钻刺，郭尖李锥，有道之士，耻而不为。

古之君子，有平生不肯道一乞字者；后之君子，诈贫匿富以乞为利者矣。故《陆鲁望之歌》曰：“人间所谓好男子，我见妇人留须眉。奴颜婢膝真乞丐，反以正直为狂痴。”噫，可不忍欤！

※ 译文

孟子曾说过，一箪食，一豆羹，得之则生，不得则死。但是，如果是踢着将这些食物送给人，那么即使是乞丐也不屑于吃。

南朝宋人周颙隐居钟山，认为秋末的白菜、初春的韭菜、红米白盐、绿葵紫蓼，这些食物就可以满足日常的生活，不至于挨饿受苦了。能够做到安贫乐道，超脱名利，就可以使内心恬静如水，泰然处之，而不会去向别人乞讨。

北魏郭景尚善于给当权者拍马屁，因此得到提拔，人称“郭尖”；北魏李世哲善于给当权者行贿，因此做了高官，人称“李锥”。有道德修养的人是不会像他们一样投机钻营、摇尾乞怜的，正直之士都以此为耻。

古代的君子，一生都坚持气节，从不向人乞讨，他们甚至连“乞”字都不肯说出口；而后来的所谓君子，以生活清贫为借口，隐匿财富，实际是奴颜婢膝地向人乞求更大的名利。所以《陆鲁望之歌》这样唱道：“世上哪有什么好男子，他们只不过是些留着胡须的妇人。这种人奴颜婢膝向人乞讨，其实是真正的乞丐，可他们却反而指责正直的人是狂痴。”啊！向人乞求食物已令人不齿，更何况奴颜婢膝地向人乞求名利？在名利面前，千万要忍住乞求之心啊！

※ 事例

相传，过去有一个乞丐来到一户人家行乞。这个乞丐的右臂断掉了，袖子空空的，一动就开始晃荡，谁见了都很难过，觉得这个乞丐很可怜，因此，大家都慷慨地施舍给乞丐一些钱财或食物。

这次他来行乞的这户人家，只有一个老妇人在。老妇人看见乞丐这个样子，不但没有怜悯和同情，反而毫不客气地指着门口一堆石头对乞丐说：“你帮我把这堆石头搬到屋后去吧！”

乞丐一听，非常生气，对老妇人说：“你难道没看到我只有一只手吗？你怎么会忍心叫我搬石头？不愿意给就别给，何必捉弄人呢？”

老妇人并没有生气，她当着乞丐的面，用一只手搬了一遍石头，然后说：“你看，并不是非得用两只手才能干活，我一只手不是也能搬石头吗？我能干，你为什么就不能干呢？”

乞丐被老妇人的行为和话语怔住了，他用一种异样的目光盯着老妇人，尖突的喉结犹如一枚橄榄，上下滑动了两下。终于，乞丐俯下了身子，用他那仅有的一只手搬起石头来。四个小时过去了，石头终于被乞丐搬完。再看看乞丐的样子，气喘吁吁，灰头垢面，几绺被汗水打湿的乱发歪贴在额头上。

老妇人上前递给乞丐二十文钱，乞丐接过钱，万分感激地说：“谢谢您！”

老妇人说：“这是你自己凭力气挣来的钱，用不着谢我。”

乞丐说：“我永生都不会忘记您。”说完，他给老妇人深深地鞠了一躬，然后就上路了。

若干年后，有一个人来到了这个庭院。此人虽然身着布衣，但是气度不凡，美中不足的是，他只有一只左手，右边的衣袖里面空空的。

此人俯下身子，用他仅有的一只手拉住已经有些老态的女主人，说："如果没有您，可能我现在还是一个乞丐。可是，我通过自己的劳动，已经拥有了一块属于自己的土地，已经衣食无忧了。"

老妇人已经想不起来当年的事情了，也认不出来人究竟是谁了，只是淡淡地对来人说："这都是你自己干出来的。"

以行乞为生是可耻的。一个有劳动能力的人，怎能容忍自己在他人的施舍下生活呢？无论是向人乞求食物、金钱，还是名利，都会令人生厌。一个有志气的人就应该自食其力，做到自爱自尊。

求之忍第六十三

※ 原文

人有不足于我乎，求以有济无，其心休休。冯驩弹铗，三求三得。苟非长者，怒盈于色。维昔孟尝，倾心爱客，比饭弗憎，焚券弗责。欲效冯驩之过求，世无孟尝则羞；欲效孟尝之不吝，世无冯驩则倦。羞彼倦此，为义不尽。

偿债安得惠开，给丧谁是元振。噫，可不忍欤！

※ 译文

人心总有感到不满足的时候，此时就应用道义加以约束，能取则取，不能取则放弃，并且将多余的东西拿来帮助那些缺少它的人，这样就可以心安理得了。孟尝君有个宾客叫冯驩，曾经有三次分别向孟尝君讨要吃的鱼、乘的车、养家糊口的物品，孟尝君都一一满足。旁人都因冯驩不知满足的行为而讨厌他。只有孟尝君对他的这些行为并不生气，并礼貌对待。后来，冯驩帮孟尝君收债，因见百姓生活贫苦而自作主张，烧毁债券，对此，孟尝君并没有生气。假如当今有谁去效仿冯驩那样过分地索求，可能就遇不到像孟尝君那样的人，只能自讨无趣，招人讨厌；如果有谁想要效仿孟尝君的慷慨大度，也遇不到像冯驩那样的贤士，只能灰心丧气。因此，羞于乞求与懒得慷慨都不能做到仁至义尽。

南梁萧惠开把厩中的全部马匹赠给同僚刘希微，让他用来偿还债务；唐代郭元振把家中送来的四十万钱全部送给别人，让别人用来办丧事。普天之下哪里还能再找到像他们一样的人？啊！如今像萧惠开、郭元振、孟尝君这样的人少之又少，人们怎能不忍住自己的过分要求之心呢？

※ 事例

清朝的名臣林则徐（1785 ~ 1850 年）去广州查禁鸦片之前，曾在湖广总督任上大力查禁鸦片，取得很好的效果。可是 1838 年遇到罕见的大旱，田地里收成大减，一时间米价十分昂贵。老百姓购买不起粮食，一个个饿得皮包骨头，路边常常有人迫于生计，乞讨度日。林则徐看在眼里，忧心如焚，除了拿出自己的薪俸周济饥民外，还动员下属们尽力捐助。然而，两湖的官员们口头上一个劲地说同情百姓的好话，待到真要出钱时，又一个个面呈难色，诉说自家经济的困难，有的干脆说有了上顿没下顿，家无隔宿之粮，结果没有人捐出一文钱来。

林则徐见状，心里明明知道是下属们不愿意捐款，但是嘴上也不言语。回到家里，他想来想去，终于想出了一个计策。第二天，他让人在官府衙门前张贴告示，说明某日他要率领众官设坛求雨。因为此事关系着天下黎民百姓的生命，在这两天内大家必须沐浴戒荤，表示对苍天的真诚之心。

到了求雨那天，沐浴清心的林则徐，徒步来到广场，走上高坛，俯伏在地，口中念念有词，极为虔诚地祷告起上苍来。大小官员们也走上高坛，俯伏在地祭祷。

求雨仪式完毕，林则徐叫侍卫在高坛下铺设大片芦席。自己带着官员们依次坐在芦席上休息。

当时烈日当空，一丝微风也没有，炎热异常。一贯娇生惯养的官老爷们哪里经受过这样的折磨，坐了没多久，就一个个口渴头晕，面色灰白起来。

林则徐这才说道：“平时我们一直高高在上，过着饭来张口、衣来伸手的富贵生活，很少有人能来到百姓中间，体验百姓的疾苦。在这大旱之年，我们怎知道‘农夫心内如汤煮’的情景？今天，我愿意跟大家都来尝尝贫苦百姓在烈日下挥汗锄禾的苦滋味。”

大小官员们虽然满心不情愿，但也不得不跟着林则徐一起在田地里劳作起来。

过了大约三炷香的工夫，林则徐才说：“看来我们喉咙里都冒火了，茶水可不能不喝啊。”说完，他即刻传唤差役将事先预备好的凉茶桶扛了过来。他自己拿了葫芦瓢先舀了一瓢“咕咚咕咚”地喝了个饱，喝完显得神清气爽，十分舒适。其他官员们早就渴得受不了了，此时也迫不及待地依次喝起来。

不一会儿，由于冷热交攻，林则徐首先呕吐出来，接着大家都呕吐了，弄得芦席上一片污秽，狼藉不堪。

林则徐笑道：“既然已经这样了，倒可以顺势测量测量各人的心肠和家庭经济状况了。”

于是，他不顾脏臭，亲自检验各人的呕吐物，并且叫侍卫把所含的成分一一记录在案。检查结果显示，林则徐自己吐出的是粗糙低劣的杂粮野草，而其他大小官员们吐出的不是山珍海味就是鱼肉荤腥，众官员顿时都羞愧难当。

林则徐严肃地望着众官员低下的脑袋，沉痛地说："今天我真心诚意地向天求雨，为的就是解除旱情，让百姓活下去。可你们扪心自问，自己到底是不是真心诚意呢？再说，前几天我号召大家慷慨解囊，捐助灾民，你们一个个哭穷，有的还说什么揭不开锅，可是今天看看你们吃的都是些什么呀！我说啊，天公所以如此发怒，制造旱灾，完全是你们做官的从不体恤人民的缘故啊！你们难道就不怕遭天谴吗？"

官员们自知理亏，又羞愧又恐惧，生怕林则徐要处罚他们，结果纷纷报上捐款济民的数额……

失之忍第六十四

※ 原文

自古达人，何心得失。子文三已，下惠三黜，二子泰然，曾无愠色。

银杯羽化，米斛雀耗，二子淡然，付之一笑。

盖有得有失者，物之常理；患得患失者，目之为鄙。塞翁失马，祸兮福倚。得丧荣辱，奚足介意。噫，可不忍欤！

※ 译文

自古以来，达人知命，他们心胸宽广，个人得失从不记挂在心上。春秋楚国令尹子文三次被任命为令尹之官，又三次被免去官职；鲁国大夫柳下惠也是三次被罢免官职，但是他们二人对于免职之事却都泰然处之，没有丝毫怒色。

唐代柳公权笑称被奴婢们偷走的银杯是成仙飞走了；南朝梁人张率笑对米被老鼠和鸟雀偷吃掉的回答。柳公权和张率二人对这些财物上的损失都淡然处之，一笑了之，并不追究。

有得必有失，有失必有得，这是人世间事物变化的永恒规律。如果一个人患得又患失，那么就可以鄙视他目光短浅，心胸狭窄。塞翁失马，虽然是祸，但是福却紧随其后。既然得与失、荣与辱、祸与福可以互相转化，那么又何必太介意它们呢？啊！失去了东西、遭受了耻辱，其实并不一定是坏事，何不忍耐这种损失呢？

※ 事例

秦朝被推翻后，企图独霸天下的项羽知道最难对付的敌手是刘邦，便故意把巴、蜀（都在四川）和汉中（在今陕西西南山区）三个郡分给刘邦，并封刘邦为汉王，以汉中的南郑为都城，想把刘邦关进偏僻的山里去。然后项羽又把关中（今陕西一带）划作三部分，分给秦朝的降将章邯、司马欣和董翳，以便阻塞刘邦向东发展的出路。项羽自封为西楚霸王，封地九郡，占领长江中、下游和淮河流域一带广大肥沃的地方，以彭城（今江苏徐州）为都城。

刘邦慑于项羽的威势，不得不暂时领兵西上，前往南郑。刘邦在前往南郑的途中，采纳谋士张良提出的建议，把一路走过的几百里栈道全部烧毁。刘邦这样做，一是为了便于防御，二是为了迷惑项羽，使他以为自己真的不打算出来了，从而放松对自己的防范。

刘邦到了南郑，拜萧何推荐的韩信为大将，请他策划向东发展、夺取天下的军事部署。韩信提议先取关中，打开东进的大门，再向东发展，夺取天下。

公元前 206 年，韩信拟订了东征的计划后，命令樊哙、周勃等带领大队人马去修栈道，限三个月完工。可是被烧毁的栈道接连有三百多里，而且高低不平，地势险要，修了没几天，就摔死了几十人。修栈道兴师动众，闹得鸡飞狗跳，一下就把刘邦欲兴兵东征的警报传到了关中。

守在关中西部地区的雍王章邯，一面派探子去打听刘邦修栈道的情况，一面调兵遣将去挡住东边的栈道口。他听说汉王拜的大将原来是曾经钻过人家裤裆的懦夫韩信，汉王的将士们都不服气，修栈道的士兵和民工天天有逃走的，而且认为几百里栈道要修好多年，因此，对刘邦和韩信的这一行动根本不重视。

就在章邯高枕无忧的时候，忽然有一天，传来急报说汉军已经攻入关中，陈仓（在今陕西宝鸡）被占，这让章邯非常不解。其实，韩信表面上派兵修复栈道，装作要从栈道出击的姿态，实际上却和刘邦率领主力部队，暗中抄小路袭击陈仓，趁敌不备，取得了胜利。这就是“明修栈道，暗度陈仓”。汉军随即攻占了雍地、咸阳。章邯兵败，只得自杀。

没多久，翟王董翳、塞王司马欣先后投降。不到三个月时间，关中就变成了汉王刘邦的地盘。

利害之忍第六十五

※ 原文

利者人之所同嗜，害者人之所同畏。利为害影，岂不知避！贪小利而忘大害，犹痼疾之难治。鸩酒盈器，好酒者饮之而立死，知饮酒之快意，而不知毒人肠胃；遗金有主，爱金者攫之而被系，知攫金之苟得，而不知受辱于狱吏。

以羊诱虎，虎贪羊而落井；以饵投鱼，鱼贪饵而忘命。

虞公耽于垂棘而昧于假道之假，夫差豢于西施而忽于为沼之祸。

匕首伏于督亢，贪于地者始皇；毒刃藏于鱼腹，溺于味者吴王。噫，可不忍欤！

※ 译文

利益，人们都喜欢；灾害，人们都畏惧。但是利益就是灾害的影子，利与害形影相随，相互转化，怎能不对利益加以回避呢？贪图一时的蝇头小利而忘却它会导致的大祸害，这种毛病就像痼疾一样难以治愈。毒酒注满了酒杯，嗜好饮酒的人饮用了这种毒酒立即就会死亡，他只知道贪图喝酒时的快意，却不知毒酒会伤及人的肠胃而置人于死地；丢失在路上的金子自有它的主人，爱钱的人看见后将金子据为己有，因此而被抓进监狱，他只知道不劳而获的爽快，却不知被抓进监狱后所受的耻辱。

用羊作诱饵来引诱老虎，老虎会因贪图羊而落入陷阱之中；用香饵来钓鱼，鱼就会因贪图香饵而不顾性命。

《左传》载，虞国国君沉溺于晋国所献的垂棘美玉，而没有识破晋国向其借道攻打虢国的阴谋；吴王夫差沉溺于与美女西施的纵情淫乐中，而没有想到自己最终亡国是因为豢养西施。

《战国策》载，荆轲之所以能接近秦始皇，并用匕首刺杀他，那是因为秦始皇贪求督亢的土地，使荆轲有了可乘之机；吴王因贪吃美味佳肴，使专诸有机会将宝剑藏在鱼肚里，并在靠近吴王时将其杀死。啊！贪小利而忘大害，因小失大，太不值得了，面对小利益，人们怎能不忍住自己的贪婪之心呢？

※ 事例

春秋时期，齐国宰相管仲把齐国治理得井井有条，征服了很多割据一方的诸侯国。后来，只剩下楚国不听齐国号令。齐王准备发兵征服楚国。当时，齐国有好几位大将纷纷向齐桓公请战，要求挂帅攻打楚国，但却遭到了宰相管仲的强烈反对。

管仲认为眼下齐军疲惫，不宜久兴兵事。他日夜命人抢铸铜钱。之后，派人到楚国去购鹿。当时，鹿是较为普通的动物，楚国盛产梅花鹿，人们把鹿当作肉食动物，两枚铜币就可以买一头鹿。管仲却派商人在楚国到处扬言："齐桓公好鹿，不惜重金购买。"

齐国商人开始贩卖鹿，开始三枚铜币一头，十天以后加价到五枚铜币一头。于是楚人竞相到山中猎鹿，鹿资源日益短缺。商人又从中哄抬鹿价。一个月后，鹿价涨到了四十枚铜币一头。这四十枚铜币在当时可以买到一万斤粮食。高昂的利润使楚国上下变得疯狂起来。农民不再种田，改行做了猎人；战士不再练兵，背起弓箭偷偷上了山。一年之后，楚国国内铜币堆积如山，但却田地荒芜，粮源断绝。管仲又向各诸侯国发号施令禁止与楚国交易，违者处斩。楚国人拿着大把的铜币却买不到粮食。

这样一来，楚国闹起了饥荒，人民四处逃难，楚军人黄马瘦，完全丧失了作战能力。

管仲见时机已到，即集合八路诸侯人马，浩浩荡荡开往楚国边境。楚成王内外交困，忙派大臣向齐国求和，同意不再割据一方，保证从此听从齐国的号令。

顽之忍第六十六

※ 原文

心不则德义之经曰顽，口不道忠信之言曰嚚。顽嚚不友，是为凶人，其名浑敦，晋物丑类，宜投四裔，以御魑魅。唐虞之时，其民淳，为此为戒；秦汉之下，其俗浇，习此不为怪。

盖凶人之性难以义制，其吠噬也，似犬而狾其抵触也，如牛而角。待之以恕则乱，论之以理则叛，示之以弱则侮，怀之以恩则玩。当以禽兽而视之，不与之斗智角力，待其自陷于刑戮，若烟灭而熸息。我则行老子守柔之道，持颜子不辍之德。噫，可不忍欤！

※ 译文

心里不效法道德仁义的规矩称为顽固，口里不说忠节信义的话称为愚蠢。这种人不行仁义之事，和坏人为伍，大家都憎恨他们，视他们为"凶人"。如古代的浑敦、穷奇、梼杌、饕餮四个顽嚚之徒，他们都是恶物丑类之流，应该让他们这样的人去边远偏僻的地方，抵御那些妖魔鬼怪。唐虞时期，民风非常淳朴，所以《尚书》中记载这些顽嚣之徒的行为，是用来警示人们要以此为戒；而秦汉之后，民风日下，坏人坏事陡增，人们也就对此习以为常了。

大概这些生来就愚顽不化的人，是很难用仁义礼法来进行约束的，就好比疯狗咬人，犟牛撞人。以宽恕的态度对待他们，就会导致祸乱；给他们讲道理，反而会招致反叛；向他们示弱，他们会更加欺侮人；对他们施以恩惠，他们却不懂珍视。对于这样的顽嚣之人，只能将其视为畜生，不与他们一般见识，不与他们斗智斗力，等待他们自取灭亡，犹如烟消火灭一样。我们应该遵循老子的柔弱无为之道，学习颜子不斤斤计较的品德。唉！顽愚之人生性如此，他们最终只能自取灭亡，何必与他们计较呢？

※ 事例

明朝嘉靖年间，胡宗宪为奸相严嵩的亲信党羽之一。当时严嵩当权，因此，胡宗宪被派到浙江当总督。胡宗宪之子胡衙内依仗父亲的权势，为非作歹，欺压百姓。

一天，胡衙内带了几个随从离开杭州，前去浙西游玩。凡途经的府县，官吏要么因惧怕胡宗宪的权势而不敢怠慢，要么想通过胡衙内拍胡宗宪的马屁。因此，胡衙内一路上甚是风光，所到之处，官吏无不对他点头哈腰，殷勤招待，宴请送礼。

可是，胡衙内来到淳安县，却发现情况大不相同：城门边无人接待，到馆驿住下后也不见知县宴请，更不送礼。胡衙内勃然大怒，又是掀桌子，又是摔东西，喝令将驿吏捆绑起来，倒吊在树上，提着马鞭抽打，打一下骂一句："小爷我从杭州出来，一路上哪个不巴结？知府大人还为我牵马呢！只有你们这个淳安县，知县躲着不肯出来，待我回去告诉我父亲，定叫你们一个个脑袋搬家！"

其实，淳安县知县便是有名的清官海瑞。海瑞听到驿站有人来报告此事，非常气愤，想立即派人去捉拿胡衙内。但转念一想，胡宗宪毕竟是省总督，是自己的顶头上司，如果与他作对，自己未免要吃亏。他思索一下，便心生一计。

他亲自带领捕班人马前去驿站捉拿胡衙内，一进驿站，就见胡衙内正坐在椅子上骂人。海瑞用手一指，喝道："把这个恶棍抓了！"一听知县要抓他，胡衙内气急败坏地喊道："我是堂堂浙江省胡总督的公子，我看你们谁敢抓我？"

海瑞冷笑一声，说："何方恶棍，胆敢冒充胡总督的公子？胡总督是国家一品大臣，处处体恤民情，爱护百姓，他的公子也定是一个知书达理、文质彬彬的人，怎会是像你这样的花花太岁？你定是冒充的，先给我掌嘴！"

衙役连抽胡衙内几个嘴巴，直把他打得满嘴流血，腮帮红肿。"你若再敢冒称胡公子，再打嘴巴！"海瑞呵斥道。

胡衙内此时也领略到了海瑞的厉害，只得低头不敢作声。

“再搜他的行李，看还有什么违法物品！”海瑞又大声吩咐。结果又搜出好几千两银子以及珍宝之类的贵重礼品。

“你不是说你是胡公子，出来游玩吗？这些赃物是哪里来的？”海瑞故意问道。

胡衙内嘴上疼得要命，现在不得不忍着嘴痛答道：“都是沿途府县官吏送的。”

海瑞又冷笑道：“你这么一说，更加暴露了。胡公子是官家公子，书香门第，他若出游，必定游的是青山秀水，访的是风土民情，他必然喜欢访古问幽。到了我这淳安县，必然爱清溪龙砚，决不会像你这样要银子、要珍宝。你骗得过别处知县，却骗不过我！来人，再打他四十大板！”

胡衙内一听说又要打板子，吓坏了，哀求道：“知县大人，我真是胡公子啊！”

随从也都哀告道：“老爷！他确是胡总督的公子，我们都是胡府家人啊！”

“大胆！”海瑞将桌子一拍，怒声说：“你们在本县面前，还敢冒充！再若假冒胡公子，败坏胡总督的名声，就罪该万死！本县先斩了你们，把你们的人头都送到总督府去！”

过了几天，淳安府解差将胡衙内及随从押送到总督府，并将海瑞的一封信交给了胡宗宪。信中写道：

“属县近来查获一名冒充总督公子的诈骗犯。该犯假冒胡公子，在外招摇撞骗、敲诈勒索，骗得数千两银子和甚多珍宝。属县知老大人教子甚严，府上公子在书房攻读，怎有闲出游？如若出游，也无非瞻仰名胜古迹，以广见识，怎会诈骗银两宝物？故一眼识破。所诈赃物，依律没收充公。特因该犯四处败坏老大人名声，实属可恶、可杀！特押送府上，请老大人严惩！”

胡宗宪看完信，再看看已被打得鼻青脸肿的儿子，就是再气也无话可说，因为海瑞的话句句在理，的确是自己的儿子做错了事，也只好忍气吞声了。

不平之忍第六十七

※ 原文

不平则鸣，物之常性。达人大观，与物不竞。

彼取以均石，与我以锱铢；彼自待以圣，视我以为愚。

同此一类人，厚彼而薄我。我直而彼曲，屈于乎高下。人所不能忍，争斗起大祸。我心常淡然，不怨亦不怒。彼强而我弱，强弱必有故；彼盛而我衰，盛衰自有数。

人众者胜天，天定则胜人。世态有炎燠，我心常自春。噫，可不忍欤！

※ 译文

韩愈在《送孟东野序》中说："一般事物处于不平的状态时就会发出响声。"这是事物的本性。人也是如此。因此，韩愈又说："凡是从人口里发出声音来，总是有不平事在心里吧！"但是人如果能达人知命，采取通达乐观的态度看待一切，就总能做到与世无争、处之泰然。

如果他获取的东西很多，而给我的东西很少；他以圣人自居，而把我看成是愚蠢之人，这些都是人间不平之事。

同样都是一类人，但他们往往不能同等相待，看重这一方却轻视另一方，厚此薄彼。本来是我有理、他无理，但是由于双方地位高下的缘故，只要他觉得我不对，我就会被认为是无理取闹之徒。遇到不平之事，简直无法忍受，但是如果因此而与人争斗，那么势必会酿成大祸。如果自己的内心总能保持淡然恬静的状态，那么就能无怨无怒、处之泰然了。其实，别人强于我，我们之间的强弱之分必定有其原因；别人盛于我，我们之间的盛衰之别必定有其定数。

人多可以战胜天意，而天的意志常常也可胜人。世态自有炎凉，反复无常，只要我心始终如春，便会温和平静。啊！人间不平之事太多了，不平容易起纷争，在感到不平的时候，为何不忍一忍呢？

※ 事例

唐朝大将军郭子仪驻守分州时，曾经奏请朝廷任命一名州内的县官，但朝廷迟迟不作答复。他的僚属们都很不服气，一起议论说道："凭着令公的功绩，奏请任命区区一个小小的属官竟然不听从，宰相怎么这样不识大体？"

郭子仪听了僚属们的抱怨，就对大家说："自从兴兵平定叛贼以来，各方藩镇武官大多飞扬跋扈，大凡他们有什么要求，朝廷常常委曲求全，顺从他们。朝廷这么做没有别的意思，只是对他们不放心啊。现在我奏请的这件事，皇上认为不能办而搁置下来，这表明皇上不把我看得同一般武官一样，而是亲近厚待我。你们应该恭喜我呀，还有什么值得奇怪的呢？"

僚属们听了这番话，都佩服不已。

不满之忍第六十八

※ 原文

望仓庾而得升斗，愿卿相而得郎官，其志不满，形于辞气。

故亚夫之怏怏，子幼之呜呜，或以下狱，或以族诛。

渊明之赋归，扬雄之解嘲，排难释忿，其乐陶陶。

多得少得，自有定分。一阶一级，造物所靳。宜达而穷者，阴阳为之消长；当与而夺者，鬼神为之典掌。付得失于自然，庶神怡而心旷。噫，可不忍欤！

※ 译文

希望得到整个粮仓那么多的谷物，结果只得到升斗之多；希望得到公卿宰相那样的高位，结果只得到县令郎官之类的官职。现实与期望相去甚远时，就会产生不满情绪，之后又会在言语和表情上有所表露。

西汉周亚夫在景帝请他吃饭时，因席上的大块肉没切开，又未放筷子而心有不满，致使他遭人诬告而入狱，呕血而死；西汉杨恽，被人诬告，免官为民，心怀不满，致使他再次被人诬告而腰斩。

晋人陶渊明辞官回乡，作《归去来兮辞》；西汉扬雄为抒发不满，作《解嘲文》。二人作赋解嘲都是为了排遣心中的不满，发泄心中的愤怒，但他们采取的方式更为高明、隐蔽，所以他们才能做到其乐陶陶。

人生在世，得多得少，都是上天赋予的；官员的升降任免也是由造物主所主宰的。本该发达的反而受穷，本该给予的反而被剥夺，这些都是阴阳消长和鬼神掌管的结果。因此，只要能将个人得失置之度外，付之自然，就能够使自己心旷神怡。啊！荣辱得失全在于天，心中有不满的时候，怎能不忍一忍呢？

※ 事例

有一次，景帝把周亚夫召进宫中设宴招待，想试探他脾气是不是改了，所以他的面前不给放筷子。周亚夫不高兴地向管事的要筷子，景帝笑着对他说："莫非这还不能让你高兴吗？"周亚夫羞愤不已，不乐意地向景帝跪下谢罪。景帝刚说了个"起"，他就马上站了起来，不等景帝再说话，就自己走了。景帝叹息着说："这种人怎么能辅佐少主呢？"

周亚夫儿子周阳见他年老了，就偷偷买了五百甲盾，准备在他去世时发丧时用，这甲盾是国家禁止个人买卖的。周亚夫的儿子给佣工期限少，还不想早点给钱，结果，心有怨气的佣工就告发他私自买国家禁止的用品，要谋反。景帝派人追查此事。

负责调查的人叫来周亚夫，询问原因。周亚夫不知道儿子做了什么，对问的问题不知如何回答，负责的人以为他在赌气，便向景帝报告了。景帝很生气，将周亚夫交给最高司法官廷尉审理。

廷尉问周亚夫："君侯为什么要谋反啊？"

周亚夫答道："儿子买的都是丧葬品，怎么说是谋反呢？"

廷尉讽刺道："你就是不在地上谋反，恐怕也要到地下谋反吧！"

周亚夫受此屈辱，无法忍受，开始差官召他入朝时就要自杀，被夫人阻拦，这次又受羞辱，更是难以忍受，于是闭食抗议，五天后，吐血身亡。

听谗之忍第六十九

※ 原文

自古害人莫甚于谗，谓伯夷溷，谓盗跖廉。贾谊吊湘，哀彼屈原，《离骚》《九歌》，千古悲酸。

亦有周《雅·十月之交》："无罪无辜，谗口嚣嚣。"

大夫伤于谗而赋《巧言》，寺人伤于谗而歌《巷伯》。父听之则孝子为逆，君听之则忠臣为贼，兄弟听之则墙阋，夫妻听之则反目，主人听之则平原之门无留客。噫，可不忍欤！

※ 译文

自古以来，若要害人，没有比小人颠倒是非、无中生有的谗言更厉害了。谗言把清廉高洁的伯夷说成是恶心的坏蛋，而把楚国大盗贼盗跖说成是清正廉洁的人。西汉贾谊受小人谗言陷害而被迫出京任官，经过湘水，悼念战国时楚国大夫屈原，并以屈原自喻。当年屈原就是遭小人谗言陷害而被逐出宫，忧心烦乱之际，屈原写下了《离骚》《九歌》等作品，千百年来，人们读到这些作品就会感到悲苦辛酸。

《诗经·小雅·十月之交》中这样写道："无罪无辜，谗口嚣嚣。下民之孽，匪降自天。"说的是本来没有罪过却遭受谗言诽谤，这都是小人造成的罪孽，而不是上天的意志。这是周朝大夫写来讽刺周幽王的诗，此后历代君王均以此诗自醒。

周大夫为谗言所伤害，写了《巧言》来讥讽周幽王不辨是非、轻信谗言；寺人同样为谗言所伤害，写了《巷伯》来讽刺周幽王的昏庸。如果做父亲的人听信谗言，孝子就会被认为是逆子；如果君主听信谗言，忠臣就会被认为是奸臣；如果兄弟听信谗言，就会发生内讧；如果夫妻听信谗言，就会反目成仇、怒目以对；如果主人听信谗言，那么平原君的门客都会离他而去。啊！谗言处处都有，关键在于听谗言的人是明察秋毫，还是偏听偏信。谗言害人，我们怎能不忍住轻信之心呢？

※ 事例

北周武帝于公元575年7月亲率大军，兵分六路讨伐北齐。为了一举消灭北齐，周武帝派了大将韦孝宽镇守通往北齐的要塞玉壁。

韦孝宽在军事上善于用间。为了摸清北齐国内的政治、军事情况，他培训了大批间谍人员，打入北齐国内的各个角落搜集各种情报。不论是他派遣到北齐的间谍，还是他从北齐收买的间谍，都能为他尽职效劳。因此，北齐朝廷内部有什么矛盾，兵力怎样部署，军队有什么动向，韦孝宽都了如指掌。

然而，北周的用间活动被北齐的左丞相斛律光识破了。斛律光，号明月，是北齐战功卓著的大将军，能征善战、智勇双全。斛律光向齐后主报告说："周武帝对我国虎视眈眈，派大批间谍刺探我国情报，我朝内的许多大臣也被他的间谍收买，当了内奸，请皇上您务必清查惩办这些人。"

没等齐后主说话，与斛律光素有恩怨的宰相祖孝接过话茬，说："听丞相的意思，既然我朝内大臣都是内奸，只有你一人清白喽？"他冷笑了一下，接着说，"你这是对当朝皇上的污蔑，真不知你的用心何在？"祖孝平日总是在昏庸的齐后主面前花言巧语、大献殷勤，因此深受宠爱。齐后主闻听此言，也不辨真假，即刻把斛律光赶出朝廷。

虽然斛律光受到祖孝的奚落与皇帝的否定，心中不快，但为了国家的安危，他忍辱负重，暗中加紧防备北周的入侵。

间谍们把北齐朝廷内发生的矛盾以及斛律光私下的活动，报告给韦孝宽。韦孝宽心想，要顺利地战胜北齐，必须首先除掉斛律光这个敌手。于是他找到了参军曲严，请他编几首歌谣，散发出去。歌谣写的是："百升飞上天，明月照长安""高山不推自溃，槲树不扶自竖"，等等。这里的"升"，原指旧时的容量单位（一百升等于一斛），歌谣中的"百升"是影射斛律光的斛字；北齐后主姓高，歌谣中的"高山"是影射齐后主。这两句歌谣的意思是：斛律光想要当皇帝，北齐王朝灭亡的日子不远了。

韦孝宽令间谍们把写好的歌谣传单，散发到齐国的京城，并让孩子们在大街小巷传唱。祖孝见了这些传单，把情况报告给齐后主，又借机添枝加叶地大加渲染。齐后主听信了谗言，怀疑斛律光要谋反，立即下令杀了斛律光。

韦孝宽听了这个消息后，认为时机已到，马上奏请周武帝兴兵伐北齐。由于外攻内应，北齐很快就被消灭了。

无益之忍第七十

※ 原文

不作无益害有益，不贵异物贱用物。此召公告君之言，万世而不可忽。

酣游废业，奇巧废功，蒲博废财，禽荒废农。凡此无益，实贻困穷。

隋珠和璧，蒟酱筇竹，寒不可衣，饥不可食。凡此异物，不如五谷。

空走桓玄之画舸，徒贮王涯之复壁。噫，可不忍欤！

※ 译文

《尚书·旅獒》载，召公担心武王会玩物丧志，告诫他说："不要做无益的事来损害有益的事，这样才能获得成功；不要珍视新奇的东西、忽视老百姓日常必需的用品，这样百姓的日用品才不会缺乏。"千百年后的今天，召公的这番话仍然意义深刻。

过分沉溺于游乐，就会荒废事业；喜欢奇巧，就会浪费很多时间做许多无用的东西；喜欢赌博，就会浪费钱财；喜欢打猎，就会荒废农事。这些毫无益处的事，确实是导致穷困的根源啊！

无论是楚隋侯救蛇所获的宝珠，还是卞和献给楚王的和氏璧，或者是西汉唐蒙在南越见到的蒟酱，抑或是张骞在西域看到的筇竹杖，所有这些珍宝、特产，寒冷时不能当作衣服穿来保暖，饥饿时不能当作食物吃来充饥。这些珍宝异物，哪里比得上最为普通的五谷实用呢？

晋朝桓玄，带兵打仗时还带着他的古玩书画，因此军士丧失斗志，桓玄大败被杀；唐代王涯高价收藏了大量书籍字画，在其被杀之后，这些东西被抛在路上遍地都是。桓玄和王涯的收藏于己于人都毫无益处，可以说是徒劳的收藏。啊！做那些没有益处的事情费时又伤财，面对无益之事，怎能不忍耐欲为之心呢？

※ 事例

古代有一个人名叫朱平漫，他一心想让自己无所不能，什么技巧都想学上一招。他总是对自己说："我是个勤奋刻苦的人，而且脑子也不笨，我相信我一定能够学到许多技巧。一般的技巧很容易学上手，以后还有时间和机会，还是先学最难的吧。"

他这样想着，就决定先学杀龙。普天之下会杀龙的、敢于杀龙的又有几个人呢？他为自己的勇敢和胆识兴奋不已，决心不学到真本事绝不回来。

他听说支离益最会杀龙，于是立刻变卖了全部家产，不远千里寻访支离益，好不容易找到了他，就拜他为师。

支离益说："现在我已经不收徒弟了，更何况以后你也许根本就用不上……"

朱平漫苦苦哀求："我千里迢迢赶来，就是为了跟您学一身好技艺……"

"那你还不如学点其他的东西，比如木匠、泥瓦匠什么的，不是很好吗？"支离益又说。

"那些东西会的人太多了，也没什么稀奇，再说我以后也可以学。"朱平漫说完，就跪下，"如果您不愿意收我为徒，我就长跪不起！"

支离益无奈，只好同意了。

每到过年，支离益总会劝说朱平漫："你还是学一些更为实用、更有意义的技术吧！"朱平漫总是说等学会了自然走。

过了五年，他自认为学得了一身高超的杀龙本领，于是谢师回乡。

回到家乡，他得意地向父老乡亲们讲述自己靠着诚心打动了师父，现在学得了一身精湛的技艺。人们都很好奇他学到的杀龙技术，纷纷要求他表演一番。他就连讲说带比画，表演杀龙的技术给大家看。他一会跳起来，说："我这是在抓龙头，它肯定会左摇右摆。"一会他又翻身一跃，大声说："我已经跳到龙身上了！"接着他就扭动身体，一会儿左，一会儿右，就像一个喝醉酒的人。最后他满头大汗地扬起手臂，猛地用力，叫着说："我的刀已经刺入了龙颈……"

旁边的人笑着冲他说："我看你像一个耍猴的人！"

人们哄堂大笑，他不以为然地说："这是杀龙之术，不是你们这些平常人能看得明白的。"

这个时候，走过来一位长者，他说："小伙子，虽然你学了这两下子，但是你上哪儿去找龙杀呢？"

朱平漫猛然一惊，对啊！早已经没有龙了，到哪里去杀龙呢？自己学了一身技艺，但是却毫无用处，白费了这么多年的心血啊！

朱平漫直到最后才想起师父当初对自己的拒绝和提醒，可是当初自己没有听进去。本来想着所学的能有助于提升自己，可是却学了一门没有任何现实意义的技艺，现在真是追悔莫及。

有的人不是没有成就大业的能力，而是他们把目标定在没有意义的事情上，这样只是虚掷岁月。所以，做事之前必须通盘考虑，想透之后，再做决定，这样才能做到有的放矢，不蹉跎岁月。

苛察之忍第七十一

※ 原文

水太清则无鱼，人太察则无徒。瑾瑜匿瑕，川泽纳污。

其政察察，其民缺缺，老子此言，可以为效法。

苛政不亲，烦苦伤恩，虽出鄙语，薛宣上乘。

称柴而爨，数米而炊，擘肌折骨，如此用之，亲戚叛之。

古之君子，于有过中求无过，所以天下无怨恶；今之君子，于无过中求有过，使民手足无所措。噫，可不忍欤！

※ 译文

水太清澈就不会有鱼，人太认真就不会有朋友。美玉里面也会含有瑕疵，大川大河也会容纳泥污。

《老子·五十八章》说："治理国家的政策如果非常严厉苛刻，就会使百姓惶恐不安。"老子的这句话，成为后世君主的为政箴言。

西汉的薛宣在给汉成帝上书陈述当时政治的好坏时，曾经引用一句俗语："政治太苛刻繁杂，统治者与被统治者之间就不和睦；政治太严厉琐碎，就会失去人民的拥护。"这虽然是西汉时期的一句俗语，但汉成帝很赞成这句话。

烧火之前要称柴，煮饭之前要数米，肉恨不得分成好几片，骨恨不得折成好几节，治理国家、待人接物等方面这样斤斤计较，势必会众叛亲离。

古代的君子，对待别人的态度是在过错中尽力寻找不错的地方，所以天下没有怨恨；现代的君子，对待别人的态度是在没有错误的人身上刻意找缺点，所以天下人被搞得手足无措。啊！小错误并不伤害大的德行，只要不是原则性的错误，又何必过于认真地去追究呢？怎能不忍住自己的吹毛求疵之心呢？

※ 事例

商鞅从小喜欢“刑名之学”，主张用严刑峻法来治理天下，轻视以德化人的仁道和恩威并施的策略。他立法的原则是“重刑轻罪”，主张对轻微的犯罪行为处以极重的刑罚，就连往路上倒灰这样的小过错，也要处以黥刑—即在脸上刺字。

此外他还制定了族诛连坐法，增加了肉刑、大辟，采用凿颠、抽肋、镬烹等酷刑，还规定“刑用于将过”，即某人只有犯罪的表示，并未形成犯罪事实，也要处以刑罚。如此严厉的刑罚，逼得人们不知所措。

有一次，他下令杀掉对变法提出异议的七百多人。太子驷（以后的惠文王）犯了过错，商鞅对他的处理也十分严厉，只因为他是储君，不宜用刑，就拿他的老师做“替罪羊”，将太子师公孙贾处黥刑，将太子傅公子虔处以劓刑。

由于商鞅严酷有余，怀柔不足，所以造成的积怨很深，树敌过多。有个名士赵良，毫不客气地向商鞅指出了这个问题，警告他说：“你已经像早上的露水一样危险，还能指望延年益寿吗？”并让他“劝秦王显岩穴之士，养老存孤，敬父兄，序有功，尊有德，可以少安”，如果不这样，则“亡可翘足而待”。

赵良的一席话可谓入木三分，对商鞅的个人前途充满了善意的规劝，但商鞅听不进去，继续独断专行。

秦孝公死后，秦惠文王继位，以谋反之罪搜捕商鞅。商鞅逃到函谷关下，想住旅店，但身上没带凭证，店主不让他住，说：“根据商君之法，如果我让你住，将来就要连坐治罪。”

直到此时，商鞅才意识到自己的变法的确有不当之处。但为时已经太晚了。商鞅不甘束手就擒，就逃到魏国。魏人恨透了他，将他逐回秦国。商鞅只好回到自己的封邑——商邑，起兵反抗。结果商鞅被秦惠文王击败，被生擒车裂而死。

屠杀之忍第七十二

※ 原文

物之具形色，能饮食者，均有识知，其生也乐，其死也悲。

鸟俯而啄，仰而四顾，一弹飞来，应手而仆。

牛舐其犊，爱深母子，牵就庖厨，觳觫畏死。

蓬莱谢恩之雀，白玉四环汉川。报德之蛇，明珠一寸。勿谓羽鳞之微，生不知恩，死不知怨。

仁人君子，折旋蚁封，彼虽五微，惜命一同。

伤猿，细故也，而部伍被黜于桓温；放麑，违命也，而西巴见赏于孟孙。

胡为朝割而暮烹，重口腹而轻物命？礼有无故不杀之戒，轲书有闻声不忍食之警。噫，可不忍欤！

※ 译文

任何生物，只要具有形体颜色，而且能吃能喝，那么它们就具有知觉，有灵性，它们同人类一样，活着就很欢快，死了也很悲伤。

《战国策》载，庄辛对楚襄王说："小鸟低下头来啄白米，抬起头来四处环视，自以为与人无争，平安无事，却有一弹忽然飞来，小鸟便应声仆地，这只欢乐的小鸟就这样无故地被射杀了。"

老牛用舌头舔着它的小牛，情深意切，犹如人类的母子之情，但是如果有人把牛牵去屠宰，它会浑身颤抖，害怕被杀。

后汉杨宝，因怜悯一只奄奄一息的黄雀，所以将黄雀救活，被救的黄雀日后回来向杨宝谢恩，送给他四只白玉环，保佑他子孙四代为官。楚国隋侯，救了一条受伤的蛇，蛇后来送给隋侯一颗直径一寸的宝珠以示报答。不要以为这些飞禽走兽微不足道，不通人性，活着不知道报恩，死了不知道怨恨。

晋人王湛是具有仁爱之心的君子，就连骑马时遇到蚂蚁堆也要绕弯躲开。蚂蚁虽然微不足道，但它们的生命也同样值得珍惜啊！

晋人桓温的一名部将伤害小猿猴，致使母猿猴伤心致死，这名部将因此受到了桓温的惩罚；秦西巴将猎到的小鹿送还母鹿身边，违犯了孟孙的命令，但他却因此受到了孟孙的赏识，当了孟孙儿子的老师。

为什么人们要早晨屠宰而晚上就烹调，这么看重自己的口腹之欲而轻视动物的生命呢？《礼记》中有在无正当理由的情况下不能随便杀生的戒律，《孟子》中有听到动物的哀叫声就不忍心吃动物的警语。圣人的这些劝诫让我们警醒啊！啊！在小生物们脆弱的生命面前，我们怎么能容忍屠杀生命的行为呢？

※ 事例

成汤在做部落酋长的时候，一日奉召觐见夏桀。他乘车路过杞邑，看见好多农人在田野里猎取鸟兽，一面下网一面祷祝着说："从天上掉下来的，从地下钻出来的，从四面八方跑出来的鸟兽啊，请都入我们的网吧！"

成汤看见此种情形，慨叹着说："上有残民以逞的君主，下有残酷不仁的百姓，无怪国事日非、生灵涂炭。如果人人都这样残忍，再这样赶尽杀绝，非但人类难以存在，鸟兽亦将绝种了。”

于是，成汤将农人所下的网罗扯去三面，仅留一面，并且祷祝着说：“蜘蛛作网以杀昆虫，本来就已觉得残忍，而人类仿效更觉不仁。今天我成汤网开三面，恳请世界上的鸟兽们，愿意向左的向左，愿意向右的向右，愿意向上的高飞，愿意向下的快跑；仅留这一面，捕杀那些糊涂不怕死的。”他一边说一边不住虔诚地磕头祈祷。

汉南地区的国家听到这个消息，深感成汤的仁德。于是，四十多个国家都归顺了成汤。人用四面之网捕捉野兽而未必能得，成汤仅用一面之网，却能使四十余国归顺。

祸福之忍第七十三

※ 原文

祸兮福倚，福兮祸伏，鸦鸣鹊噪，易警愚俗。

白犊之怪，兆为盲目，征戍不及，月受官粟。

荧惑守心，亦孔之丑，宋公三言，反以为寿。

城雀生乌，桑谷生朝，谓祥匪祥，谓妖匪妖。

故君子闻喜不喜，见怪不怪，不崇淫祀不虚费，不信巫觋之狂勡。信巫觋者愚，崇淫祀者败。噫，可不忍欤！

※ 译文

人们如果遭受灾祸而能够吸取教训，那么灾祸就会成为过去，幸福随之而来；人们如果在幸福之中骄奢淫逸，那么幸福就会离开，灾祸随之而来。因为祸福是互相包容、互相转换的。乌鸦或者喜鹊鸣叫，预示着不同的兆头，容易对愚俗之辈起到一定的警戒作用。

宋国一户人家的黑牛生下一头白牛，预兆着眼睛会盲，虽然父子俩眼睛先后变盲，但他们因此都免于从军打仗，而且还享受到了官府的救济。

宋景公时，荧惑缠住心星，预示着将有大祸降临于宋国。但是宋景公并没有将此次灾祸移加给丞相、百姓、年成，他所说的三句有仁爱之心的话感动了上苍，宋景公不但没有遭遇灾祸，反而延长了二十一年的寿命。

商王帝辛的时候，雀在城边生了一只乌鸦，这是吉祥的兆头，但帝辛因此而不再管理国家，致使国家灭亡；商朝武丁的时候，本应长在野外的桑和谷都在宫廷里长了出来，这是凶险的兆头，但武丁因此而精心治理国家，使得商朝又兴旺起来。

因此，君子要闻喜不喜，见怪不怪，不因灾祸将至而恐惧，不因幸福将至而欢喜，不花费钱财在不该祭祀的时候进行祭祀，不相信男女神巫的一派胡言。相信神巫的人是愚蠢的，崇奉淫祀的人注定会失败。啊！事在人为，又何苦听信神巫之言？面对灾祸和幸福，人们一定要沉得住气啊！

※ 事例

有一次，成吉思汗带人去打猎。他们一大早便出发，可到了中午仍没有收获，只好返回帐篷。成吉思汗不甘心，便独自一人走回山上。

烈日当空之下，他沿着羊肠小径向山上走去，一直走了好长时间，他感到口渴。不久，他来到了一个山谷，见有细水从上面一滴一滴地流下来。成吉思汗非常高兴，就从皮袋里取出杯子，耐着性子去接一滴一滴流下来的水。

当水接到七八分满时，他高兴地把杯子拿到嘴边，想把水喝下去。就在这时，一股疾风猛然把杯子从他手里打了下来，将水弄洒了。成吉思汗又急又怒，抬头一看，原来是自己的爱鹰捣的鬼。他非常生气，却又无可奈何，只好拿起杯子重新接。

当水再次接到七八分满时，又有一股疾风把水杯弄翻了，原来又是他的鹰。成吉思汗非常愤怒，于是，他一声不响地拾起水杯，再从头等着一滴滴的水。当水接到七八分满时，他悄悄取出尖刀，拿在手中，然后把杯子慢慢地移近嘴边。老鹰再次向他飞来，成吉思汗迅速拿出尖刀，把鹰杀死了。

由于他的注意力过分集中在杀老鹰，疏忽了手中的杯子，杯子掉进了山谷里。成吉思汗无法再接水喝了，不过他想到既然有水从山上滴下来，那么上面一定有蓄水的地方，很可能是湖泊或山泉。于是他忍住口渴的煎熬，拼尽气力向上爬。终于攀上了山顶，发现果然有一个蓄水的池塘。

成吉思汗兴奋极了，立即弯下身子想要喝个饱。忽然，他看见池边有一条大毒蛇的尸体，这时才恍然大悟："原来飞鹰救了我一命，正因它刚才屡屡打翻我杯子里的水，才使我没有喝下被毒蛇污染了的水。"

成吉思汗明白自己做错了，他懊悔自己一时冲动不分青红皂白杀死飞鹰的鲁莽行为，他带着自责的心情，忍着口渴返回了帐篷。

苟禄之忍第七十四

※ 原文

窃位苟禄，君子所耻，相持而动，可仕则仕。墨子不会朝歌之邑，志士不饮盗泉之水。

折圭儋爵，将荣其身，鸟犹择木，而况于人。

逢萌挂冠于东都，陶亮解印于彭泽，权皋诈死于禄山之荐，费怡漆身于公孙之迫。

携持琬琰，易一羊皮，枉尺直寻，颜厚忸怩。噫，可不忍欤！

※ 译文

窃取自己不能胜任的高位，贪图自己不该得到的俸禄，君子以之为耻。根据自己的能力大小，结合周围的环境而行动，能做官了才去做官。墨子听到城邑的名字叫“朝歌”，马上掉转车头；孔子听到泉的名字叫“盗泉”，即使口渴也坚决不喝。

手里捧着人家分送的美玉，享受着人家赐予的爵位，这当然很荣耀，但鸟尚且择木而栖，何况是人？怎能为了贪图少许俸禄而失去做人的原则呢？

西汉人逢萌无法忍受王莽的暴行，辞去官职，脱下帽子挂在城门，一去不归；晋人陶渊明不愿为五斗米的俸禄而向无德无识的人弯腰屈膝，辞官归隐；唐人权皋不愿做叛臣安禄山的幕僚，以诈死的方式逃跑了；西汉人费怡用漆涂满全身，装疯卖傻，不肯做官。以上四君子都是为了保持自己的人格清白而抛弃俸禄，辞去官职的。

手里拿着珍贵的美玉，却想要别人手里的羊皮，这是抛弃守身之大节，而去追逐细小之利益。有人为了荣华富贵，不顾廉耻，其实他们内心也会感到羞愧。啊！人格远比名利重要，不要为了名利而放弃自己的人格啊！

※ 事例

王莽的姑姑王政君是汉元帝的皇后，即元后。元帝驾崩之后，汉成帝即位，元后便当上了皇太后。王氏家族多名成员因此而被封官晋爵，从而在朝廷形成了一个很有势力的外戚集团。王莽是这个集团的第二代人物，他也因此而得到了好处，加之他本来就虚伪奸诈，善于钻营，因此，很快就成为掌握军政大权的大司马，而且先后取得了“安汉公”“宰衡”的封号。

尽管如此，野心勃勃的王莽还是没有满足。他在暗中指使自己的亲信及党羽网罗一批人向朝廷上书，对他进行无耻的吹捧。因此，昏庸的元后便又准备给王莽加封了。听到这个消息，阴险奸诈的王莽虽然内心喜不自胜，但是仍然装出一副谦虚恭谨的姿态，抢在前面呈上了一封言辞恳切的辞让表文，假惺惺地表示“为避贤者路”，请求保命退休还家。最终，元后下诏给王莽加封“九赐”，这是对大臣的最高礼遇。

此时的王莽，离皇帝的宝座已经只有一步之遥了。后来他又命亲信纠集十万余人，耗时二十多天，将曾经为难过自己，现已死去的傅、丁两后的陵墓铲平，还在坟地周围种上了荆棘。

之后王莽又设计杀死十四岁的小皇帝，立年仅两岁的宗室子弟刘婴为皇太子，以作为他篡汉自立的过渡，并且四处散布应该由他做皇帝的谣言。最终，通过各种见不得人的阴险手段，王莽坐上了皇帝的宝座。但之后不久，王莽便被起义军杀死，他的头颅被砍下来悬挂在城门上示众。这个窃位窃国的大盗，最终得到了应有的惩罚。

躁进之忍第七十五

※ 原文

仕进之路，如阶有级，攀援躐等，何必躁急。

远大之器，退然养恬，诏或辞，再命犹待三。趋热者，以不能忍寒；媚灶者，以不能忍馋；逾墙者，以不能忍淫；穿窬者，以不能忍贪。

爵乃天爵，禄乃天禄，可久则久，可速则速。

辇载金帛，奔走形势。食玉炊桂，因鬼见帝。虚梦南柯，于事何济！噫，可不忍欤！

※ 译文

做官从仕的路，犹如上台阶，须得一步一步往上走。如果互相援引，跨越台阶，那就显得有些急躁了。

胸怀远大、器量高雅的人，往往退居山林，静心培养自己恬淡自若、与世无争的心境。晋武帝几次下诏要李密做官，李密都以家有老母需养老送终为由来推辞。人们奔向温暖之地，是因为不能忍受寒冷；人们纷纷供奉灶神，是因为不能忍受灶神的谗言而忍饥挨饿；男女越墙相会，是因为不能忍受男女间情欲的诱惑；盗贼翻墙入室行窃，是因为忍不住自己的贪欲。

无论是爵位还是俸禄，都是上天授予的，官能做下去就做下去，需要离开时就离开，不要犹豫不决，有所留恋。

当初苏秦用车载着金银珠宝，为合纵抗秦而到处奔波。他等了三天才见到要见的楚王，还抱怨：食贵于玉，薪贵于桂，谒者难见如鬼，王难见如天神。他一心想着荣华富贵，但太急躁，到头来是南柯一梦，一无所有。唉！任何事都不能急躁。人们怎么能不忍住自己的急躁之心呢？

※ 事例

春秋时期，虽然郑庄公是一国之主，但他的母亲武姜却不喜欢他，时时偏袒他的弟弟共叔段，总想把共叔段推上王位。

郑庄公封给弟弟共叔段一个叫“制”的地方，武姜并不满足这个封赏，要他给弟弟改封一个叫“京”的地方，郑庄公没有拒绝，欣然同意了。于是人们称共叔段为“京城大叔”。

共叔段依仗着母亲对他的宠爱，认为哥哥拿他没有办法，就不断扩充势力，欲与郑庄公对抗。大臣们见了非常着急，都来劝说郑庄公，让他加以防范，以免共叔段羽翼养成，造成后患。郑庄公却说：“看看再说吧。”似乎对共叔段的野心并无限制。

不久，共叔段便把自己的势力扩充到西部和北部的边境地区，进一步暴露了他反叛的野心。他集结兵力，修治城郭，打造武器，征调士卒和战车，就要偷袭都城了。他还与母亲武姜商量好，里应外合，谋取国君之位。

对于这些情况，郑庄公似乎并不在意，他依旧按规定的时间去洛邑朝见周天子。共叔段认为郑庄公不在都城是一个难得的机会，便来袭取都城。他还假借郑庄公的名义，说是来帮助守卫都城的。

谁知郑庄公在都城附近埋伏了大量的战车和士兵，阻击了来袭都城的共叔段。共叔段见阴谋暴露，便退兵回到京城，不曾想郑庄公已经派兵占领了京城，他陷入了进退两难的境地，便逃到鄢地去了，郑庄公派兵追到鄢地。共叔段在逃亡的过程中，被迫自杀。这样，共叔段的谋反行为大白于天下，而郑庄公的行为是为了保卫国家的权力。

其实，共叔段在母亲武姜的纵容支持下，早已有了篡位的意图，对此，郑庄公并不是不知道。但在最初的时候，共叔段并没有暴露他的罪行，同时又有母亲的保护，郑庄公只得慢慢忍受，尽量满足他们的要求。后来，共叔段的叛意已露端倪，但并没有足够的证据，如果郑庄公此时采取行动的话，仍会落得个凌母欺弟的不义名声。直到共叔段谋反日期已定，并且正式开始行动了，郑庄公才断然采取行动，一方面开展宣传攻势，另一方面用武力给予镇压，让国人了解共叔段的真面目。结果，共叔段众叛亲离，兵败自杀，而郑庄公又显得宽宏大度，仁至义尽。这便是郑庄公的高明之处。

特立之忍第七十六

※ 原文

特立独立，士之大节，虽无文王，犹兴豪杰。

不挠不屈，不仰不俯，壁立万仞，中流砥柱。

炙手权门，吾恐炭于朝而冰于昏；借援公侯，吾恐喜则亲而怒则仇。

傅燮不从赵延殷勤之喻，韩棱不随窦宪万岁之呼。袁淑不附于刘湛，僧虔不屈于细夫。王昕不就移床之役，李绘不供麋角之需。

穷通有时，得失有命。依人则邪，守道则正。修已而天不与者命，守道而人不知者性。

宁为松柏，勿为女萝，女萝失所托而萎茶，松柏傲霜雪而嵯峨。噫，可不忍欤！

※ 译文

《礼记》认为，士人的节操主要表现在追求人格上的与众不同、独立自主。只要是真正的英雄豪杰，即使不处于周文王的时代，他们都能奋发向上。

士人的特立独行，在于他们不屈不挠追求理想的精神，在于他们不卑不亢的做人处世原则。他们就像万丈绝壁那样雄伟高大，就像激流中的石柱一样毫不动摇。

仰仗权势而显赫的人，早晨还具有炙手可热的势力，但到晚上失势时却冷如冰霜；巴结讨好公侯的人，公侯高兴之时他们则亲如朋友，生气时则视如仇敌。这些人没有骨气，唯有奴颜婢膝。

东汉傅燮曾立下战功，可是当赵延暗示他向权贵献殷勤以求封万户侯时，傅燮断然拒绝；东汉外戚窦宪攻打匈奴有功，被封大将军，权倾一时，有人欲对窦宪称万岁，被时任尚书令的韩棱严正地制止了。南朝宋袁淑拒绝依附于表兄刘湛；南朝宋王僧虔坚决不向中书舍人阮细夫献金，因而被免官。北魏王昕不愿做上级的仆役，拒绝为上级移床；北齐人李绘拒绝了权贵崔谋向他索要麋角的过分要求。以上这些人为了捍卫自己的人格，绝不卑躬屈膝，讨好权贵。

困窘和显达，这是际遇造成的，获得和失去，也自有其规律。依附别人就容易走上邪路，坚守道德规范方能保持正直。自己在各方面努力完善自己，却没有受到上天的眷顾，这是命运；坚守道德规范却得不到别人的理解，这是人的本性不同造成的。

宁愿做一棵松柏，也不做女萝。女萝靠攀缘他物才能上升，一旦丧失了所依附的东西，女萝就无法再站立起来，而松柏却能够傲然挺立于霜雪中，像高山那样伟岸。唉！在权贵面前，一定要忍耐自己的高攀权贵之心，坚守独立的人格啊！

※ 事例

春秋时期，武城人黔娄，是曾子的弟子。他先曾子死去，曾子便带着弟子们前往武城吊唁。黔娄之妻衣衫褴褛，面容憔悴，但举止文雅，彬彬有礼。她把客人一一请进灵堂，守候在黔娄灵前。黔娄的尸体停放在门板上，枕着土坯，盖着一个破麻布单子，露头露足。曾子说："斜着盖，就可以把他的整个尸体盖严了。"黔娄妻说："斜着盖虽然盖严尸体还有余，但倒不如正正当当盖不严好。他活着时，为人正而不斜，死了把麻布盖斜了，并非他自己的意思，是我们强加给他的，如何使得？"曾子哭着说："黔娄已经死了，应该封他个什么谥号呢？"黔娄妻子不假思索地说："以'康乐'为谥号。"曾子感到奇怪，问道："黔娄在世时，食不饱腹，衣不暖体，死后连个能盖住全身的单子也没有。活着时，虽然整日能看到酒肉，但是吃不到，死后也无法用酒肉祭祀，怎么能称他为'康乐'呢？"

黔娄妻慷慨陈词："他活着的时候，国君曾经想让他做官，把相国的重要职位交给他，他以种种理由推辞掉了，这应该说他是有余贵的；国君曾经恩赐粮食三千石给他，也被他婉言拒绝了，这应该说他是有余富的。他一贯吃粗饭，喝淡茶，但是心甘情愿；他的职位虽然低下，却安心满足。他从不为自己的贫穷和职位低下而感到悲观、伤心，也从不为富有和尊贵而感到满足和高兴。他想求仁就得到了仁，想求义就得到了义。因此，我认为他的谥号应该为'康乐'。"曾子觉得她的话很有道理，感叹道："唯斯人也，斯有斯妇！"

勇退之忍第七十七

※ 原文

功成而身退，为天之道；知进而不知退，为乾之亢。验寒暑之候于火中，悟羝羊之悔于大壮。

天人一机，进退一理，当退不退，灾害并至。祖帐东都，二疏可喜，兔死狗烹，何嗟及矣。噫，可不忍欤！

※ 译文

功成名就后就抽身引退，这符合自然规律；只知道前进而不知道退守，那么就会像《易经·乾卦》中所记的那样，盛极而衰。自然界中，寒尽暑来，暑尽寒来，交替轮回，永不停滞；那么人也如此，达到鼎盛的时期，也就预示着马上要走向衰落。如果没有意识到这一点，就会使自己处于进退两难的境地，就像羊角卡在篱笆上一样，进不得，退不得。

自然界的变化和人事的变化，都是一个道理，进退盛衰的规律，也是同样的道理。该引退的时候却不及时引退，灾难和祸害就会同时降临。西汉人疏广、疏受就在功成名就之时，毅然请求辞官，回乡安度晚年。大臣和朋友们为他们送行，引退之后二人享尽天年，成为一时佳话。但西汉的韩信，辅助汉高祖平定天下，被视为三杰，但他功成却不知及时引退，结果落得个兔死狗烹的结局，真是令人惋惜啊！唉！功成名就之时就要抽身引退，怎能不忍住对名利的留恋之心呢？

※ 事例

韩信早年曾追随项羽，后来又投到刘邦门下。他足智多谋，屡出奇计，为刘邦打天下立下了赫赫战功，被封为齐王，后又降为淮阴侯。

刘邦坐稳了江山之后，看到韩信握有重权，并且深得军心，不由得食不知味，辗转难眠。他宴请群臣，面对臣下的恭贺，也忧心忡忡。张良察言观色，明白了是刘邦害怕功高之人今后难以驾驭，就私下对韩信说："你是否记得勾践杀文仲的故事？自古以来，只可与君主共患难，而不可与其共富贵。飞鸟尽，良弓藏；狡兔死，走狗烹。前车之鉴，后事之师啊！我们要好自为之。"于是，张良急流勇退，见好就收，请求回乡养老。刘邦故作恋恋不舍状，再三挽留，最后封其为留侯。张良功成身退，终于保身全名，可谓有先见之明。

韩信尽管认为张良的话有道理，但是对刘邦还抱有幻想：自己当初曾舍命救过他。可是不久，便有奸佞之臣诬告韩信恃功自傲，不把君主放在眼里。因为韩信窝藏项羽的党羽。项羽乌江自刎之后，他的一个大将钟离昧拼死杀出了重围，逃到韩信那里避难。因为韩信与他是生死之交，就偷偷地把他藏了起来。刘邦知道此事后，认为他怀有二心，决心除掉他。

可是韩信作为一朝权臣，要除掉他也不那么容易。于是刘邦就设了一个圈套，让韩信自投罗网。刘邦以巡游为借口，要到楚地的云梦山去打猎，同时派信使通知诸侯王到陈地会合。这样就能调虎离山，把韩信从封地中骗出，一旦他脱离靠山——军队和封地，就不愁没机会下手了。

韩信听到这个消息后，很害怕。明知前面有陷阱，也不得不硬着头皮前往陈地谒见刘邦。为了保全自己，不让刘邦找到借口抓他，他权衡再三，最终还是逼着好友钟离昧自杀了，然后就提着钟离昧的首级来见刘邦，想以此来表明他对刘邦的忠诚。

欲加之罪，何患无辞？韩信一走进刘邦的驻地，两边的武士就一拥而上，把他五花大绑起来，押到刘邦座前。韩信很不服气，他一边挣扎一边大叫："皇上，我鞍前马后跟随您这么多年，南征北战，出生入死，助您打下汉朝江山，臣下何罪之有？"此时，刘邦也看到给韩信以谋反定罪，确实证据不足，难以服人心。于是他就假惺惺地怒喝着武士，亲自下来为他松绑。然而，他还是借机解了韩信的军权。

至此，韩信终于心灰意冷。他后悔当初不听张良的劝告而至今日地步，不禁仰天长叹道："飞鸟尽，良弓藏；狡兔死，走狗烹；敌国灭，谋臣亡。现在天下大局已定，我也该遭殃了。"不久，又有人借机落井下石，诬告他要谋反，于是刘邦终于对他下了毒手。

挫折之忍第七十八

※ 原文

不受触者，怒不顾人；不受抑者，忿不顾身。一毫之挫，若挞于市；发上冲冠，岂非壮士。

不以害人则必自害，不如忍耐徐观胜败。名誉自屈辱中彰，德量自隐忍中大。黥布负气，拟为汉将，待以踞洗则几欲自杀，优以供帐则大喜过望。功名未见其终，当日已窥其量。噫，可不忍欤！

※ 译文

不能忍受别人冒犯自己的人，一旦发起怒来就不会顾及别人；不能忍受别人压抑自己的人，一旦愤怒起来也不会顾及自身。北宫黝受了一点打击，就好像在大庭广众之下被人鞭打了一样，一定要进行报复；蔺相如得知自己被秦国欺骗后，气得怒发冲冠。他们这样是不能成为真正的壮士。

自己受了挫折就发怒，往往并不能伤害到别人，受害的其实是自己，不如在遇到挫折时先忍耐一下心中的怒气，慢慢观察事情的变化发展，以寻求有利时机。名誉可以从屈辱中得到彰显，德量可以从隐忍中培养光大。西汉人黥布投靠汉王，因见汉王边洗脚边召见自己而气愤至极，几欲自杀，后又见自己的住处待遇非常优厚而大喜过望。虽然人们还不能见到他建立的功业，但从他这一怒一喜之间，就能看出这个人的气量如何。唉！在受到冒犯或挫折时，人们怎能不忍耐自己啊！

※ 事例

西汉末年，绿林赤眉起义爆发，刘秀、刘伯升兄弟也在南阳起兵。后来义军联合起来，推刘玄为帝。在义军发展过程中，刘秀兄弟逐渐显示出超人的才智和胆识，特别是在昆阳一战中，刘秀临危不乱，以少胜多，取得了昆阳大捷。然而大胜之后，义军开始分裂。有人对刘玄说："刘秀兄弟才识过人，且屡立战功，势力越来越大。此时不除，将来必为祸患。"刘玄觉得言之有理，便下令杀掉刘秀的哥哥刘伯升，刘秀本人也将大祸临头。

刘秀这时正在带兵攻打昆城附近的县城，听到哥哥被杀的消息，非常悲痛。他明白自己功劳太大，遭到刘玄的猜忌，性命悬于一线之间。本来他是久怀自立之心的，但若这时起兵反叛，自己势力尚弱，无异于以卵击石。逃跑的话，身家性命或许能够保住，但千秋大业付之东流。思来想去，刘秀决定效孙膑装疯。于是刘秀急令收兵，匆匆赶回宛城，叩见刘玄。一到殿上，他"扑通"一声跪伏在地，向刘玄连声谢罪，流着泪说："我们兄弟没有听从陛下的旨意，是天大的罪过。我们百死莫赎！"刘玄本就觉得杀害功臣有些过分，见刘秀如此自责，反而不知如何是好。

旧时的部下听说刘秀回来了，纷纷前来探望。有人说些激愤的话，刘秀总是借口有事，敬而远之。为了表明立场，哥哥的丧礼他也不去参加，而且一点儿悲痛的表情都没有；一日三餐，总是饮酒作乐，谈笑风生；跟别人谈话，绝口不提自己在昆阳大捷的功劳，总是显出一副唯唯诺诺的样子，不停地责备自己，说皇上如此器重自己，自己却有负他的期望。刘秀的表现传到刘玄的耳中，刘玄的警惕之心马上松懈下来。他觉得刘秀对自己这么忠心，怎么会背叛呢？后来，反而深深内疚起来，后悔听信谗言，杀害功臣。刘秀不但躲过了此次劫难，还被加封为破虏大将军。后来，刘秀看准时机，离开了刘玄，在河北建立了自己的队伍。他以河北为基础，扫荡群雄，终于统一了天下。

不遇之忍第七十九

※ 原文

子虚一赋，相如遽显；阙书一下，顿荣主偃。王生布衣，教龚遂而曳祖汉庭；马周白身，代常何而垂身唐殿。

人生未遇，如求谷于石田；及其当遇，如取果于家园。岂非得失有命，富贵在天？

卞和三献，不售；颜驷三朝，不遇。何贾谊之抑郁，竟知终于《鹏赋》。噫，可不忍欤！

※ 译文

西汉司马相如只因写了一篇《子虚赋》而受到汉武帝的赏识，顿时声名大振；西汉主父偃怀才不遇，后给汉武帝写了一封信，汉武帝与他相见恨晚，委任他为郎中，他顿时荣耀百倍。西汉王生，因指点龚遂应对皇帝的询问得当而受到皇帝的赞赏，并获得官位；唐代马周，因代常何写奏章，提出二十多条建议而受到皇帝的青睐，荣任中书令。

一个人在机遇没有来临的时候，就好像在石头上求取谷物，难如登天；而等到机遇降临身边，就好像在自家果园里采摘果实，易如反掌。这难道不是得失由命运安排，富贵在于天意吗？

楚人卞和三次向楚王献上美玉，都没有献出去；西汉人颜驷历经三代皇帝都未被重用。西汉贾谊，颇有才能，但遭小人嫉妒，抑郁不得志，因此作《鹏赋》以明心志。啊！成功与失败有时只是机遇之差，当你怀才不遇时，怎能不耐心等待机会呢？

※ 事例

姜子牙对商纣王的倒行逆施深恶痛绝，他愤然离开都城，到渭水岸边过上了隐居的生活。

渭水流域是商朝的仇敌周族的首领姬昌的势力范围。

姜子牙早就知道姬昌是位有抱负的政治家，推翻商朝的大业只有仰仗于他。因此他渴望自己能被姬昌赏识。

为了引起姬昌的注意，他想出了一个绝妙的点子：每天在渭水边静坐垂钓，不过他钓鱼的方法却与众不同。

他用的渔钩不是弯的，而是直的，钓钩不放一点儿鱼食，而且离水面足有三尺高，渔竿总是高高地悬挂在半空之中。

过往的行人见到这位奇异的垂钓者，都问他这样能钓上鱼吗？

姜子牙漫不经心地说：“愿者上钩吧！”

姜子牙的怪异之举很快传到了姬昌的耳朵里，他认为此人必是一位奇人，不可等闲视之，便派士兵前去招他进朝。

姜子牙对来请他的士兵连看都不看，自言自语地唠叨着：“钓！钓！钓！鱼儿不上钩，虾儿瞎胡闹！”

士兵回去报告了姬昌，姬昌一听更加确信这个钓鱼者一定非同凡响。于是，又派一名大臣前去恭请。

姜子牙看了一眼这位官员，仍没理睬，依旧自言自语道：“钓！钓！钓！大鱼不上钩，小鱼来胡闹！”

这位官员未能完成使命，只好回来向姬昌做了汇报。

姬昌说：“他一定是一位非凡的人才！我必须亲自去请。”

他立即带上贵重的礼物，虔诚地去拜会这个奇异的渔夫。

他们相会在渭水之滨岐山之下，谈得十分投机，后同车回朝。姬昌随后拜姜子牙为军师。

这位识人的姬昌就是后来的周文王。

周文王的灭商大计多出于姜子牙之手。周文王死后，姜子牙又辅佐武王立国，国号为周。

才技之忍第八十

※ 原文

露才扬己，器卑识乏。盆括有才，终以见杀。

学有余者，虽盈若亏；内不足者，急于人知。

不扣不鸣者，黄钟大吕；嚣嚣聒耳者，陶盆瓦釜。

韫藏待价者，千金不售；叫炫市巷者，一钱可贸。大辩若讷，大巧若拙。辽豕贻羞，黔驴易蹶。噫，可不忍欤！

※ 译文

过于显露自己的才华来宣扬自己，会表现出自己器量狭小、见识浅薄的一面。《孟子》载，盆成括就是因为爱耍小聪明而无君子的大智慧，他恃才放旷，胡作非为，终于招致杀身之祸。

真正学富五车、知识渊博的人，虽然满腹经纶，但很谦虚，给人一副学问不足的样子；而一些学问肤浅、没有才学的人，却总是自吹自擂，表现自己，生怕别人不知道他有学问。

天下最有内涵和修养的人，就像黄钟大吕一样，不撞击是不会发出声响的；而那些没有学问和学问肤浅的人总是叽叽喳喳地表现自己，就像瓦盆铁锅发出的声响，喧嚣嘈杂，令人生厌。

真正有价值的美玉往往是深藏不露的，即使出重金也不会轻易出售；而那些沿街兜售的物品，用很少的钱就可以买得到。最善于辩说的人，往往表现得笨嘴拙舌；最有才干的人，往往表现得非常笨拙。辽东白色的猪崽在河东并不算稀奇，因此贻笑后人；贵州驴子的技艺也仅仅是踢而已，最终丧命于老虎口中。唉！喜欢炫耀才华、卖弄技巧，也会被耻笑甚至引来杀身之祸。即使有才，人们怎能不忍住自己的炫耀之心呢？

※ 事例

唐伯虎从小就喜欢画画，有绘画天赋，画什么像什么。渐渐地，他开始变得恃才傲物，觉得自己了不起。唐伯虎的母亲是一个明智的人，她知道唐伯虎的骄傲自满是不能让他成为一个真正了不起的大画家。于是，她希望唐伯虎去拜师学艺。唐伯虎不屑地问："娘，你给我找了谁做师父呀？比不过我的画技，我可不去拜师。"他的母亲说："是住在临乡的沈周大画家。"唐伯虎一听，很开心，自己仰慕沈周已久，能跟他学画自然喜出望外。唐伯虎在沈周的指导下，画技大有提高。有一天他偷偷拿着自己画的老虎跟沈周画的作对比，左看右看觉得虎头虎须都一模一样，自己画的老虎眼睛更有神韵几分。他想：哎呀，我终于可以出师了！他把自己的想法告诉了师父，师父微微一笑，同意了。

第二天，唐伯虎来到后花园，看到一个小房间，很好奇走进去。房间没有窗，只有三扇门，他透过门格子往外看，景色十分漂亮。小桥流水，红花绿树，有几只黄鹂鸟停在树上，河里的金鱼自由地游来游去，真是美不胜收。这时，师父来了，对他说："伯虎，你感兴趣就出去玩玩吧！"唐伯虎很开心，走向第一扇门，拉不开，而且一不小心就撞上了。他想这门太紧，我还是去开第二扇门。结果还是打不开，他又来到第三扇门，用尽全力也拉不开，最终头撞了一个大包。师父在后面"哈哈哈"笑起来。唐伯虎摸着头上的大包，羞愧地说："徒儿明白了，这三扇门，都是您画在墙上的。我知错了，请您再让我继续和您学画！"唐伯虎继续跟着沈周学画，终于成为一代有名的大画家。

如果唐伯虎继续恃才放旷，认为自己很了不起，那么之后就不会成为一代大画家。所以即使有才，也要忍耐，虚心向别人学习，这样自己才会有进步。

小节之忍第八十一

※ 原文

顾大体者，不区区于小节；顾大事者，不屑屑于细故。视大圭者，不察察于微玷；得大木者，不怏怏于末蠹。以玷弃圭，则天下无全玉，以蠹废材，是天下无全木。苟变干城之将，岂以二卵而见麾；陈平而奇之智，不以盗嫂而见疑。

智伯发愤于庖亡一炙，其身之亡而弗思；邯郸子瞋目于园失一桃，其国之失而不知。

争刀锥之末而致讼者，市人之小器；委四万斤金而不问者，万乘之大志。故相马失之瘦，必不得千里之骥；取士失之贫，则不得百里奚之智。噫，可不忍欤！

※ 译文

凡是顾大局识大体，要成就功业的人，是不会计较区区小事的；凡是要办大事情的人，是不会追究琐碎小事的。欣赏美玉的人，绝不计较白玉上微小的瑕疵；得到大木头的人，绝不因为木材的尾梢有一点被虫蛀而不高兴。如果仅仅因为美玉上的小瑕疵就放弃整块美玉，那么天下就没有纯净的美玉了；如果仅仅因为木材上的小蠹蚀就丢掉整根木材，那么天下就没有完好的木材了。春秋时的苟变是保卫国家的良将，不能因为其在收租时吃了百姓两个鸡蛋就废除不用；西汉时的陈平有着出奇制胜的智谋，不能因为谣传其和嫂子私通而不重用他。

《刘子·观量篇》载，智伯能立刻发现厨房里的人拿走了一筐肉，而对自己将惨遭杀身之祸一无所知；邯郸子能马上觉察果园里丢失了一个桃子，而对自己快要灭亡却毫无察觉。这都是心里只注意小事而把大事忽略了。

为像刀锥尖端一样细枝末节的小事而争执不休，甚至打官司，这是一般百姓的小器量；刘邦给陈平四万斤黄金，却从不过问金子的使用情况，这才是成大事之人应有的气度。所以伯乐相马，如果因马瘦而不取，就得不到千里马；选取人才，如果因其贫贱而被忽略，就得不到像百里奚那样的人才。啊！金无足赤，人无完人，对于小小的瑕疵或缺点，人们又何必太计较呢？

※ 事例

梁国有一个君王，很想把国家治理好，做一个有作为的皇帝，于是他每日勤于政事。

首先，他制定了严格的法律，规定什么可以做，什么不可以做，如果违反了，将要受严厉的处罚。他制定的法律多如牛毛，连人们在大路上走路的姿势都做了严格规定。

其次，他又精心选派了一大批官吏，从中央到地方，层层负责，各司其职，还严格规定了领导和服从的制度。即使如此，他还是不够满意，自己每天都要到各处巡查，监督各级官吏。官吏稍有违背之处，他就会大发雷霆，动辄撤职。

他这样认真负责地管理国家，然而效果却并不如人意，贪官污吏层出不穷，老百姓生活极其艰苦，盗匪迭起，社会秩序混乱不堪。梁王因此而非常苦恼，却又无计可施。他听说杨朱满腹经纶，就来向杨朱请教。

杨朱给梁王讲起治理国家的道理，并说治理国家就好像把圆球放在手上玩耍一样容易，不必那么费心费力。梁王说："你有一妻一妾都管不好，几亩大的田地连草都除不干净，却说治理天下非常容易，究竟是什么道理？"

杨朱说："你看见过放羊的情景吗？很多羊在一起的时候，让一个小孩拿着鞭子守护着，要羊向东，羊群就向东，要羊向西，羊群就向西。可是，假如让尧帝来把每只羊都牵上，还让舜帝拿着长长的鞭子跟在后面，羊反而就不好放了。而且我还听说过这么一句话：能吞下大船的鱼不在支流中浮游；鸿鹄只在高天上飞，不会落在低矮的屋檐上。这是什么原因呢？因为它们志向高远。黄钟大吕这样的乐器不和繁杂的乐音合奏，这又是什么原因呢？因为那是高亢的乐律。所以成大事者不拘小节。今天君王你身居高位，想成就大业，可是事无巨细，什么小事都管，但是结果往往会适得其反，做出越俎代庖的事，使本来应该管的事反而没有管，你说这样怎么能把国家治理好呢？"

梁王听后，低下头来若有所思。

随时之忍第八十二

※ 原文

为可为于可为之时，则从；为不可为于不可为之时，则凶。故言行之危逊，视世道之污隆。

老聃过西戎而夷语，夏禹入裸国而解裳。墨子谓乐器为无益而不好，往见荆王而衣锦吹笙。

苟执方而不变，是不达于时宜。贸章甫于椎髻之蛮，炫絇履于跣足之夷，袗絺冰雪，挟纩炎曦，人以至愚而谥之。噫，可不忍欤！

※ 译文

在可以做的情况下做可以做的事，就会顺利和成功；在不可以做的情况下做不可以做的事，就会失败或有危险。所以一个人的言行举止是高洁还是谦卑，要看政治清明与否。如果政治清明，就应该严格自己的一言一行，遵守仁义道德；如果政治不清明，又要保持高尚的情操，那么就要以说话谦恭有礼来避开祸端。

人要尽量和世道相投合。老聃到西戎国就仿效那里的语言说话，夏禹到裸国就把自己的衣裤脱光。墨子主张节俭，批评音乐，认为乐器没有什么益处，但去访问荆王时，他却穿着锦衣，吹起笙。这不是违背他的本意，而是顺从荆王的爱好。

如果固执己见而不知变通，那么他就是不了解时宜的人。到闽越之地去卖衣帽，到赤脚行走的地区去卖鞋子，在天寒地冻的时候穿着汗衫，在烈日炎炎的时候穿着棉衣，人们都认为这是最愚蠢的且耻笑这些行为。啊！要懂得入乡随俗、善于变通，人们怎么能不忍住自己的固执之心呢？

※ 事例

北周卫国公宇文直与皇帝宇文邕素来就有矛盾。一次，皇帝宇文邕狩猎时，宇文直因行为不轨，受到皇帝的杖打。当众受侮使宇文直对皇帝怀恨在心，日后一直寻找机会想报此杖击之仇。

建德三年，皇帝宇文邕巡游云阳宫。临走时，令右宫正尉迟运兼任司武，同长孙览一起辅助皇太子居守京师。

宇文直见夺取北周大权的时机已到，便借此机会发动叛乱。他率部下首先进攻肃章门。面对这一突发事件，居守宫廷的长孙览惊慌失措，急忙躲入房内。尉迟运这时恰巧在肃章门，他见叛军杀来，来不及命令卫士，自己急忙去关门堵截。宇文直等人与尉迟运就在肃章门对战起来，尉迟运的手指也被叛军砍伤。尉迟运忍着剧痛，使出全身力气把门关上。叛党见不能进门，便开始放火烧门。

眼见大火熊熊燃烧起来，为拒敌于门外，尉迟运忽然灵机一动，想出了一个应急办法。他没有让卫兵去挑水、运土灭火，而是顺应形势、稍做变通、将计就计，让卫兵去找木材、床、桌等燃火之物堆入门内，并加灌膏油。这使得火越烧越旺，宇文直竟无法从门突进，只好望火兴叹，撤退而出。尉迟运见叛党退走，立刻重整卫队乘势出击，大败宇文直。这样尉迟运凭借自己的智慧和勇敢粉碎了宇文直的政变。后来宇文直以谋反罪被诛杀，而尉迟运得到了皇帝嘉奖，被授大将军，赐以田宅、伎乐、金帛、车马等物，不可胜数。

背义之忍第八十三

※ 原文

古之义士，虽死不避。栾布哭彭，郭亮丧孝。

王修葬谭，操嘉其义。晦送杨凭，擢为御史。此其用心，纯乎天理。

后之薄俗奔走利欲，利在友则卖友，利在国则卖国。回视古人，有何面目？赵岐之遇孙嵩，张俭之逢李笃，非亲非旧，情同骨肉，坚守大义，甘婴重戮。噫，可不忍欤！

※ 译文

古代的义士，即使面临死亡也毫无惧色，不会进行躲避。西汉人栾布祭祀有恩于己的彭越，东汉李固的弟子郭亮哭悼李固，这二位都是这样的义士，不畏强权和死亡。

东汉时的王修因受过袁绍之子袁谭的恩惠，在袁谭被曹操杀死之后，向曹操请求埋葬袁谭，曹操欣赏他的忠义之气。唐代的徐晦因受过杨凭的提拔之恩，在杨凭被贬谪时，仗义送别杨凭，被提升为御史。这二人都是知恩图报的人，他们的仗义用心合乎天理，因此都得到了好的结局。

后来世风恶化，人们都把礼义之俗看得很淡，为了利益和私欲而奔忙，朋友那儿有利可图就出卖朋友，国家那儿有利可图就出卖国家。回头看看古代的那些义士，这些只为谋取私利的人有什么脸面存活于世上？东汉赵岐因躲避宦官唐衡的迫害而隐姓埋名、四方逃难，后被孙嵩收留；东汉张俭因躲避中常侍侯览的迫害而逃亡在外，李笃冒着生命危险把张俭送到了塞外。孙嵩和赵岐，李笃和张俭，他们非亲非故，却能情同手足，坚守正义，冒着毁掉自己家庭的危险来收留、容纳对方！啊！知恩图报、行侠仗义是每个有道德的君子所应具备的品格，人们怎能容忍自己心中有背信弃义的念头呢？

※ 事例

战国时期有个叫聂政的人，杀人以后为了躲避仇家，与母亲、姐姐来到了齐国，以屠宰为业。

当时，卫国濮阳的严仲子为韩哀侯做事，与韩国宰相侠累产生了矛盾。严仲子害怕自己遭遇不测，因此逃离韩国，四处周游寻找能够报复侠累的人。到了齐国后，听说有个叫聂政的勇士，为了避仇而隐迹在屠夫之中。严仲子于是前往聂家谒见聂政，往返数次，并在聂母大寿之际，备了好酒向聂母祝寿。

酒酣之时，严仲子捧出黄金百镒献给聂母。聂政对这份厚礼感到既吃惊又奇怪，向严仲子坚决推辞，说："我庆幸尚有老母，虽然家贫，但客居他乡做了一名屠夫，也能以此早晚得些美食来奉养家人。既然我的家人可以得到供奉，衣食也不缺，我就不能接受你的赐予。"严仲子让人回避，然后对聂政说："我有仇人。我去过很多诸侯国，但到齐国后，听说足下您义气甚高，所以进献百金，是要用它做令母的饮食之费，能够得到您的欢心，怎敢有其他奢求呢！"聂政说："我之所以降低志向屈辱自己做一个市井屠夫，只因为要奉养我的老母亲。老母亲在，我的生命就不能轻许他人。"最终，聂政还是没有收下严仲子的礼物。

过了很久，聂政的母亲去世了。聂政安葬完毕，脱去孝服，说道："唉！我只是市井之人，操刀屠宰，而严仲子是诸侯的卿相，却不远千里，屈尊乘车骑来与我交往。我只是用极普通的方式接待他，并没有大功值得称道。而严仲子却奉献百金为我母亲祝寿，我虽然没有接受，但这只能加深他对我的了解。有贤德的人因为愤怒与仇恨而亲近信赖困窘怪僻的人，我怎么能默然无声呢？况且严仲子前次请我，我只因尚有老母。现在老母以天年而终，我将为知己者用。"

于是，聂政西行至卫国濮阳，见到了正在那里驻足的严仲子，说："前日之所以没答应你，是因为尚有老母在，如今母亲已经不幸以天年而终。你想要向谁报仇？我希望能为你做此事！"严仲子将详细情况告知聂政："我的仇人是韩国宰相侠累，他是韩王的叔父，亲族众多，住处防范十分严密，我想派人刺杀他，但始终没能成功。现在幸蒙足下您不弃，请增加可做足下助手的车骑壮士。"聂政说："韩与卫，相距并不遥远。如今要杀韩国宰相，且又是国君亲人，这种情况决定了不能用很多人，人多就难免不生出差错，出差错就泄漏了消息，泄漏了消息整个韩国就会与你为仇，那岂不是危险了！”于是聂政告辞独行。

聂政携剑来到韩国，宰相侠累正坐在府中，手持刀戟保护侍奉侠累的人甚多。聂政直入府中，冲上台阶刺杀了侠累，侍卫顿时大乱。聂政高声呼啸，击杀数十人。随后自己毁容，剖肚挖肠，当即死去。

事君之忍第八十四

※ 原文

子路问事君于孔子，孔子教以勿欺而犯。唐有魏徵，汉有汲黯。

长君之恶其罪小，逢君之恶其罪大。张禹有靦于帝师之称，李勣何颜于废后之对？

俯拾怒掷之奏札，力救就戮之绯裤。忠不避死，主耳忘身。一心可以事百君，百心不可以事一君。若景公之有晏子，乃是为社稷之臣。噫，可不忍欤！

※ 译文

《论语》载，子路向孔子询问怎样侍奉君主，孔子告诉子路说：“不要欺骗君主，还要敢于直言相谏。”唐代的魏徵和汉代的汲黯，都是这样敢于直言进谏的典范。

孟子说过，辅助君王的大臣，在君主有过失时不能劝谏反而还顺从他，这种不忠之罪还算小；如果君主过失尚未形成，却怂恿并引导其酿成，这种不忠就是罪大恶极了。西汉的张禹身为汉宣帝的老师，却助长皇帝的过失，因此他有愧于皇帝老师的称呼；唐代的李勣怂恿唐高宗李治废掉现任皇后，改立武则天为皇后，那他有何脸面去见被废的皇后？

宋人赵普俯身拾起被宋太祖愤怒掷到地上的奏折，极力向宋太祖推荐人才；隋朝赵绰誓死相救因穿红裤去朝见皇上而将被处决的辛亶，捍卫法律的尊严。赵普和赵绰二人真正做到了侍奉君主，尽忠就不怕杀头，为了君主，不惜牺牲自己。齐相晏婴认为：一心可以侍奉好几代君主，三心二意却难以侍奉一位君主。如果能像齐景公拥有晏婴这样的忠臣，那么就可以说是有社稷之臣了。啊！侍奉君主最主要的是忠诚，怎么能容忍事君而存有二心呢？

※ 事例

江彬为明武宗的宠臣，明武宗在其诱惑下，迷恋声色犬马，过着纸醉金迷的生活。

一天，明武宗想到江彬的家乡宣府一带巡幸游玩。但是，又不想让其他大臣知道此事，否则会受到那些大臣的阻拦，于是偷偷换上便服，乘着月色出德胜门，直奔昌平。当朝中大臣得知消息的时候，明武宗一行已经出城了。大学士梁储等人急忙追至沙河劝阻，但是明武宗根本不听，继续前行。

巡关御史张钦在居庸关得报明武宗一行正距此处不远，于是派人前往呈奏，想借鞑靼部寇边的警号来谏阻明武宗。此时的明武宗一心只想着出关游玩，对张钦的奏疏也置之不理。

张钦见劝阻无效，于是马上传令指挥孙玺，关门紧闭，将大门钥匙入藏，并且严令兵士不准妄自启开。明武宗一行距关不过数里路的时候，手下随行数人已先赶到关下，传报车驾出关。孙玺在关上说："臣奉张御史命，紧守关门，不敢私启。"于是使者返报明武宗。

张钦见使者离去，便仗剑坐在关门下，号令关中兵士道："有言开关者斩！"就这样，一直相持到黄昏也没开关。张钦又草拟奏疏："臣闻天子将有亲征之事，必先期下诏廷臣集议。其行也，要有六军翼卫，百官随从。而今寂然不闻，辄言车驾即日过关，此必有假借陛下之名，出边勾结贼寇的人，臣请捕拿其人，明正典刑。陛下如果必欲出关，一定要用两宫六宝，臣乃敢开关，否则，万死不奉诏。"奏疏还没有发出去，明武宗又遣使者前来催促开关。张钦愤怒地拔出宝剑，厉声说："你是何人，敢来欺骗我？我的宝剑可不饶你。"明武宗的使者见状无奈，又去报告明武宗。这时，京城百官的奏疏也如雪片般飞来了，张钦的奏疏也送到了。明武宗见状，自知理亏，只得作罢。

张钦作为臣子，忠于职守，面临复杂而又困难的局面时，坚持"君命有所不受"的原则，据理力争，逼迫明武宗做出让步，从而避免了一场可能发生的危机。

事师之忍第八十五

※ 原文

父生师教，然后成人。事师之道，同乎事亲。

德公进粥林宗，三呵而不敢怒；定夫立侍伊川，雪深而不敢去。

膏粱子弟，闾阎小儿，或恃父兄世禄之贵，或恃家有百金之资，厉声作色，辄谩其师。弟子之傲如此，其家之败可期。故张勣以走教蔡京之子，此乃忠爱而报之。噫，可不忍欤！

※ 译文

父母养育自己，老师教育自己，这样才能成长为一个有用的人才。侍奉老师的道理就如同侍奉自己的父母一样，要恭敬孝从。

汉代陈国德公魏昭为其师郭林宗熬粥，三次受到郭林宗的斥责，但他却始终和颜悦色，未曾恼怒；宋代游定夫和杨中立一起拜见程颐，因程颐在闭目养神而恭敬地侍立在程颐身旁等待，即使外面的雪已经很深了，他们也不曾离开。

官宦人家的子弟，富商大贾的后代，有的倚仗父辈或兄辈享受着朝廷俸禄，有的自恃家财万贯，就对老师说话语气严厉，面带怒色，动辄就谩骂诋毁老师。做弟子时就如此傲慢无礼，那么他家的破败衰落也就指日可待了。宋代张角用学走路做比喻来教导蔡京的孩子要学习本领才能应付变故，这才是真正以忠诚和爱心来报答主人啊。啊！老师犹如再生父母，事师如事亲，怎么能容忍对老师有不恭敬的行为呢？

※ 事例

“明道先生”程颢、“伊川先生”程颐两人都是著名的学者，曾同学于周敦颐，后来成为理学的奠基人，世称“二程”。

宋神宗年间，“二程”在河南讲授孔孟儒学，黄河、洛河一带的年轻学子早就对“二程”的声名有所耳闻，因此，都欣然前来，聚于他们门下求学。有个叫杨时的人，就曾就学于此，是所谓的“程门四大弟子”之一。杨时后来也成为著名的学者，世称“龟山先生”，官至龙图阁直学士。

正当“二程”讲学之际，杨时被调任到其他的地方，但他为了能够向“二程”学习而没有去赴任。后来，他与程颢在颍昌相见，对程颢非常尊敬，以传统的对待老师的礼节接待程颢。不久之后，杨时要回南方去了，程颢非常不舍得学生的离去，因此目送杨时的背影渐渐消失在远方，然后欣慰地感叹道：“这样，我的学说、主张就会传遍江南了。”几年之后，杨时已经四十岁了。一天，他去拜见程颐，但是，程颐正坐在那里打盹，杨时和一起前来的同学游酢便恭恭敬敬地站在一边等候，而不忍心打扰老师的休息。等到程颐发现他们两人的时候，门外的雪已经下了一尺厚了。这也就是我们所熟知的“程门立雪”的典故。

老师就犹如再生父母，他们用自己的无私和仁爱来教化自己的学生，盼望着自己的学生有朝一日能够飞黄腾达，这让每一个人都肃然起敬。正因为这样，我们怎能不对老师恭恭敬敬，虚心向他们求教呢？

同寅之忍第八十六

※ 原文

同官为僚，《春秋》所敬；同寅协恭，《虞书》所命。生各天涯，仕为同列，如兄如弟，议论参决。

国尔忘家，公尔忘私，心无贪竞，两无猜疑。言有可否，事有是非，少不如意，矛盾相持。

幕中之辨人，以为叛；台中之评人，以为顺。昌黎此箴，足以劝戒。噫，可不忍欤！

※ 译文

在官府中一起为官的同事称“僚”，这是《春秋》中所定义的；同僚之间应互相合作、互相尊敬，这是《虞书》所要求的。同僚虽然来自四面八方，但既然同朝做官，就应该情同手足，共同参政议政。

为了国家而忘了自己的小家，为了公事而忘了自己的私利，心里没有贪念，互相之间不你争我夺，这样才不会有猜疑、陷害。言论有轻重之别，事情有是非之分，如果不互相体谅的话，那么稍有不合，就会产生矛盾而针锋相对了。

韩愈（字昌黎）在《五箴》中说：“在官府中当众评说谁好谁坏，人们会认为你居心不良；在闲谈时评说别人，人们反认为你有倾慕之心。”韩愈的这番箴言，足以劝诫那些不分场合随便说话的人了。啊！同僚要齐心协力侍奉君主，对待同僚，一定要互相忍耐包容啊！

※ 事例

东晋王绪和王国宝私交亲密，王绪经常在王国宝面前谗言中伤殷仲堪（荆州刺史）。殷仲堪深以为苦，又无良策可行，于是，前去请教王东亭寻求解决的妙方。

王东亭说：“这还不容易吗？我给你出个主意，你去拜访王绪数次，每次见面时，要求屏退左右，然后谈论一些无关痛痒的小事，如此这般，他们之间，必然生出间隙。”

殷仲堪听从建议，如法炮制一番。

果然，不久之后，王国宝听到传闻，心中十分怀疑。再次遇见王绪时，忍不住问道："你与殷仲堪相见时，每每屏退左右，你们究竟谈论些什么啊？"

王绪答道："没什么啊！只是些平常往来的普通应对而已，并没有谈论任何事情。"

王国宝却不相信仅此而已，认为王绪隐瞒了一些事不告诉他，心有芥蒂，于是两人之间的友谊日渐疏远。

王绪中伤殷仲堪的谗言，也因此得以平息。

为士之忍第八十七

※ 原文

峨冠博带而为士，当自拔于凡庸；喜怒笑嚬之易动，人已窥其浅中。故临大节而不可夺者，必无偏躁之气；见小利而易售者，生之斗筲之器。

礼义以养其量，学问以充其智。不戚戚于贫贱，不汲汲于富贵。庶可以立天下之大功，成天下之大事。噫，可不忍欤！

※ 译文

士大夫们头上戴着高高的帽子，佩着宽大的带子，自然就显示出超凡脱俗的气质，超越一般人的仪表；但是如果轻易地就嬉笑怒骂，别人就非常容易了解他的为人。如果士大夫在生死存亡的紧要关头还能保持其气节和志向，自然就没有褊狭浮躁的毛病；如果见了蝇头小利就动摇气节、出卖人格，那他就是器量狭小之人，这种人终究不会成功。

士大夫应用礼义来培养自己宽宏的器量，用学问来提高自己的聪明才智。不因贫贱而忧伤烦恼，不因富贵而沾沾自喜。做到这些就可以立天下之大功，成天下之大事了。啊！士大夫应该是一位品格高尚、坚守气节的君子，要成为士大夫这样的贤人，怎能不忍耐浮躁之心呢？

※ 事例

阳虎是鲁国季孙氏的家臣，一直辅佐鲁国的执政者季平子，拥有很大的权势，一心想成为一国之君。机会终于来了，季平子去世后，阳虎把皇位的继承者季桓子囚禁起来。从此阳虎一手遮天，成了鲁国幕后的国君，掌握着所有的实权。

当时孔子已经步入中年，他主张的“仁政”在社会上很有名气。阳虎为扩大自己的影响，希望孔子到自己手下做官，他三番五次地邀请孔子商谈做官事宜，都遭到了孔子的断然拒绝。原来孔子瞧不起阳虎，而且还和他有过小小的过节，因阳虎曾经拒绝让孔子参加季氏家族举行的宴会，并且还奚落孔子的理论。现在，孔子看穿了阳虎囚君篡位的面目，决心不和他见面，想方设法避开他。

阳虎并没有就此放弃，他想出了一个好主意。当时有个礼节，诸侯赠赏礼物给士，如果士刚好不在家，那么他回来时，一定要亲自拜访诸侯，以表示感谢。阳虎故意趁孔子不在家时给他送去了一份厚礼，这样一来，孔子就会亲自登门拜见。可是他的如意算盘打错了，孔子“以其人之道，还治其人之身”，趁阳虎出门在外时回访了他。

一次，孔子远远地看见阳虎朝自己走来，便转身往回走，可阳虎已经快步跑了过来。阳虎说：“你提倡‘仁’，但不帮助国家，解决国家问题，你这是‘仁’吗？”孔子默不作声。

阳虎见孔子没有说话，以为他心有所动，又问：“岁月不饶人，你现在上了年纪，却一次次错失送上门的机会，你这算聪明吗？你不是想干一番事业吗？现在我给你崇高的地位和享不尽的财富，你还等什么呢？”孔子理直气壮地回答：“尽管我提倡‘学而优则仕’，也提倡‘仁’，但我还要看看我侍奉的国君是不是仁君，值不值得我去辅佐他！”

孔子说完这句话就径直朝前走去，只剩下阳虎站在那里发呆。

为农之忍第八十八

※ 原文

终岁勤勤，仰事俯畜，服田力穑，不避寒燠。

水旱者，造化之不良，良农不因是而辍耕；稼穑者，勤劳之所有，厥子乃不知于父母。

农之家一，而食粟之家六，苟惰农不昏于作劳，则家不给，而人不足。噫，可不忍欤！

※ 译文

农民整年辛勤劳作，赡养自己的父母，供养自己的妻子、孩子，饲养牲畜，为了秋天有所收获，他们不避寒暑，在田里努力耕种。

无论是水涝还是干旱，都是大自然气候不正常造成的，勤劳的农民不会因此而停止耕种；农民勤劳种地，收获粮食，而他们的子孙却不了解父母的艰辛。

种庄稼的只有农民一类人，而吃粮食的却有士、农、工、商、释、道六类人。假如农民为了追求安逸而变得懒惰，早晚都不想耕田种地，那么就会没有收获，这样既不能供给家中的费用，也不能供养其他几类人了。唉！民以食为天，农民的责任如此重大，作为农民，怎么能容忍自己的懒惰呢？

※ 事例

从前有个农夫，一心想着有朝一日自己能够成为一个大富翁。但是通过什么方式才能成为大富翁呢？经过一番思考，他认为，学会炼金之术才是致富的捷径。

决定了学习炼金之术，他便开始将自己全部的时间、精力以及金钱，都用于炼金术上。他对家中的事情不管不问，致使自家田地荒芜。妻子对此也无可奈何，只好向自己的父亲哭诉。岳父听后，决心让自己的女婿将心思重新用到正路上来。

于是，岳父让农夫前来相见，并对农夫说："我已经掌握了炼金之术，但是，现在手头还缺少一样炼金用的东西。"

"快告诉我，缺少的东西到底是什么？"农夫急切地问岳父。

"好吧，我可以让你知道这个秘密。但是，你必须先给我弄来三公斤香蕉叶下面的白色绒毛，而且这些绒毛必须是你自己种的香蕉树上的。等你收齐这三公斤绒毛后，我自然会告诉你炼金的方法的。"

农夫回家后，迫不及待地将已经荒废多年的田地种上香蕉，而且还开垦出来大量的荒地。不知不觉，十年过去了，农夫拿着自己所收集的三公斤绒毛，来到岳父家，向岳父讨要炼金之术。

岳父指着院子中的一间房子说："现在，你去把那边的房门打开看看。"

农夫走过去，打开了那扇门，立即看到了满屋子的金光，整个屋子遍地都是黄金，而他的妻子儿女都站在屋子中。原来，在农夫收集绒毛的时候，他的妻子儿女把香蕉运到市场上去卖掉，换回了这么多的金子。

付出终有回报，世上没有不劳而获的东西。农夫最终通过自己的辛勤劳动，换来了满屋子的黄金。

为工之忍第八十九

※ 原文

不善于斫，血指汗颜。巧匠傍观，缩手袖间。

行年七十，老而斫轮，得心应手，虽子不传。

百工居肆以成其事，犹君子学以致其道。学不精则窘于才，工不精则失于巧。

国有尚方之作礼，有冬官之考阶，身宠而家温，贵技高而心小。噫，可不忍欤！

※ 译文

不善于使用斧子砍木头的人，不仅砍破了手指还弄得汗流满面。而能工巧匠却袖手旁观，这样岂不是白白浪费了自己高超的手艺？

轮扁七十岁了，还能继续砍制车轮，他对这项工作心得体会颇深，快慢掌握得恰到好处，但是这门技艺别人是无法通过简单的学习就能掌握的，即使是他的儿子也无法继承他的技艺。

各行各业的工匠唯有住在店铺里才能学成技艺，完成他们的任务，这就如同君子只有通过学习才能明白道理一样。君子的知识学得不精通就会缺乏才能，工匠的技艺练得不纯熟就会缺乏巧思。

国家有尚方这样的官署专门掌管制造皇帝所用器物，有冬官这样的官员专门考核工匠，有的工匠蒙受皇帝的恩宠而居高位，家庭温饱并有丰厚的给养，可谓丰衣足食，这主要是因为他们有高超的技术，而且为人处世小心谨慎。啊！要使自己的技术得心应手，巧夺天工，就要专心致志地学习，怎能容忍自己三心二意呢？

※ 事例

宋朝毕昇是杭州一家印书作坊的工人。起初，他在作坊里学刻字，把一个个汉字雕刻在木板上（这也就是最初的雕版印刷）。毕昇刻的字整齐又漂亮，因此，作坊里的人都很尊重他。但是毕昇对现在所使用的雕版印刷的方法感到不满意，总想把它进行一番改进。

有一次，作坊里要赶印一本书，但是，只因为一位刻字工人在一整版上刻错了一个字，这一整版就报废了。这不但浪费了人力、物力、财力，还耽误了时间。因此，毕昇想："如果整个版子上的每个字都是活的，刻错了字都能随时换掉就好了。"然后他又进一步想，"书一旦印完，原来的整个版子就没用了，如果是用一个个单个的字来排版，印完一本书，拆了版就可以重新排印别的书，这样不是既省时又省力吗？"

就这样，毕昇开始试着刻木头材料的活字，但是最初效果并不是很理想。

后来有一次，毕昇到一个窖厂去看一位朋友，那里的工匠们正在制坯烧窑，制作陶器。他从这里受到了启发。他开始学着窑厂工匠制作陶坯的样子，先是用泥土做成一个个小型长方体，把顶端切平后像刻图章一样刻上一个个地单字，然后再把它们放到窑中去烧，使每一个字都像小巧玲珑的小瓷砖一样。烧好后，他又把每一个字按韵排列好，以便日后查用。每到印书时，他就将需要的字一个个地拣出来，按照书稿的要求一行一行排在铁板上，周围用铁框压紧。这样，一个活字版就做好了。

可是，最初的活字版还是有毛病，这个毛病竟然出在"活"字上。印书的时候，如果印多了，这些活字就真的"活"了起来，它们摆不平整，有的字印得超出了界限，有的字模模糊糊的看不清楚，有的甚至干脆印不出来。针对这些情况，毕昇又做了进一步研究，改进了组版的方法。为了使每一块活字版都能形成平整坚固的整体，毕昇在版子周围除了用铁框外，还预先在铁框上放了一些松脂、蜡等黏合材料。他将铁框放在火上进行烘烤，黏合材料就熔化了，这时，他趁热用木板压平，冷却后，平整的活字就牢牢地固定在铁框里了。印完后，毕昇再将铁板烤热，原先冷却了的松脂和蜡就又熔化了，这时，他再将活字一个个拆下来，保存好，留待以后继续使用。

身为一个普通工人的毕昇，用他的经验和智慧，发明了伟大的活字印刷。毕昇死后，他制作的活字被宋代科学家沈括的祖上人收藏了。后来，沈括在他所著的《梦溪笔谈》中记录了这项发明，使得活字印刷术流传下来。

为商之忍第九十

※ 原文

商者，贩商，又曰商量。商贩则懋迁有无，商量则计较短长。

用之缓急，价有低昂，不为折阅不市者。荀子谓之良贾，不与人争买卖之价者；《国策》谓之良商，何必鬻良而杂苦，效鲁人之晨饮其羊。

古之善为货殖者，取人之所舍，缓人之所急，雍容待时，赢利十倍。陶朱氏积金，贩脂卖脯之鼎食，是皆大耐于计筹，不规小利于旦夕。噫，可不忍欤！

※ 译文

商人，就是贩商，又叫作商量。商贩贸易货物，使老百姓互通有无，商量也计较短长，因物价而发生争执。

物品的使用有缓有急，物品的价格有高有低，商人不会因为商品的价格低会亏本就不做生意。荀子认为，真正精明的商人是不与顾客讨价还价的，而是善于抓住时机；《战国策》中认为，真正好的商人又何必在好的商品中掺杂劣质品来欺骗别人？他们是不会效仿鲁国人早上给羊喝水，以增加羊重量的这种做法。

古代善于经商的人，买来大家不急需的东西，而卖掉大家正急需的东西，他们从容不迫、待时静观，就会谋取更大的利润。越国大夫陶朱公范蠡积累了很多财富，贩卖膏脂的人最终成为富商，贩卖肉脯的人最终成为鼎食之家，他们的成功都是耐心筹划、苦心经营的结果，他们不为一朝一夕的小利斤斤计较。唉！做生意也要善于忍耐，等待时机，面对蝇头小利，人们怎能不忍耐追逐之心呢？

※ 事例

做生意要活络，一是不要死守一方天地，要根据具体情况做出灵活反应；二是反应要迅速，想到了就立即着手去做，不放过任何一个机会。胡雪岩驰骋商场，灵活机动，四下出击，一招一式都为自己点化出一条财路。

胡雪岩为自己的蚕丝生意和帮办王有龄湖州官府的公事，几下湖州，结识了湖州颇有势力的民间把头、正做着湖州“户房”书办的郁四。胡雪岩凭着他的仗义和见识，也因为他曾帮助郁四妥善处理家事，深得郁四敬服。为了报答胡雪岩，郁四做主，为胡雪岩娶了寡居的芙蓉姑娘。

芙蓉姑娘的娘家本来也是生意人，祖上开了一家很大的药店，牌号“刘敬德堂”。传至芙蓉姑娘父亲一辈时也还能勉强支持，不料她父亲十年前到四川采办药材，在三峡新滩遇险船毁人亡。她的叔叔外号“刘不才”，本来就是纨绔子弟，还特别好赌，接下家业不到一年就无法维持，药店连房子带存货都典给了别人。不过刘不才非常顾及脸面，自己穷困潦倒，却不同意侄女芙蓉给人做“偏房”。芙蓉再嫁，他不肯认胡家这门亲戚。他即使到了告贷无门的地步，都不肯押出自己手上的祖传秘方，以为只要秘方还在，“家底”就还在，心里还想着有一天要重振家业。

胡雪岩娶了芙蓉姑娘，对刘不才不能不管。人们认为他有两个选择，一是按郁四的想法，送刘不才一笔银子，不再与他发生任何关系；一是按芙蓉的想法，由芙蓉劝刘不才拿出祖传秘方，胡雪岩帮忙卖掉，让他自己生活。

胡雪岩却不这样想，他要认这门亲戚，借刘不才开一家药店。他凭自己的眼光，看出药店生意是一个相当不错的行业。乱世当口，军队行军打仗，转战奔波，需要防疫药；大兵过后定有大疫，逃难的人们生病之后要救命药。因此只要货真价实，创下牌子，药店生意就不会差。而且，开药店还有行善积德的好名声，容易得到官府支持，同时还能为自己挣得好名声。

不过自己不懂这行生意，刘不才懂，只要能将他收服，帮他改掉身上的毛病，他就可以起大作用，而且他手上的祖传秘方也正好可以充分利用。想妥之后，胡雪岩请郁四帮忙，摆了一桌认亲宴，在席宴上便谈妥了药店开办的地点、规模、资金等事项。

胡雪岩的“胡庆余堂”就是这样成立起来的。在其后的几十年中，“胡庆余堂”成为名闻天下的药店。“胡庆余堂”不仅成为胡雪岩的一个稳定财源，也为他挣来了“胡大善人”的好名声，对他的其他生意也带来了极好的影响。

聪明的商人把生意看作一盘棋，要时时以变应变。胡雪岩说的“天变了，人应变”就是这个意思。同时还要看得准，看得远，要眼界开阔，头脑灵活。

所谓眼界开阔，头脑灵活，简单地说，就是不要死守住一个自己熟悉的行业，而要善于在其他行业中发现可以开发的财源，要时刻想着去不断地寻找新的投资方向，不断地扩大自己的投资经营范围。如果只看到自己正在经营的熟悉行业，最终只会抱残守缺，不能广开财源。

胡雪岩四面出击，不断为自己广开财源。作为一个钱庄老板，在本业之外还要去做蚕丝生意，在做蚕丝生意的时候又开药店，确实让人叹服。他不死守一方，灵活出击，而且想到就做，绝不犹豫拖延，这都是他成功的必要条件。

父子之忍第九十一

※ 原文

父子之性，出于秉彝。孟子有言，贵善则离，贼恩之大，莫甚相夷。

焚廪掩井，瞽太不慈。大孝如舜，齐慄夔夔。

尹信后妻，欲杀伯奇，有口不辩，甘逐放之。

洒米数百斛而空其船，施才数千万而罄其库，以郗超、全琮不禀之专，二父胡为不怒？

我见叔世，父子为仇，证罪攘羊，德色借櫌。

父而不父，子而不子，有何面目，戴天履地？噫，可不忍欤！

※ 译文

父亲慈爱、儿子孝顺，此乃人的天性，也符合伦理道德规范。孟子曾说：“责善则离。”父子之间为求好而相互责备，儿子因此可能会忘记父母之恩，所以说没有什么可以比父子之间互相责备更加伤害人的了。

舜的父亲瞽瞍在舜上屋顶修谷仓时，放火焚烧谷仓；舜去淘井时，他的父亲用土填井，其所作所为实在是太不仁慈了。但舜在历山负罪隐居时，倍加谦恭地孝敬父亲，侍候父亲，最后终于感化了父亲。

周代尹吉甫听信后妻的谗言，要加害于伯奇，违背了为父之道，伯奇并没有因此为自己辩解，甘愿被逐出家门，只是写了一首诗来抒发自己的苦闷。

三国时的全琮将父亲让他在集市上出售的几千斛好米，无偿地散给贫苦的人，空船而归，其父并未责怪他；晋代的郗超一天之中将自家仓库中所存财物全部无偿地送给了亲朋故友，其父并未惩罚他。二人不禀告父亲而自作主张的专断行为，他们的父亲为什么不对此发怒呢？因为他们的父亲理解自己的儿子。

我听说在衰乱的年代，父亲偷了羊，儿子就去作证；贫穷人家的子弟分家以后，把农具借给父亲用，就认为自己有恩于父亲。这两种行为都违背了天理，伤害了人伦，他们根本不懂得为人子的道理。

如果做父亲的不尽到做父亲的责任，做儿子的不尽到做儿子的义务，那么他们还有什么面目在天地之间存活呢！唉！父子本是一体，父子之间怎能不互相忍让、各守其道呢？

※ 事例

权力面前没有亲人，更没有朋友。努尔哈赤以十三副铠甲起兵反明，但在内部他却遇到了来自自己儿子的困扰。为了巩固自己的权利，他决定对自己最亲的人下毒手。

努尔哈赤的长子褚英从小英勇善战，十八岁的时候就奉父命率军攻打安楚拉库路，立下战功，之后又屡立战功。由于褚英是长子，而且经常出征立功，努尔哈赤便有意培养褚英做自己的接班人，因此，授命褚英执掌国政。

褚英的受宠很快使他成为其他人，尤其是四大贝勒和五大臣的嫉妒和反对。四大贝勒即努尔哈赤的二子代善、侄子阿敏、三子莽古尔泰和四子皇太极，他们各为旗主贝勒，拥有军队和权势，在旗内是最高统治者。他们都不满褚英得势，再加上满洲并没有立嫡长子的传统，所以他们都不断地向努尔哈赤揭露褚英的短处和过失，企图使努尔哈赤疏远并废黜褚英。

五大臣是与努尔哈赤长期同甘共苦的亲密伙伴，即费英东、额亦都、扈尔汉、何和里和安费扬谷。他们几个多年来追随努尔哈赤南征北战，功勋卓著，因此有很高的威望、很大的权势，就连努尔哈赤也要对他们礼让三分，而褚英不到三十岁就执掌了大权，对他们又缺乏应有的礼数，所以五大臣也对褚英感到不满。

因此，四大贝勒和五大臣联合起来，共同向努尔哈赤告发褚英。努尔哈赤其实并不相信这些人所告发的关于褚英的缺点和过失，但是又禁不住他们多次说褚英的不是，努尔哈赤开始动摇了。他权衡再三，觉得还是四大贝勒和五大臣对自己的支持更重要，因此，在明知褚英是被冤枉、明知这是一场阴谋的情况下，疏远褚英，并于万历四十三年将其处死，褚英当时年仅三十六岁。

作为父亲，努尔哈赤不能有效地平息儿子之间的纠纷，保护自己的接班人。他为了维护自己的权力，不得不以牺牲长子褚英的代价来防止出现更大的骚乱。

兄弟之忍第九十二

※ 原文

兄友弟恭，人之大伦。虽有小忿，不废懿亲。

舜之待象，心无宿怨；庄段弗协，用心交战。

许武割产，为弟成名；薛包分财，荒败自营。

阿奴火攻，伯仁笑受；酗酒杀牛，兄不听嫂。

世降俗薄，交相为恶，不念同乳，阋墙难作。噫，可不忍欤！

※ 译文

哥哥对弟弟关爱，弟弟对哥哥谦恭，这是人世间重要的伦常礼数。兄弟之间即使产生小小的不满或矛盾，也不能因此而忘却美好的手足之情。

舜的弟弟象曾多次谋害舜，但舜对待象只有关爱，没有怨恨；庄公与段叔虽是一母同胞，却不能和睦相处，总是处心积虑地争斗。

东汉许武分割家产，将最好的田地、奴婢、房子都留给自己，这是为了帮助弟弟获得谦让的好名声而成名；东汉薛包在兄弟分家时，把荒地和破烂的东西都留给自己，把好的东西都分给弟弟，还经常救济弟弟。许武、薛包如此关爱自己的弟弟，确实是后世学习的榜样。

晋代周顗的弟弟阿奴耍酒疯，举起燃烧的蜡烛扔向周顗，周顗笑着承受弟弟的行为；隋朝牛弘的弟弟酗酒后用箭杀死了牛弘驾车用的牛，牛弘不听妻子的唠叨，原谅了弟弟。周顗、牛弘作为兄长，对待弟弟的过错宽宏大量，成为后世楷模。

如今世风日下，人心不古，兄弟之间为了各自的利益而争斗不止，互相为恶，不顾同胞手足之情，一家之中内讧不断，实在令人痛心。唉！同胞兄弟，情如手足，怎能不互相忍让呢？

※ 事例

曹操有三个儿子：长子曹丕，次子曹彰，三子曹植，皆为卞氏夫人所生。曹丕作为长子，根据封建社会的传位制度，他就是曹操王位的合法继承人，但曹操对曹彰、曹植却别有喜爱。曹彰是一员武将，善于作战，每次打仗都是他率师出征；而曹植是个文人，拥有渊博的学识，才思敏捷，言出为论，下笔成章，在当时是极为出色的诗人。曹操曾有意让曹植成为自己的继承人，但由于曹植少一分政客的圆滑，所以一直犹豫不决。

曹操一死，曹丕继承了王位，之后成为魏国的开国之君。但他为人刻薄寡恩，尤其对于曹彰和曹植这两个与自己一母同胞的亲兄弟，心存畏忌。因为他知道曹操曾想让曹植做继承人，而且曹植在文人及官僚集团中拥有良好的名声，他也明白曹彰对自己不服气，所以，在他看来，这两个人对他的帝位形成了莫大的威胁。

曹丕决定制服自己的两位弟弟。他首先对两位弟弟严加防范，虽然仍按照惯例，封曹彰为任城王，封曹植为鄄城王，但这都是有名无实，不但根本享受不到一个王爵应有的权利和待遇，而且处处受到限制。他们的一言一行，都有专人及时报告给朝廷，稍有不合曹丕心意之处，他们便会遭到严厉谴责。

即使是这样对两位弟弟严加防范，曹丕仍然不放心，决定将曹彰和曹植置于死地。魏初四年，曹彰、曹植按照皇家制度的要求，来京师朝拜，曹丕决定就在此时下毒手，并且决定先从曹彰下手。有一天，曹丕和曹彰一起在卞太后的宫中下围棋，旁边放了一盘枣，二人边下边吃。其实，曹丕早已在其中一些枣的枣蒂中暗施了毒药，他自己专挑没毒的吃，而曹彰对这一切却浑然不知，果然中了毒。这种毒如果当时能喝下水去稀释，还有解救的希望。可是，曹丕早已命人将宫中储水的器具都打碎了。卞太后连鞋都顾不上穿，亲自去井边打水，可是汲水的井绳也早被曹丕撤掉了。曹彰终于无救而死。

卞太后为了让曹丕放过曹植，哀求道："你已经害死了老二，不能再害死我的三儿！"由于老太后出面保护，曹植才免遭毒手。

夫妇之忍第九十三

※ 原文

正家之道，始于夫妇。上承祭祀，下养父母。唯夫义而妇顺，乃起家而裕厚。《诗》有仳离之戒，《易》有反目之悔。

鹿车共挽，桓氏不恃富而凌鲍宣；卖薪行歌，朱氏乃耻贫而弃买臣。

茂弘忍于曹夫人之妒，夷甫忍于郭夫人之悍。不谓两相之贤，有此二妻之叹。噫，可不忍欤！

※ 译文

治家的正道，始于夫妇的相处之道。夫妇应该对上祭祀祖先，对下孝敬父母。一家之中，丈夫仁义，妻子顺从，各自遵守各自之道，这样家道才可以兴旺发达。《诗经》中有被丈夫抛弃的妇女的哀叹，《易经》中有夫妻反目为仇的警戒。

西汉时桓少君与清贫的丈夫鲍宣一起挽着木车探亲访友，修行妇道，不因为自己家道富裕而轻视丈夫；西汉朱买臣以砍柴为生，常常边担柴边读书，边走边唱，其妻认为她难以享受到富贵，就弃买臣而去。桓少君恪守妇道，受到邻里称赞；而朱氏却因朱买臣后来富贵，羞愧难当而自杀身亡。

晋代王茂弘忍受妻子曹氏的暴躁，暗中救护自己的婢妾；晋代王夷甫容忍妻子郭氏的仗势欺人和凶悍无理。我们且不论二位丈夫如何贤明，只说这二位夫人有失妇道的行为就已经令人扼腕叹息了。唉！夫妇之间本应相敬如宾，同进共退，怎么能不互相忍让呢？

※ 事例

潼州（今四川省绵阳市）管理狱事的官吏王藻，有一个既贤淑又富有正义感的妻子。王藻每天从外面回到家的时候，总会携带着一些银钱，这引起了其妻的怀疑，觉得他在办案的时候收受贿赂，贪赃枉法。她曾旁敲侧击地追问过王藻，也曾以假乱真地试探过王藻，但王藻不是随便搪塞她，就是迁怒于她，因此，夫妻之间常常搞得很不愉快。

既然王藻既不讲实情，又不改正，那么，只有设法让他在事实面前低头了。这天，王藻的妻子叫婢女梅香给王藻送去十只猪蹄。王藻中午就用这十只猪蹄，连同美酒，享受了一顿美酒佳肴。晚上，王藻美滋滋地进了家门。

“那十三只猪蹄，你吃着味道怎么样啊？”妻子在王藻喝茶的时候，得意地问他。

王藻一听急了："分明是十只，怎么说是十三只呢？"还不等妻子向他解释，他就把梅香喊了过来，怒气冲冲地问道："大胆婢女，说，那三只猪蹄怎么回事？是不是你偷吃了？"梅香的脸霎时变得通红，急忙辩解道："夫人让我给大人送去了十只猪蹄呀！""夫人说是十三只，而你送去的却是十只，那三只哪里去了？"王藻认为梅香偷吃了三只，于是再三追问，但是梅香都死活不承认。

王藻见梅香还是不承认，便开始使用惯例，毒打梅香。梅香忍受不了疼痛，无奈之下，含冤招认了自己吃了三只猪蹄。王藻便对妻子说："夫人，婢女招认了，确实是十三只猪蹄，她偷吃了三只。"

妻子低头默默哭泣了一会儿，含泪说道："到现在，我总算明白了你携带回家的银钱是怎么回事了！我一直以来的怀疑终于得到了证实。"见王藻欲开口，妻子忙摆手阻止他："你先沉住气听我说，如果我冤枉了你，随便你发落。在处理一些案件的时候，你习惯于用酷刑逼供，犯人受不住的时候，要么就含冤招供，要么就花钱来买通你，希望你能减轻刑罚。我曾经多次问你银钱怎么回事，你总是避而不说，所以我只好用婢女送猪蹄这件事来试探你了。在你的严刑逼供下，婢女果然屈打成招了！由此看来，在酷刑的折磨下，你所认为的罪犯有哪一项罪名敢不招认？为妻冤枉你了吗？"听完妻子的一番话，王藻无言以对，羞愧地低下了头。

妻子真诚进言道："为官要清正才能名垂青史，不义之财就算再多也是分文不值的！希望你以后再也不要带银钱回来了！"说完，她把一些钱递给丈夫，让他送给梅香，并向梅香赔礼道歉。王藻一一照办，并在墙壁上题诗以表悔过的决心。

王藻的妻子深明大义，及时而妥善地帮助自己的丈夫改正不良工作作风，使丈夫在事业上能够少犯错误，少走弯路，她的行为确实令人敬佩。同时，她的作为也避免了夫妻之间不愉快的加深，使得他们能相敬如宾，同进同退。

宾主之忍第九十四

※ 原文

为主为宾，无骄无谄；以礼始终，相孚肝胆。

小夫量浅，挟财傲客，箪食豆羹，即见颜色。

毛遂为下客，坐于十九人之末，而不知为耻；鹏举为贱官，馆于马坊，教诸奴子而不以为愧。广阳岂识其文章，平原不拟其成事。

孙丞相延宾，而开东阁；郑司家爱客，而戒留门。

醉烧列舰，而无怒于羊侃；收债焚券，而无恨于田文。杨政之劝马武，赵壹之哭羊陟。居今之世，此未有闻。噫，可不忍欤！

※ 译文

无论是做主人还是做宾客，既不要妄自尊大，也不要曲意逢迎，而要自始至终以礼相待，互相信任，肝胆相照。

气量狭窄的人，恃财仗势，傲待客人，仅仅赠予门客一碗饭和一壶汤这样的小东西，就流露出傲慢无礼的脸色，自认为自己施与宾客莫大的恩惠。

战国时毛遂是平原君的门客，微不足道，排在十九人之后，但他并不以为耻辱，随平原君出使楚国并用智谋说服了楚国前来救赵国；北魏温鹏举是广阳王宇文深的最下等食客，在广阳王的马坊中教书，但他并没有感到惭愧，写了《侯山祠碑文》，后受到重视并被举荐为官。如果温鹏举不写那篇碑文，广阳王怎能知道他是一个才子呢？如果平原君不用毛遂，毛遂就不会脱颖而出，平原君也就无法完成拯救赵国的使命。

西汉公孙丞相为了招举贤良之才，专门修了一幢客馆，开辟了东阁房；西汉郑庄爱惜人才，告诫门人有客人来投奔都要挽留。公孙丞相和郑庄都能做到礼贤下士、广纳人才，因此成为一代名臣。

南朝梁人张儒才酒后不慎烧了羊侃船只七十多艘、财物无数，而羊侃非但不责怪他，反而安慰他；战国冯驩为孟尝君到薛地收债，却把债券烧了，孟尝君并不怨恨冯驩，反而感谢他为自己买回了仁义。东汉杨政严厉责骂马武不招纳人才，并以恶言相威胁，而马武不仅接受了这番忠告，还与杨政交了朋友；东汉赵壹因久不得志，而去河南尹羊陟处哭闹，羊陟很赏识他并极力举荐他，一时赵壹名震京师。这些宾主之间以礼相待、互见忠诚的事情，如今是很难听到了。唉！宾主之间要以礼相待，人们怎能不遵守宾主之道、互相忍让呢？

※ 事例

战国时期，齐国相国田婴的门下，有个食客叫齐貌辩。这个人生活不拘细节，我行我素，经常犯一些小错误。门客中有个士尉劝田婴不要与齐貌辩这样的人打交道，田婴不听，以至于那士尉辞别田婴，另投他处了。为了这事，田婴的门客们都愤愤不平，田婴却不以为然。田婴的儿子孟尝君也曾私下里劝父亲说：“齐貌辩实在是令人讨厌，你不赶他走，反倒让士尉走了，大家对此都议论纷纷呢。”

田婴一听，大发雷霆，对孟尝君吼道："我看我们家里没有谁能比得上齐貌辩。"这一吼，吓得孟尝君和门客们再也不敢吱声了。田婴对齐貌辩也更加客气了，住处吃用都是上等的，并且派了长子侍奉他，给他以特别的款待。

几年之后，齐威王去世了，继承王位的是齐宣王。齐宣王喜欢事必躬亲，觉得田婴管得太多，权势太重，怕他对自己的王位有威胁，因而不喜欢他。田婴被迫离开国都，回到了自己的封地薛。田婴原来的门客们见田婴没有了权势，一个个都离开了他，各自寻找自己的新主人去了，只有齐貌辩跟随田婴一起回到了薛地。

回来后没过多久，齐貌辩便要到国都去拜见齐宣王。田婴劝阻他说："现在齐宣王很不喜欢我，你这一去，岂不是去找死吗？"齐貌辩说："我本来就没有打算要活着回来，您就让我去吧！"田婴无可奈何，只好让齐貌辩去了。

齐宣王听说齐貌辩要见他，怒火中烧。一见齐貌辩就说："你不就是田婴很信从、很喜欢的齐貌辩吗？"

"我是齐貌辩。"齐貌辩回答说，"靖郭君（田婴）喜欢我倒是真的，但是说他信从我，可没这回事。当大王您还是太子的时候，我曾劝过靖郭君，说：'太子的长相不好，脸颊那么长，眼睛又没有神采，不是什么尊贵高雅的面目。像这种脸相的人是不讲情谊、不讲道理的，不如废掉太子，另外立卫姬的儿子郊师为太子。'可靖郭君听后，哭哭啼啼地说：'这怎么能行，我不忍心这么做。'如果他当时听了我的话，就不会像今天这样被赶出国都了。

"还有，靖郭君回到薛地以后，楚国的相国昭阳要求用大几倍的地盘来换薛这块地方。我劝靖郭君答应此事，可他却说：'我接受了先王的封地，虽然现在大王对我不好，可我这样做对不起先王呀！更何况，先王的宗庙就在薛地，我怎能为了多得些地方而把先王的宗庙给了楚国呢？'他最终还是不肯听从我的劝告，拒绝了昭阳，至今还守着那一小块地方。就凭这些，大王您看靖郭君是不是信从我呢？"

齐宣王听了齐貌辩的这一番话，深受感动，叹了口气说："靖郭君待我如此忠诚，而我却丝毫不了解这些情况。你愿意替我去把他请回来吗？我马上就任命田婴为相国。"

田婴最终因为待人宽和而重新当上了齐国相国。

奴婢之忍第九十五

※ 原文

人有十等，以贱事贵，耕樵为奴，织爨为婢。父母所生，皆有血气，谴督太苛，小人怨詈。

陶公善遇，以嘱其子。阳城不瞋易酒自醉之奴，文烈不谴籴米逃奔之婢。二公之性难齐，元亮之风可继。噫，可不忍欤！

※ 译文

古人认为，人有贵贱，分为十等，卑贱的人应该侍奉高贵的人。耕田砍柴的人叫作奴，织布烧饭的人叫作婢。奴婢同样也是父母所生，都是有血气，有七情六欲的人，如果对待他们过于苛刻和严厉，那么就会引起他们的怨恨和咒骂。

东晋陶潜，善待奴婢，曾经写信嘱咐儿子，要他好好对待他的家奴。唐朝阳城并没有责怪将米换成酒后喝得醉醺醺的奴仆，北魏房文烈并没有责怪借买米之机外逃好几天的婢女。阳城和房文烈的忍性和度量是常人难以匹敌的，但陶潜的敦厚之风还是可以学习继承的。唉！奴婢虽然身份卑微，但同样是父母所生，是活生生的人，对于他们的过失怎能苛刻责骂呢？

※ 事例

明世宗朱厚熜沉迷于炮炼丹药。为了炼取一种长生不老药，以壮阳强身，他居然采用虐待童女的方法来达到自己的目的。因此，无数宫女的身体健康遭到了摧残，甚至有很多宫女被虐待而死，而且这些被虐待致死的宫女，死时都十分凄惨。

宫女们因此对明世宗恨之入骨，她们为了自己的生命，在忍无可忍的情况下，决定铤而走险。

嘉靖二十年十月二十一日夜里，天气阴沉沉的，刺骨的寒风像利刃一样直刺入人的心窝，整个紫禁城里寂静无声。而站在各处的小太监们则一个个都在不安地东张西望。此时，明世宗正睡在端妃的宫内，睡得像死猪一样。就在这样一个夜里，十六个宫女将联合起来，置明世宗于死地。

事前，宫女杨金英等人经过一番商议，决定待明世宗睡熟之后，将绳索套到他的头颈上，勒死明世宗。但是这些宫女们平常只是干点鸡毛蒜皮之类的事情，这个时候，真让她们做这种关乎人命的大事情，她们就不免有些紧张，变得六神无主了。

她们十几个人挤在一起，异常慌乱，绳子已经结成死扣了，但是偏偏无法勒紧。朱厚熜已经被勒得奄奄一息，直翻白眼，一点声音都发不出来。他的这副模样把宫女张金莲吓了个半死，心想，这皇上看来是很难被杀死的，于是，马上离开现场，跑去禀告皇后。皇后闻讯，急忙带人奔跑过来，为明世宗解开绳索，这时，局面得到控制，明世宗也逃过一劫。一场由小女子发动的宫变，就这样夭折了。

但是，大难不死的明世宗不仅没有丝毫忏悔之意，反而觉得自己能够死里逃生，躲过一劫，是天地神灵对自己的恩遇，变本加厉地祭神求仙。嘉靖四十五年冬，明世宗因服食丹药过多而病死。

明世宗不将奴婢当人看待，对她们随意进行人身摧残，丝毫不怜惜她们脆弱的生命。他虽然侥幸逃过一劫，但终究逃不过上天对他的严惩。

交友之忍第九十六

※ 原文

古交如真金百炼而后不改其色，今交如暴流盈涸而不保朝夕。

管鲍之知，穷达不移；范张之谊，生死不弃。

淡全甘坏，先哲所戒；势贿谈量，易燠易凉。盖君子之交，慎终如始；小人之效，其名为市。

郈子迎谷臣之妻子至于分宅，到溉视西华之兄弟胡心不恻。指天誓不相负，反眼若不相识。噫，可不忍欤！

※ 译文

古人交友就像真金百炼一样，无论经历多少考验都不改变其本色；今人交友就像夏季暴雨后的小水沟，早上还是满的，到晚上可能就干涸了，其交情是不会长久的。

春秋时的管仲与鲍叔牙，相知如一，无论贫穷还是通达，二人之间的友情都不曾改变；东汉时的范式与张劭，在太学游学时结下了深厚的友谊，无论是生是死，双方都没有抛弃彼此的友谊。

君子之交淡如水，却能长久；小人之交甜如蜜，却易毁坏，这是先哲告诫我们的。南朝刘峻曾将交友分为五种类型：因权势而结交，因贿赂而结交，因谈论相宜而结交，因贫穷而结交，因度量而结交，这样结交的朋友忽冷忽热，不会长久。所以，真正的君子交友，双方自始至终都保持谨慎谦恭，友谊始终不变；而小人交朋友就像在市场上做生意一样，生意做完了，他们的友谊也随之结束了。

春秋鲁国郈成子在好友谷臣被杀后，将谷臣的妻子儿女接到鲁国，并腾出房子让他们居住，供养他们；南朝到溉在好友任昉死后，对任昉正处于穷困境地的儿子们没有一点关怀之情。韩愈也著文讥讽那些势利之交，说这些人在朋友得势的时候，就对天发誓，决不相负，朋友一旦失势，他们便反目成仇，看见朋友就如同路上的陌生人一样。唉！君子之交淡如水，人们怎能容忍自己与势利小人结为朋友呢？

※ 事例

苏秦说服赵王，建立了六国合纵联盟之后，却担心强大的秦国攻打诸侯，破坏六国合纵联盟，可一时又想不出合适的人选出使秦国。于是就派人向张仪提醒说："您原来和苏秦是最要好的朋友，现在苏秦已经取得了辉煌的成就，您何不前往拜见，让他助您实现自己的梦想呢？"

于是，张仪来到了赵国，请求拜见苏秦。苏秦告诫手下人不要为张仪通报，同时又让张仪在这里待上一段时间，不能回去。后来苏秦召见张仪，让他坐在下面，给他吃很差的饭食，并趁机责备他说："你的才能不允许我恭敬地对待你。我不是不能给你带来荣华富贵，只是你的才能决定我不能这样做。"张仪来到这里，原指望这个好朋友能够帮自己一把，没想到却遭到了他的侮辱，心里十分恼怒，想到东方诸侯国中已没有自己的容身之所，只有秦国可以威胁赵国，于是就只身前往秦国。

事后苏秦对自己身边的人说："张仪的才能在我之上，我自叹不如。如今我有幸先被重用，但是能操秦国权柄的，只有张仪。只是他家境贫寒，见不了秦王。我担心他只会注重这些小利而丢弃了心中的理想，所以把他叫来羞辱一番，用这个办法来激怒他上进。你替我暗地里给他送些东西。"苏秦把这件事告诉了赵王，赵王马上派出车马，带上金币，让人偷偷跟随着张仪，然后慢慢靠近张仪，把车马金钱送给他，张仪想用什么，就给他什么，但却不告诉他真实的情况。

张仪终于得以见到了秦惠王。秦惠王拜张仪为客卿，和张仪商量讨伐诸侯的事。苏秦派去的手下人见张仪已经得手，就来到张仪那里，向他辞行。张仪说："没有您的帮助，我也就没有今天的地位。现在我已经功成名就了，正要报答您，您为什么要走呢？"苏秦的手下人说："其实我并没有帮您，真正帮助您的人是苏秦。苏秦见赵国遭到秦国的攻打，破坏六国纵约，认为除您之外没人能得到秦国的权柄，所以要当面把您激怒，而派我在暗地里帮您渡过难关，所有这些都是苏秦的主意。现在您已经在秦国取得了地位，我就要回国向苏秦报告消息去了。"张仪说："哎呀，这些都是我学过的法术，我居然没有想到，看来我还是不如苏秦！"

年少之忍第九十七

※ 原文

人之少年，譬如阳春，莺花明媚，不过九旬，夏热秋凄，如环斯循。人寿几何，自轻身命；贪酒好色，博弈驰骋；狎侮老成，党邪疾正；弃掷诗书，教之不听。玄鬓易白，红颜早衰，老之将至，时不再来。不学无术，悔何及哉！噫，可不忍欤！

※ 译文

人生中少年和壮年时期，就像春天一样阳光明媚，但春光易逝、好景不长，莺花明媚的时光也不过三个月便过去了，接着便是炎热的夏季，随之是万物凋零的秋季，之后就是冰天雪地的冬季，四季如此循环往复。人的寿命又能有多长呢？怎么能轻视自己的生命？沉溺于酒色、赌博、下棋、游玩等事情上来消磨美好的时光，侮辱怠慢老年人，与坏人拉党结派，与好人结怨记仇；不读圣人之书，别人的教导也听不进去。黑发很快就变白了，红颜很快就衰老了，老年马上就会到来，过去的美好时光一去不复返。自己既无知识也无技能，碌碌无为，一事无成，到时后悔哪里来得及呢！唉！青春美好但易逝，少壮不努力，老大徒伤悲，青少年的时候，怎能不忍住自己虚掷光阴的放纵之心呢？

※ 事例

后周世宗显德元年，王禹偁出生在济州巨野的一个世代为农的普通乡村贫民家庭中。他的父亲因自家田地不多，仅能糊口，因此又开了一间小磨坊，以磨面为生。

王禹偁尽管出身低贱，家境贫寒，但是王禹的父亲却一直为自己没有文化而叹息不已，他望子成龙心切，因此总是节衣缩食，以供王禹偁读书。就这样，王禹偁从很小的时候就开始在乡里上学，受到了中国传统的儒家思想的教育以及写诗作赋的严格训练。

他本来就天资聪颖，而且非常勤奋好学。当时，由于家境贫穷，而油价又很贵，王禹偁想读书又点不起灯，于是，在夏秋之夜，他就搜集一些田野里的萤火虫来为自己照明，使自己能够通宵达旦地学习。这种刻苦读书的精神，得到了许多人的赞扬。他曾在其《谪居感事》的诗中这样写道：“收萤秋不倦，刻鹄夜忘疲。流辈多相许，时贤亦见推。”这样，王禹偁五岁便会作诗，九岁便能为文，与乡里有学问之人对诗，他都能对答如流。小小年纪的王禹偁因此而被人们视为神童，很快，其名声便在四乡广为传播。

他五岁那年，地方太守设“文会”酒宴，邀请当地的文人墨客同来欣赏府中的碧池白莲。太守也听说了有个叫王禹偁的小孩子，总角之岁就才学不凡，于是特地派人将王禹偁也召了来，想当面考考他。

太守望着池中白莲，要王禹偁以此题诗一首。王禹偁思索片刻，脱口吟出一首《泳莲》的五言绝句：

昨夜三更后，嫦娥堕玉簪。

冯夷不敢受，捧出碧波心。

太守与在座的所有客人都大为惊奇，连声称赞：“出笔不凡，果真奇才！”

他九岁那年，随同父亲去给济州从事毕士安送面粉，路过毕大人的客堂的时候，听见毕士安正与客人品诗对联，聪明机灵的王禹偁不禁停下了脚步，站在那里仔细聆听起来。

毕士安给在座的各位出了“鹦鹉能言争（怎）比凤”的上联，但是在座的所有人都没能对上下联来。悄立门外的王禹偁乐而忘形，高声对出：“蜘蛛虽巧不如蚕。”毕士安这才看见，对出下联的竟是一个村童打扮的少年，不免吃了一惊。最后，毕士安感叹道：“子经纶满腹，将且名世。真乃栋梁之材！”从此，毕士安便与王禹偁结为好友，称王禹偁为“小友”，将之视为自己的忘年之交。

王禹偁后来在宋代的文人学士之中，行高辈尊，受人尊崇。他正是因为少年时期刻苦求学，才具有了令人羡慕的才华。

将帅之忍第九十八

※ 原文

阃外之事，将军主之，专制轻敌，亦不敢违。卫青不斩裨将而归之天子，亚夫不出轻战而深沟高垒。军中不以为弱，公论亦称其美。

延寿陈汤，兴师矫制，手斩郅支，威振万里，功赏未行，下狱几死。

自古为将，贵于持重；两军对阵，戒于轻动。故司马懿忍于妇帻之遗，而犹有死诸葛之恐；孟明视忍于崤陵之败，而终致穆公之三用。噫，可不忍欤！

※ 译文

朝廷之外的事情，由将帅做主，但如果君主独断专行，傲慢轻敌，将帅也不敢违抗命令。西汉汉武帝时的大将军卫青，从不越权擅做主张，对于失职的副将也交给天子去处理。西汉汉景帝时的太尉周亚夫，不轻易出战，而以深沟高垒坚守，疲饿叛军，然后出精兵追击，大败叛军。人们并不认为卫青和周亚夫是懦弱胆小，而是纷纷称赞他们的用兵之道。

西汉甘延寿和陈汤，曾伪称奉皇上之命，率兵攻打匈奴，杀掉郅支单于，威名震动内外，但他们还没有来得及享受皇上的赏赐，就被打入监狱，后客死他乡。

古往今来，当将帅的人，最可贵的是稳重；敌我双方交战，胜负未见分晓的时候，最可怕的就是轻举妄动。三国时魏国大将军司马懿忍受了诸葛亮赠给他一套妇人所穿衣服的侮辱，更有死了的诸葛亮吓退了活着的司马懿之说；战国时秦国大帅孟明视忍受了鄀陵之败的耻辱，励精图治，终于打败晋国，没有辜负秦穆公对他的厚望。作为将军，危急之际要能够保持稳重，失败之时要能够忍受耻辱，怎能不忍受失败和挑战呢？

※ 事例

卫青曾任汉武帝的大将军。他奉命出兵定襄的时候，其部将苏健、赵信两军共有三千多骑兵，单独遭遇了匈奴单于的部队，经过一天的激战，最后几乎全军覆灭。在这种情况下，赵信投降了匈奴单于，而苏健则只身回到卫青的军中。

这个时候，卫青帐下的议郎周霸便在卫青面前煽风点火，说：“大将军您自从出兵到现在，还不曾斩过部将。如今，苏健在战争中丢了部队，一个人逃了回来，实在是应该将他斩首，这样才能显示将军您的威风啊！”

但是，军中一个叫安的长史听到后，马上阻止，说：“千万不能这样做啊！苏健以几千兵力来抵抗数万敌军，苦苦奋战了一天，无论是将领还是士卒，都没有起二心。最后全军战死，苏健得以死里逃生，回到这里，但是如今反而面临着被斩的局面。难道这是要告诉后来的人，战败了就不要回来了，还不如去投降的好吗？所以，苏健斩不得啊！”

卫青听了两人的言论，说：“我卫青将会让他戴罪留在军中，并且真心诚意地对待他。即使因此而使我没有威望，我也不会怕。周霸为了让我显示威严而去斩部将，这太不符合我的意愿了。再说，大将军出使在外，虽说可以斩杀部将，但是以我的尊严和宠幸，也不敢在京城之外擅自诛杀部将。我看，还是把他送到皇上那里去，这件事让皇上来亲自裁决吧。这样也有助于形成大臣不敢独断专权的风气，岂不是很好？”最后，苏健被囚禁起来，送交皇上裁决。汉武帝赦免了他的罪。

宰相之忍第九十九

※ 原文

昔人有言，能鼻吸三斗醇醋，乃可以为宰相。盖任大用者存乎才，为大臣者存乎量。丙吉不罪于醉污车茵，安世不诘于郎溺殿上。

周公忍召公之不悦，仁杰受师德之包容。彦博不以弹灯笼锦而衔唐介，王旦不以罪倒用印而仇寇公。廊庙倚为镇重，身命可以令终。噫，可不忍欤！

※ 译文

五代后周的范质曾说，如果谁能用鼻子吸三斗醇醋，那么这个人就可以当宰相了。大概能担当重任的人靠的是其出众的才华，而做大臣的人靠的是其超人的器量。西汉的丙吉并没有责怪因醉酒而吐脏其车垫的车夫，西汉的张安世并没有责问因醉酒而尿在殿堂上的郎官。丙吉的大度和张安世的雅量确实难能可贵。

周公能容忍召公对他的不满，劝说召公与他一起辅佐成王；唐朝娄师德能举荐狄仁杰并包容狄仁杰对自己的轻视。宋朝文彦博不因唐介以他造金灯笼为由弹劾他而记恨唐介；宋朝王旦不因寇准所在的枢密院开除自己所在的中书省中倒用印者而仇恨寇准。以上这些人都是宽宏大量、以大局为重的人，最终都受到朝廷的重用，自身都得到好的结局。啊！宰相的肚里能撑船，要担任宰相，怎能不培养自己的忍性和气量呢？

※ 事例

汉代公孙弘小时候家里很贫穷，过着清苦的日子。所谓穷则思变，他发奋学习，苦读诗书，十年寒窗苦，终于飞黄腾达，做了丞相。虽然他居于庙堂之上，手握重权，但是在生活上依然保持小时候俭朴的优良作风。吃饭只有一个荤菜，睡觉用的也是普通人家棉被。他的仆人们也感叹：“我家大人才是真正的清廉啊！”

这些话很快就传进了朝廷，文武百官为之感动不已，但是大臣汲黯却不这样想。他向汉武帝参了一本，对皇上说：“公孙弘现在位列三公，不像当年生活百无聊赖，他有相当可观的俸禄，可是为什么还盖普通的棉被，吃简单的饭菜呢？”

皇上笑着说：“现在朝中上下不都称颂他廉洁俭朴吗？公孙弘是不忘旧时之苦，也不忘旧时之德！”

汲黯摇摇头，继续说道：“依微臣所见，公孙弘这样做实质上是使诈以沽名钓誉，目的是为了骗取俭朴清廉的美名。”

汉武帝想想，觉得有几分道理。有一次，上早朝的时候，他得了个机会便问公孙弘："汲黯说你沽名钓誉，你的俭朴是故意做样子给大家看的，他说的是否属实？"

公孙弘听后觉得非常委屈，刚想上前辩解一番，但是转念一想，汉武帝现在可能偏听偏信，先入为主地认为他不是真正的"俭朴"。如果现在自己着急解释，文武百官也会觉得他确实是"沽名钓誉"。再想一想，这个指责也不是关乎性命的，充其量会伤害自己的名誉。清者自清，只要自己坚持自己的作风，以后别人自然会明白的。这样想着，公孙弘把刚才的一股怨气吞了下去，决定不作任何辩解，承认自己沽名钓誉。

他回答道："汲黯说得没错。满朝大臣中，他与我交往颇深，来往甚密，交情也很好，他对我家中的生活最为熟悉，也最了解我的为人。他对皇上您说的，正是一针见血，切中了我的要害。"

汉武帝满以为他要为自己辩护，听到这番话颇感意外，问道："哦？是这样吗？"

"我位列三公而只盖棉被，生活水准和小吏一样，确实是假装清廉以沽名钓誉。"公孙弘回答道，"汲黯忠心耿耿，为人正直，如果不是他，陛下也就不会知道这件事，也不会听到对我的这种批评了！"

汉武帝听了公孙弘的这一番话，反倒觉得他为人诚实、谦让，更没有想到他还会对批评自己的对手大加赞扬，真是"宰相肚里能撑船"。从此，对他就更加尊重了。其他同僚和大臣见公孙弘对自己的心理供认不讳，如此诚实，都觉得这种人绝不会沽名钓誉！

好学之忍第一百

※ 原文

立身百行，以学为基。古之学者，一忍自持。凿壁偷光，聚萤作囊，忍贫读书，车胤匡衡。

耕助画佣，牛衣夜织，忍苦向学，倪宽刘寔。

以锥刺股者，苏秦之忍痛；系狱受经者，黄霸之忍辱。

宁越忍劳于十五年之昼夜，仲淹忍饥于一盆之粟粥。

及乎学成于身，而达乎天子之庭。鸣玉曳祖，为公为卿。为前圣继绝学，为斯世开太平。

功名垂于竹帛，姓字著于丹青。噫，可不忍欤！

※ 译文

人们不论从事何种职业以安身立命，都要以学业为基础。古时候的读书人，都要忍受一切困苦，严格要求并约束自己。晋朝车胤为学习，用沙袋装进几十只萤火虫，借萤火虫的光亮来学习；西汉匡衡为学习把邻居的墙壁凿穿，借助洞中透过来的光亮读书。他们都是忍贫读书、立身好学的好典范。

西汉倪宽，为了挣钱读书曾给别人煮饭干活，利用休息时间读书，后来官至御史大夫；晋朝刘寔，为了挣钱读书而卖牛衣，一边放牛一边读书，曾任吏部侍郎。他们都勤奋好学，终成大器。

《战国策》载，战国时的苏秦，感到昏昏欲睡时就用锥子刺自己的大腿，忍痛读书；西汉时的黄霸，得罪皇帝被打入监狱后，还拜师读经，学习不止。

战国时宁越忍受了十五年的昼夜辛劳，刻苦学习，终于成了周威王的老师；范仲淹忍受每天只吃一盆粥的饥饿，节省时间来读书，终成一代名臣。

等到学业有成的时候，就可以成为朝廷大员，进到天子的朝堂之上。他们佩玉鸣响，绶带飘扬，做公卿之类的高官。他们因此就可以继承先贤的学问，为开创今世的太平贡献才智。

他们的功名被载入史册，他们的名字被刻于功臣榜，流传百世。啊！人们为了这一切，难道不该忍受求学过程中的困难，去努力学习吗？

※ 事例

孔子的学生子路，姓仲，名由，常常跟随孔子周游列国，负责保护孔子的安全。子路身材威猛、反应机敏，而且仪表堂堂、风度翩翩，只要子路陪伴在孔子身边，就无形中生出一种震慑人心的力量，即使再凶狠狡猾的坏人也不敢对孔子起什么歹心。在他的保护下，孔子从来没有受到过什么伤害。

一天，孔子问守卫在身边的子路："仲由，这么长时间我也没看出你有什么喜好，你到底有些什么嗜好啊？"

子路随口答道："我最喜欢的莫过于佩带长剑！那样将会为我的形象锦上添花，再没有什么比这更让我开心的了。"

孔子稍稍皱起眉头，似乎有些不满意，接着问："那学习呢？你没有觉得学习是一件快乐的事吗？"

子路茫然地反问："学习？我从来没有觉得那会有多大好处！"

孔子叹一口气，不紧不慢地说："知识的力量是巨大而无形的！你看看，一国之君需要谏臣的辅佐，才能让国家兴盛；普通人需要明事理的朋友提醒自己的过失，才能提升自身；为人处世也需要不断向他人学习，听取别人的意见，才能博采众长。

“真正的君子喜好学习，集思广益，因而足智多谋，做起事来就会顺利；相反，那些不善学习的人，自以为是，诋毁仁德，对有学问的人心生抵触，这无疑是推着自己往后退。可见，不学习就会落后呀！”

子路耐着性子听完孔子讲述的大道理，等孔子一说完，就不以为然地反驳说：“我觉得并不完全是这样！您看，南山上的竹子没有人扶植，不也一样长得笔直吗？而且用这种竹子做成的箭，不也一样能穿透皮革吗？可见，很多事情没有学习和知识也照样能运行得很好！”

孔子见子路还是没有信服自己的观点，而且还强词夺理、胡搅蛮缠，觉得好气又好笑。他接着子路的话说：“其他的暂且不说，要是能把竹箭修理一番，装上羽毛，再把它削成尖头，那它的穿透力不就是更大了吗？你说呢？”

子路一时哑口无言。孔子见状，就趁热打铁，说道：“看一个人，不能仅仅看外表。有的人金玉其外，但是腹内空空；有的人相貌平平，却满腹珠玑。前者虽然悦目，但却流于俗气；后者赏心，也令人起敬。可见学习对一个人来说是多么重要啊！”

子路心悦诚服地对孔子说：“我一定牢记您的教诲！”

民间谚语说“活到老，学到老”，这是有道理的。因为人的一生是短暂的，要学习的东西也是无穷无尽的，而且学习会让人诗书气华，否则，只有漂亮的外表，没有深刻的内涵，就会流于庸俗。子路也正是虚心接受孔子的谆谆教诲后，才成为了孔门七十二贤人之一。